武汉大学自主科研项目（人文社会科学）研究成果
“中央高校基本科研业务费专项资金”资助出版，项目编号：1204-413000076

学仕遗规

（清）陈宏谋　辑
（清）陈钟珂　陈钟理　陈钟琛　陈兰森　编校
陈乃宣　许虹　点校

WUHAN UNIVERSITY PRESS
武汉大学出版社

图书在版编目(CIP)数据

学仕遗规/(清)陈宏谋辑;陈乃宣,许虹点校.—武汉:武汉大学出版社,2019.12

ISBN 978-7-307-20779-0

Ⅰ.学… Ⅱ.①陈… ②陈… ③许… Ⅲ.人生哲学—中国—古代 Ⅳ.B821.22

中国版本图书馆 CIP 数据核字(2019)第 053184 号

责任编辑:朱凌云　　责任校对:李孟潇　　版式设计:韩闻锦

出版发行:**武汉大学出版社**　(430072　武昌　珞珈山)

(电子邮箱:cbs22@whu.edu.cn　网址:www.wdp.com.cn)

印刷:武汉精一佳印刷有限公司

开本:880×1230　1/32　印张:16.125　字数:310 千字　插页:2

版次:2019 年 12 月第 1 版　2019 年 12 月第 1 次印刷

ISBN 978-7-307-20779-0　定价:80.00 元

《五种遗规》考

陈乃宣

中华国学精华篇，
《五种遗规》是经典。
《学仕遗规》之精髓，
广四种《遗规》未备。

一 《遗规》编辑述略

乾隆名相、盛世重臣陈宏谋(公元 1696—1771 年)编辑《五种遗规》前后三十年。他曾著文说：“《遗规》之辑，始于乾隆四年。在津门时，同年王罕皆先生、老友葛播书先生、张少仪先生为予商定者也。”

乾隆四年(公元 1739 年)三月十六日陈宏谋在津门官舍辑成《养正遗规》。

乾隆七年(公元 1742 年)九月十六日陈宏谋在西江使署辑成《教女遗规》。

乾隆七年(公元 1742 年)十月二十二日陈宏谋在豫章使署辑成《训俗遗规》。

乾隆七年(公元 1742 年)十一月颁布“分发三种《遗规》学约檄文”。

乾隆七年(公元 1742 年)十一月陈宏谋在西江使署辑成《从政遗规》。

乾隆八年(公元 1743 年)正月颁布“分发《从政遗规》檄文”。

乾隆八年(公元 1743 年)四月陈宏谋在豫章使署辑成《在官法戒录》。

乾隆八年(公元 1743 年)五月颁布“分发《在官法戒录》檄文”。

乾隆九年(公元 1744 年)十二月颁布“分发《遗规》等书檄文”。

乾隆十一年(公元 1746 年)三月颁布“饬发三种《遗规》书板檄文”。

《培远堂偶存稿》卷五载有陈宏谋所写的《四种遗规总跋》。

乾隆三十四年(公元 1769 年)正月陈宏谋在京城辑成《学仕遗规》，由于自己年老多病，命其子孙对《五种遗规》进行补编。

光绪五年(公元1879年)四月江苏书局刊印了《学仕遗规》及其《补编》。

二 《五种遗规》广为流传

《五种遗规》，皆就先儒格论编采成书。惟其言与事足以示训，不拘人之爵位显晦。条目各以类相从，不拘时代之先后。于前人全集中采取数条或数十条，皆士林所习见而不察者。或立论稍偏则评语以足其义，总期警醒俗学浮靡之敝习，有裨经世利剂之实学，故传之甚广，经久不衰。

乾隆三十七年(公元1772年)十二月二十二日锦江书院彭端淑(四川丹稜县人)刊印了陈宏谋去逝后首部《五部遗规》。

道光八年(公元1828年)三月初六斗山书院李福源(安徽芜湖人)重刊了《五种遗规》。

道光三十年(公元1850年)六月弇榆山房许乔林(江苏连云港市西南海州镇人)重刊了《五种遗规》。

同治七年(公元1868年)三月有桂嵩庆(江西临川人)于金陵书局重刊了《五种遗规》。

光绪二十一年(公元1895年)五月廖寿丰(上海市人)在浙江书局重刊了《五种遗规》。

上述所刊《五种遗规》都把《在官法戒录》列入《五种遗

规》。

在《学仕遗规》公开出版后，只有上海洋布公所振华堂在光绪十九年(公元1893年)刊印的《五种遗规》，将《学仕遗规》列入《五种遗规》，没有将《在官法戒录》列入《五种遗规》。

上述刊印《五种遗规》之过程可以谓之：

渴求之诚，其志可敬。
溢美之词，发自肺腑。
《学仕遗规》，晚刊百年。
一叶丹青，永记在心。

三 《五种遗规》是哪五种

从陈宏谋见诸文字的著述中，三十年来，即从乾隆四年(公元1739年)到乾隆三十四年(公元1769年)都只提到四种《遗规》。《在官法戒录》的序言中说："予有四种《遗规》之刻。"他在《四种遗规总跋》一文中讲道："先之以养正……继之以教女……继之以训俗……终之以从政……悉皆古人成书，故曰《遗规》也。"在《学仕遗规》序言中，他再三讲道"余从古今人文集、语录中，择其有裨于居家日用、伦常风化者，辑为四种《遗规》。既以自勉，因以训世，今已三十余年矣"。他声称他编辑《学仕遗规》之意，是"广四种《遗规》所未备"。

陈宏谋之孙陈兰森则明确无误地说：“《遗规》之外，复有《在官法戒录》之辑焉。”又说：“祖父于此时切叹惋。今于阁务余暇，辑为《学仕遗规》四卷，以广四种《遗规》未尽之义。”“祖父之即仕即学，惟恐人分学、仕为两截之意，盖数十年如一日焉。”

同治七年(公元1868年)十一月邓廷楠在《学仕遗规》跋讲道：陈文恭公，吾乡先正也。……“尝著四种《遗规》，所以为教家化俗、居官临民之法，尽人而可行者也。最后著《学仕遗规》及《补编》凡八卷，则公晚年采辑儒先格言绪论，间参以己说，以明学仕相资之义。……可以推广四种《遗规》所未尽而体用兼谈矣。”

陈宏谋之侄婿唐尹在《学仕遗规》跋中也写到“榕门先生与先君同学……先生已有四种《遗规》之刻，今复成《学仕遗规》四卷寄尹，尹受而读之……”

《学仕遗规补编》中说“叔伯父纂辑《五种遗规》，命子侄辈同司编校……尚有未录者不能割爱，《学仕》《训俗》二种皆有补编，而《学仕遗规补编》一卷更为奉职金鉴”。此处首次提出《五种遗规》的概念，而且明确表示《学仕遗规》是《五种遗规》之一及其重要性。

从上所录各节，可见陈宏谋本意，《五种遗规》应是《养正》《教女》《训俗》《从政》《学仕》五种，愚见不知当否，敬请识者赐教，不胜感戴之至。特书此文，以求教诲。

四 《学仕遗规》整理说明

是书体例是先列卷名，其下编撰者名氏，其下正文。因为每卷卷名后的编撰者俱为“桂林陈宏谋榕门辑 子钟珂侄钟理钟琛 孙兰森同编校”，且封面上已标出，所以整理者在整理时去掉了该条信息。正文部分是先列书名，其下为作者简介，然后是陈宏谋的按语。如果先后录同一作者的著作，后录者作者简介部分则注明“履贯见前”。按语前标明“谨按”。正文中间有陈宏谋的评论。

本次整理采用的底本是光绪五年(1879 年)江苏书局刊印的《学仕遗规》及其《补编》，整理过程中参考了清光绪十九年(1893 年)上海洋布公所振华堂刊本。在文字上将繁体字改为简体字，格式上按照现代人的阅读习惯由竖排改为横排，其余基本保持原书原貌。对于清人刻本中常见的避讳问题，全部予以改回本字。

戊戌仲春于武汉大学

陈宏谋编纂《五种遗规》之缘起[①]

兰森自幼随侍祖父官斋，每见祖父于案牍纷纭中，不忘成己、成物之意；接属见宾，皆以仕、学相资相敦勉。兰森五龄入学，受业于金坛王己山、昆山葛信天、吴越张梧冈三先生。祖父与之订辑儒先格言为督课之方，名曰《养正遗规》；继以童资蒙养女藉闺教，复辑《教女遗规》。存之家塾，著为家训，而亲友来索者颇多，遂付剞劂以应之。及秉臬三吴，有慨于风俗日侈、讼事日繁，因有《训俗遗规》之辑；历抚西江，思以刑家训俗教勉僚属，为理事安民之要，因有《从政遗规》之辑。至于上下官署，皆有文案往还，不能不藉于胥役。此辈庶人在官，无廪禄之颁，司执事之役，其中多良善子弟识字而明理者。厕身公门，城狐社鼠，其稔恶固易，而行善也亦易。自来立法，有惩创而无奖劝，竟视为不可化诲之人，亦非有教无类之道。《遗规》之外，复有《在官法戒录》之辑焉。祖父节钺所

①标题系整理者所加。

至，与学士大夫相砥砺者，此数书也；与官绅士民相劝戒者，亦此数书也。夫仕、学相资之理，体、用同源之道，为古圣先贤所著为金科玉律者，固已户有其书，人皆诵习而熟于口耳，而不见之躬行，甚至视为分道扬镳、两不相蒙者，祖父于此时切叹惋。今于阁务余暇，辑为《学仕遗规》四卷，以广四种《遗规》未尽之义。其说皆就先儒格论编采成书，惟其言与事之足以示训，不拘人之爵位显晦也；条目各以类相从，不拘时代之先后也。于前人全集中，采取数条或数十条，要皆士林所习见而不察者。或立论稍偏，则评语以足其义。总期足以警醒俗学浮靡之敝习，有裨经世利济之实学。兰森亲承提命，朝夕编校。回忆自束发受书以来，所见于祖父之即仕即学，惟恐人分学、仕为两截之意，盖数十年如一日焉。谨书其缘起于此，兰森谨志。

目　录

叙

余从古今人文集、语录中，择其有裨于居家日用、伦常风化者，辑为四种《遗规》。既以自勉，因以训世，今已三十余年矣。每一展阅，怵目警心，愧奋交集。因思士大夫处而家居则为学，进而莅官则为仕。学者所以学为人，即以讲求乎仕之理也；仕者所以治民事君，即以实践乎学之事也。事、理本属相资，体、用原归一致。世之学者，每歧而二之于古人嘉言善行，不能切己体验，书自书而我自我，遂至学自学而仕自仕。

方今朝廷甄别士类，鼓舞群材，位事惟其贤能，用人不拘资格。薄海内外有志观光者，毋论科举与否，无不有志于学问。有已仕而好学不倦、有体有用者；其全不务学者，盖亦少矣。只因学有纯疵、虚实之不同，故其仕也，亦不免权术、苟且之异。尚间有学似纯正，而迄乎筮仕，顿忘平日所学者；更有视出仕为应酬窃禄之捷径，而显悖乎平日所学者，未仕已仕若出两人。夫岂孔孟所云求志达道、幼学壮行之训乎？公余偶阅故籍，于仕、学相资之论有会于心，因辑为《学仕遗规》。专为后世空谈以为学、苟禄以言仕者推其谬误所由来，极其流弊所必至。既平易而近人，亦切实而可据。庶几阅者有动于中，反求诸己，无事非学。坐而言，即所以起而行，以副国家敦崇实学、整饬仕风至意。噫！学以求得于道耳。道有以成己，即有以成物。世有以不希仕进、绝意爵禄，然后可以言学者，此过高之论也；有以书籍所言不必行于今日，亦不可行于今日者，尤为悖道而灭学。兹编所录，兼以发明此义，以广四种《遗规》所未备。愿与同志者共勉之。

乾隆己丑孟春月桂林陈宏谋序。

卷一

真西山文集钞

（名德秀，字景元，又字希元。福建浦城人。宋庆元间进士，官至参政。谥文忠，封浦城伯，学者称西山先生，从祀庙庭）

谨按：宋代诸贤阐发经义精蕴，为后学津梁。其合学术政事而贯通之切实晓畅者，以真西山为最。所著《大学衍义》及《讲义读书记》，久为学士大夫所珍重矣。第卷帙浩繁，学者未能卒读，即读亦难得领要。今于全集中，凡关论学论政者摘而录之，俾知体、用一原。彼谓学不可通于治，治不必由于学者，可以审所从事矣。

人心至灵，万善毕具。所以异于圣贤者，在自弃而不知求耳。求之如何？博学审问，慎思明辨。穷理以致知，力行以践实。自卑而高，自小而大，颠沛造次，无自画之闲则几矣。若溺心于简易之说，谓道可以悟入，圣贤可以立致，戒多学之累、废见闻之益、守见性之说、忘存养之功，虽有得焉，乌知非臆度之私乎？

圣贤之言，虽不吾欺，吾必求其真知；念虑之过，虽不吾罪，吾必求其无愧。则所以为学与其为人可知矣。

武王作《盥盘铭》：与其溺于人也，宁溺于渊。武王就水取义，言溺于深渊犹可以浮游而出，一为奸邪小人所惑，则陷于危亡而不自知，故不可救。圣王因物自警，每每如此。燕闲之际，取汤武诸铭诸铭载《衍义》十三卷。及凡古人自警之语，书而揭之座右，则所益非浅。

古人箴铭，或顾名而思义，或触目而警心。偶尔观眺，皆有静观自得之趣，所谓无地非学也。士大夫别墅静室皆有题咏，果能无忘此义，不仅作娱心悦目之观否，即此可以觇所学矣。

世之学者诵咏圣贤遗言，未尝反躬以验其实。虽见闻知识若日进，而不可御。回视其人，气质之偏、心术之蔽，或终其身而无改焉，则亦何贵于学耶？

人之气质不能全美，必有所偏。故圣贤立下许多言语，欲人因其言以省察己之偏处，如《医经》然，某病则有某方，某病则有某药。学者味圣贤之言以察己之偏，正如看《医经》以察己之病。病是寒，则用温药；病是热，则用凉剂。见得病证的确，服药以去之，如此方有益。如己之偏处不能无私，则当玩味圣贤之言以去其私，先自事亲事长，以至待朋友，皆欲忘其私，如此则私之一病去矣；如己之偏在不能无矜伐，则当玩味圣贤之言以去其矜伐；又如平日言行未能相副，未免有不诚处，则当玩味圣贤之言以去其不诚。我有千百病，圣贤有千百药方。一日佩服圣贤一言，真切行之，则是一日服一药以去一病，久之，则气质之偏自渐克去。气质之偏既去，则心术自正，皆由向来观圣贤之言，屡有警省也。若只看过读过，不真实用力以去其偏，则如谈方说药，初未尝服饵，其又何益？

读书变化气质，就医药喻言，更觉亲切。

朱子以致知为梦觉关，以诚意为善恶关。透此两关，方知善之当为、恶之当去。根基已立，方有用力之地。若知有未至，则见理不明，虽仿佛一二，未免如梦寐恍惚，非真见也。意有未诚，则为善不实，虽假窃一二，犹以文锦蒙敝絮，岂真无恶者乎？然为善所以不实者，自见理不明始。故曰：欲诚其意者，先致其知。

学者于此二关不透，向后工夫皆入歧途。益见致知之不同冥悟也。

日新又新之功，须是常屏私欲，而存天理；常守恭俭，而去骄奢；常勤问学，而戒游逸；常近君子，而远小人。常公而不私，常正而无邪。今日如是，明日又如是，以至无日而不如是。则其德无日而不新矣。

可见无时无事，不可作日新又新工夫。

格物者，穷理之谓也。朱子不曰穷理而曰格物者，理无形，而物有迹。止言穷理，恐人索之于空虚高远之中，而不切于己。其弊流于佛老，故以物言之。欲人就事物上穷究义理，于实处用其功。穷究得多，则吾心知识自然日开月益。常人之学，不就实处用功，而驰心于高妙，犹且不可；为民上者，以一身应万事万物之变，若不于事物上穷究，岂惟无益而已？将必如晋之清谈、梁之苦空，其祸有不可胜言者。此格物致知之学，所以为治国平天下之先务也。

看得物字广，则格字乃零星积累，功夫愈觉切实。不如此不能穷理，不如此穷理不能致知。致知在格物、在字较，必先字更为直截，所以冠八条目之首也。

吾道有体有用，与异端寂灭之教不同。此心当如明镜止水，不可如槁木死灰。鉴明水止，其体虽静，而可以鉴物。若槁木之不可生、死灰之不可然，是乃无用之物。人之有心，所以具众理而应万事者，其可委之无用乎？此吾道中异端也。

理之与事，元非二物。异端言理而不及事，其弊为无用；俗吏言事而不及理，其弊为无本。惟圣贤之学，则以理为事之本，事为理之用。二者相须，所以为无弊也。所进《大学衍义》，以明道术、辨人材、审治体、察民情为格物致知之要，其本末具备矣。

古者以德行、道艺教士，学者于日用起居饮食之间，既无事而非学；其于群居藏修游息之地，亦无学而非事。精义所以致用，利用所以崇德。后世学与事二，故求道者以形器为粗迹，图事者以理义为空言，此学所以不如古也。自圣门言之，则洒扫应对，即性命道德之微，致知格物，即治国平天下之本；自诸子言之，则老庄言理而不及事，是天下有无用之体也，管商言事而不及理，是天下有无体之用也。异端之术所以得罪于圣人者，其以此与？

古学、俗学之分在此。大抵举业无用，非言理而不及事，则言事而违乎理耳。

谈义理不骛于虚无高远，而必反求之身心；考事实不泥于成败得失，而钩索其隐微；论文章不溺于华靡新奇，而必先乎正大。要其归，以切实用、关世教为主。

讲学论文，总归于平正通达。真公文章，正宗之选，所以有关世教也。

儒者之学有二：一曰性命道德之学，一曰古今世变之学。评世变者，指经术为迂；谈性命者，诋史学为陋。于是分朋立党之患兴，甚可畏也。圣门有《五经》以明其理，有《春秋》以著其用。《论语》所记微，而性与天道显，而忠信笃敬。至于泰伯、文王之为德，三仁之为仁，子产之惠下，庄子之勇，无不论其所以然。下逮子思、孟子之学，亦莫不然。其言天命之性者，理也；言王季、文王之述作，以及武王、周公之达孝者，用也。其言仁义者，理也；而言井田学校之政与三王、五霸之功罪者，用也。言理而不及用，言用而不及理，未为得道之全也。

学聚问辨，而必以居行继之；博学审问，而必以笃行终焉。此不易之序也。《易》与《中庸》之指不明，学者始以口耳为学，讲论、践履为二致。其甚也，以利欲之心求理义之学，以理义之说文利欲之私，去道愈邈矣。

先知后行，学之序也。知似易，而功夫初非一端；行实难，而心力贵于笃实。所以学聚问辨、学问思辨，而总归之于居行笃行也。口耳之学，本无行之之意。至于以利欲之心求理义之学，以理义之说文利欲之私，则知非所知、行非所行，学益非矣。

程子尝谓格物亦非一端，如或读书讲明道义，或论古今人物而别其是非，或应接事物而处其当否，皆穷理也；朱子谓或考之事为之著，或察之念虑之微，或求之文字之中，或索之讲论之际，其说尤备。盖自吾一身之中以至万事万物，莫不有理，皆所当穷。然非日积月累之功，未易各造其极也。若于事物之理，穷得一分则知识亦进一分，穷得十分则知识亦进十分。穷得十分即是物格，进得十分即是知至。若只略见一二便不研穷，则见处既未分明，行处必有窒碍。

程朱此说，益见无事不当格物，无人不当格物。不格物则不能知，不能知如何能行？圣门知行不可偏废之学，即此更透彻矣。

性者，义理之本源。学者必明乎此，而后知天下万善皆由此出，非有假于外也。尽性由于尽心，故不可无操存持养之功。仁义人心之所同，所以贼之者，利也。故必审乎义、利之分，然后不失其本心之正。推之于出处，则修吾之天爵，而不坏于人爵；推之于政事，则纯乎王道，而不杂以霸功。此朱子辑《孟子要略》之要指也。

朱子既有《集注》，又辑《孟子要略》，不但示人读孟子之法，凡读诸书，皆可类推矣。

陆子之学，主尊德性。专从本原用功，其论自正。其徒贤智之过者，浸淫窜入于禅，今不数年，而弊滋甚。格物、修身两家之说复起，或矫枉救失、或标宗分门，纷若聚讼。窃谓道本一贯，求之言语文字，则支离蔓延，愈至晦塞。夫格物致知，修身何可偏废也？

明王文成复倡良知之说，其弊与陆子静同。夫专提良知，未免偏于知而略于行。即添致字以补行字，工夫毕竟重知而轻行，将一切学问，博学审问、择善固执、多见多闻工夫，看作支离鹜外之事。其徒相传，竟指专重尊德性，不重道问学。在阳明有学术、有事功，不愧有用之道学，本非禅学，而久之将入于禅也。真西山格物致知，修身不可偏废，乃知、行并进，此朱子的派也。细玩良知，亦即孟子所云本心，赤子之心也。与其专提良知二字，不如直提良心二字，抱定《孟子》之扩充四端，不失赤子之心为言；与其提致良知，不如提致曲二字，抱定《中庸》之曲，能有诚为言。似更的当，颠扑不破。则博、约兼勉，知、行并进，空谈心学之流弊，不禁而自止矣。

宋兴，儒宗间出，然后《六经》遗旨、孔孟微言复明于千载之后，天下学者诵而习之。以《论语》《孟子》为门，《大学》《中庸》为准，故其事在人伦、纪纲之间，而其理推极天地、民物之大，所谓道学者也。庆元以后，权佞当国、韩侂胄。恶人议己，视道为迂、指学为伪，屏其人、禁其书，学者无所依归。义利不明，趋向污下，人欲横流，廉耻日丧。望其既仕之后，职业修、名节立，不可得也。

自幼为学，迪之以经，欲其知道以立本也；博之以史，欲其知变以致用也。自少及长，不离典训中，涵而饫之，日有所滋；揉而化之，月有所移。故气虽劲，发之公，不发之私也；材虽锐，用之厚，不用之薄也。皆学之力也。世动言学不胜质者，可以悟矣。

学以变其气质、广其材华，人皆知之。今云气虽劲而发之公，不发之私；材虽锐而用之厚，不用之薄。学之为益也更切，可谓善学矣。

周衰，孔子取先王之大经大法，与其徒诵而传之，杂见于《六经》。自汉以来，虽曰崇儒，然汉儒之陋，训诂益详而义理益晦。故韩愈《原道》曰：轲之死，不得其传。谓其精微之旨不传也。

洙泗之教多术，综其要，不过曰学以成性、行以成己。施之于政，则以成物而已。然岂有二哉？修乎内所以应乎外也，裕诸己所以推于人也。河南数君子，语知必及行，论理必及事，明乎体，用同原，欲学者之交勉也。世之以知、行为异路，理、事为殊方者，其可信乎？

己、物兼成，仕、学相资，言之显而切。

群居终日，惟雕镂琢刻，是工于本心之理不暇求，当世之务不暇究。穷居无以独善得志，不能泽民，平生所习归于无用，是岂立教之指哉？

学者之材与文，二者皆不可少。然孰为本根？不可不知。循循乎下学上达，而凛凛乎不睹不闻。履进修之实地，戒超悟之空言，斯其所以异于今之学者，而材与文俱本乎此矣。

材根于学，乃有用之材；文根于学，乃载道之文。此之谓实学。

世愈降而学愈非。为士者一以辞艺为宗，虽有穷理尽性之功，而无开物成务之益，朱子所以深忧而屡叹也。诚知学不外于事，事必原于学。讲论、省察交致其力，则其业为有用之业，其材皆有用之材。其仁足以成己，其智足以成物，然后无负于圣贤之教。

善学者本之以经，参之以史，所以明理而达诸用也。后世各以其好尚为学，谈于下则以好恶相毁誉，议于朝则以同异为党仇。吁！学所以为斯世用也。自好尚分，议论不一，适足以祸斯世，其又何赖乎？

二者之学，尚非腐儒、异学之比。惟其各有偏尚，遂不免于为患，益见学不可不慎也。

读史而订其事之是非，穷理之用也。天下之理无穷，古人心术有未易以迹断者。诚于《六经》语孟之旨熟复深思，是非了然胸中，推之以考前代得失、当世利疚，将如权度概量之审者，然后知用不离于理，理未始不宜于用。

道之全体在是，学之全功亦在是矣。

诵诗读书，又论其世以知其人，方可谓之尚友。孟子所言，即读经史之法也。

读圣贤之书而不知圣贤之道，自累于俗学始。如科举之业，上以是求，下以是应。所谓程式之文，必是尧禹、必非桀跖、必祖仁义、必尚忠孝，未为害道也。惟其只求进取，专事揣摩，于经史传纪涉猎其辞，未尝深研其义，持论虽美，要以悦人。苟求合乎有司之尺度，虽违经悖道，有所不惜。幸而得之，则以前日之技为已足，且移畴昔之工用之于笺记，以示宠利，终其身弗知止焉。至于理有未穷、性有未尽，人之所以为人，何以成己、何以成物，百未究及一二，曰：非吾急也。士之学问举业，果为何事，何遽安于此也？有志之士则不然，方其从事于学也，曰：吾欲全所受于天者尔。上以举业取士，吾惟求其无负举业者以应之。其是尧禹，而非桀跖。祖仁义而尚忠孝，必躬履焉，非姑为是言也。至其所守，则宁见枉于有司，不肯自屈以求合。一旦得之，则益求其所未能。必穷理、必尽性，全己以为人，方自哂昔日固陋而不肯安于虚浮。是以学益进、业益修、德益懋。推其所得，亦足以及物。若是者，虽科举不足以为累也。

科举之制，原以求实学也。果能用实在工夫，为实在举业，原不同于俗学。朱子云：不是科举累人，乃是人累科举。先儒曰：孔孟而在今日，亦必事科举。但自孔孟为之，必有真举业。学术之虚实，即真伪之分。毋谓科举不可得士，士不可应科举也。

宋袁絜斋少而嗜书，白首不厌。凡圣贤大训切于己者，味之终身。夜则默诵，病亦吟讽。讲道于家，以诸经论孟大义警策学者，于《书》《礼记》论说尤详。其所成就后学者甚众。博观群籍，取其切用者会萃成编。谓法度之言，自秦以前乃可矜式。学士大夫不知兵，则武夫悍卒得矜所长，而缓急无以应变，故著有《兵略》；谓祖宗成宪，为人臣者所当讲究，故著有《皇朝要录》。其辞章根本至理，一字一句皆胸襟流出。谓语孟中，无难通之解、难晓之字，不为奇险刻峭语，而温纯条畅，自不可及。袁名燮，字和叔，官至显谟阁学士。

袁公著述治行，不同浮泛，皆规远大，为有宋实学。故真公愿以为师，学者所宜取法也。

自汉以经术求士，士为青紫而明经；唐以辞艺取士，士为科目而业文。皆有所利而学，其去圣人之意远矣。若果为己而学，则理不可以不穷，性不可以不尽，不至于圣贤之域不止。若专为利而学，苟能操觚吮墨、媒爵秩而贸冠裳足矣。驵贾其心弗顾也，夷虏其行弗耻也。此实学、俗学之分，即邪、正之别也。

为青紫而明经，为科举而业文，果能有实在明经工夫作举业之文，由此而得青紫、得科目，亦可不愧。所谓学也，禄在其中，亦何必恶此而去之？若一意求利禄，而无实在明经作文之工夫，则全非圣人之意，所以谓之为人之学也。

进士之科起于隋，盛于唐，至国朝为尤盛。士之垂光虹霓、振翼霄汉者，皆此途出。有登科要览者，将前代科目条分汇订，以焜耀世俗。虽于世教非所急，然使后生小子观之，知通今博古之为贵，益坚其日进不已之心。亦劝学之遗意也。

科目自宋而极盛，其弊自宋已不免。故真公云：于世教非所急，而使人知博古通今之足重，则在于此。后世学者，可以知所重矣。

早服师资之训，粗知学问之方。连掇科名，原未忘于进取；平生志愿，端不在于轻肥。偶点班行，坐縻廪稍，虽本为贫而漫仕，未尝枉道以求伸。念昔脱身于场屋，益思锐意于简编。然家无邺侯插架之藏，徒自发董子下帷之愤。今得徜徉东观，凌历西昆，阅河图宝训、人间希有之珍，窥金匮石室、历代不传之秘，庶几因文字以观圣贤之用心，夫岂假梯媒以为富贵之张本？淬厉新功，寻绎旧业，丹铅殚是正之劳，金石守初终之节。

观真公出身科目，幼学即以壮行。侍值清华珥笔，无非实学，真文章、真事业。有志者可以勉矣。

夫子告子贡终身可行之恕曰：己所不欲，勿施于人。他日，子贡曰：吾亦欲无加诸人。夫子则曰：非尔所及。此皆恕之事而仁之方，所谓絜矩也。物我并观，造化同量，公平周溥，出于自然，此仁者之事。不待絜而无不矩，此浅深高下之分，非独以励子贡而已。仲弓之贤亚于颜子，其问仁，必以是语之。自非圣人，未有不由恕而至仁者，故曰：强恕而行，求仁莫近焉。恕必以强言，益明用力之难。学者当以矫强自励耳。

道心惟微，物欲易锢，私见一立，人已异观，天理之公于是遏绝不行矣。学者当知性同则情同，公其心、平其施，有均齐、毋偏吝，有方正、毋颇邪，此絜矩之道也。继言义利者，利则惟己是营，义则与人同利。士君子平居论说，孰不以公物我，平好恶为当然？而私意横生，莫能自克，以利故尔。《大学》丁宁于绝简，《孟子》恳陈于首章，圣贤深切为人，未有先乎此者。故求仁以絜矩为要，而推其端，又自明义利之分始。

不欲无加，孔子不遽许赐，论仁以能近取譬，可谓仁之方，非即以为仁也。然于仁可以求恕，则宜强终未明言也。曾子继之以絜矩之道，孟子则云强恕求仁，且云莫近则恕，虽于仁甚近，而未即许其为仁也。孔孟于仁恕之分，不啻如犀分水矣。推原絜矩而归于言义，不言利，益见渊源之合针芥之投，真西山讲义之明畅、论学之切实，遵程朱以继孔孟，即此益信。

吾恶隶于己者之不忠也，故立朝宁尽言获罪，而不敢不以父事吾君；恶长人者之不仁也，故居官宁以救菑获谤，而不敢不以子视吾民。尝以掾属事台府矣，其情不吾察，吾患焉，故为长吏，必思所以通其下之情；吾以监司临所部矣，其令不吾行，吾病焉，故虽为一道帅，而于使者之命未尝忽。私事而挠公府，吾尝不平之。故于其所寓，不敢以毫发干焉。大家而朘细民，吾尝弗直之。故于乡党邻里虽无以厚之，而亦不敢伤之也。

事上临下，处事应物，居官居乡，不忘絜矩。西山先生于《大学》解之明、行之力，即此亦可见矣。

圣人之道，不过成己成物而已。明明德，成己之事；新民，成物之事。成己者体，成物者用也。只此两言，体用备矣。止至善者，君止于仁，臣止于敬，子止于孝，父止于慈。所谓止于仁者，须是行爱人利物之政，使鳏寡孤独各得其养，昆虫草木各遂其生，方为至善。若只姑息小惠，非仁之止至善也。如臣之事君，若但以擎踞曲拳为敬，此敬之末也。必如孟子所谓责难于君，陈善闭邪，非仁义不敢陈于王前，然后为敬之至。不然，则非敬之止至善也。其它如父之慈与国人交之信，皆要到十分尽处，方谓之止至善。

认定至善二字，止字方有着落，无流弊，分析最精。

人之不平，自不恕始。天下之不平，即自人心不恕始。士大夫未仕，为民而见虐于官吏，必不堪之，及其仕宦，乃不恤其民；僮仆使令不忠于主，必深恶之，及其立人之朝，乃忍欺其君。凡此皆不恕也。恕者，以己度人之谓。我之所欲，亦人所欲；我之所恶，亦人所恶。故以所欲者施之，而不敢以所恶施焉，所谓絜矩也。故为民上者，处宫室之安，则忧民之不足于室庐；服绮绣之华，则忧民之不给于缯絮；享八珍之味，则忧民之饥馁；备妻妾之奉，则忧民之旷鳏。以此心推之，使民各得其所欲。此即平天下絜矩之道。

上官虐下属、官司虐士民，皆由不能絜矩。故平天下之道，不外乎此。

士大夫不明大道，自视太高，则实有所不副；责人太苛，则众将忿怒。或又倡为荐士之举，区别而封域之。凡有所取，岂无所遗？凡有所扬，岂无所抑？品题既众，疑忌丛兴。心虽主于至公，迹已涉于朋党。议论先喧于群口，用否岂必于一言？穷达进退之间，必致修德怨而快私情。往往推忠之言，谓为沽名之举，至于洁身以退，亦曰愤怼而然。以此激怒，加以讦讪。事势至此，循默乃宜。循默成风，国家何赖？

因标榜而成朋党，欲杜朋党激成谤讪。相激相胜，展转翻覆，或循默、或苟容，皆有关于国是。宋之不竞，半由于此，良可慨也。

士大夫不慕廉靖而慕奔竞，不尊名节而尊爵位，不乐公正而乐软美，不敬君子而敬庸人，既安习以成风，谓苟得为至计。老成零落，后生晚进。议论无所依据，学术无所宗主。正论益衰，仕风不振。台谏但有摧残，庙堂初无长养。人才者，国家之根本。乏则养之，有则用之。庆历所以盛者，非一日之积。惟其非一日之积，是以非一日之用。处当言之地、居得为之位，不当以排击为能，而顿忘培植之计也。

仕风之坏，以相激而成；人材之兴，以预养而盛。古今至论。

百官考核、财赋源流，请省滥员、裁冗食、节浮费，始于朝官，达于州县，具为纲条品目，可使举行而勿为浮议所沮。要在至诚恻怛，行之以公平简易，守之以坚确悠久，使弊去而物论不骇，事定而人心不摇。庶几制度既立，财用日丰。

核其财赋之源流，酌其可省之滥费，由贵及贱，由近及远，行之以简易，守之以悠久。物论不骇，人心不摇，可法可则。

经理田野之政，自一保始。每保画一图，凡田畴、山水、道路、桥梁、寺观之属，靡不登载，而以民居分布其间。某治某业，丁口老幼凡几，悉附见之。合诸保为一都之图，合诸都为一乡之图，又合诸乡为一县之图。可以正疆界，可以稽户口，可以起徒役，可以备奸偷。凡按征发、争讼、追胥之事，披图一见可决。在田野为保，在军旅为伍。韩信多多益办，用是法也。四明袁公以此为荒政之要，由是民被实惠，而欺伪者无所容。

读书左图右史，方为实学。居官亦以左图右册，方见实政。后世图、学不讲，所以为学为政皆涉悬揣。为政而言，及于图不以为迂阔，则以为琐碎矣。若如真公所云，似迂阔却切实也，似琐碎却整齐也。余所历各省，率属行之，颇有得其益者，益服真公之实学实政也。

论政者有曰，宽以待良民，严以驭奸民。或曰抚民当宽，束吏贵严。或曰始严而终之以宽也。治人之术果尽于此乎？何其合于圣贤者寡也？吾思之，惟患不能存吾心耳。吾心存，则蕴之为仁义，发之为恻隐。羞恶随物以应，宽与严皆在其中，无容心也。不观诸天乎？熙然而春，物无不得其生者；凛然而秋，物无不遂其成者。果孰为之？阴阳而已。吾之所谓仁义，即天之阴阳也。圣人系《易》，盖并言之怵惕于情之所可矜，颡泚于事之所可愧。此吾固有之良，吾能存之使勿失，养之无以害。则天理浑然，随感辄应。于其当爱者悯恻施焉，仁发于中，而不能不爱也；于其当恶者惩艾加焉，义动于中，而不能不恶也。故虽宽，而宽之名不闻；虽严，而严之迹不立。仁义足以该宽严，而宽严不足以尽仁义也。黄自然曰：本仁义以为治政之方，即持敬以为存心之要。

皆真公得之学问，验之躬行而发之词章，非饰藻缋以为工者比也。

有闻而请者曰：《大学》为人君止于仁，止者，必至于是而不迁之意。视民之官，有君道焉？曰恺悌父母，曰若保赤子，曰平易近民，以义并言，得毋相悖乎？自然曰：义所以全其仁也，惟爱民也切，故体之也至。痒疴疾痛若已隐忧，则吏奸必戢。常恐害民，强梗必锄；常恐扰民，蠹政苛令是划是革。常恐一毫不便于民，此义也，而皆所以为仁也。不言仁，无以立为政之本；不兼言仁义，无以达为政之用。《大学》言仁而义在其中，今兼言仁义，深得《大学》之旨。

宽严悉仁义之施，而行仁不能废义，义即仁之用也。宽严不足以尽仁义，仁义可以该宽严。真公之论，得黄公而益明宽严之间，学者、仕者可不讲明而切究之乎？

州县以罪罔民而没入之，其害至惨。一切禁戒，若法当籍者，自铢两以上，悉输刑狱司以上于安边所使。为长吏者知贪黩无益，而用法自平。

遇事滥罚，罪多出入。富者幸漏，贫者偏枯。其弊何所底止？

未尝用不测之赏，正容以悟之，而人自知所趋；未尝用已甚之罚，修令以示之，而人自知所避。器人以其所长，而僚属得职；察人以其所安，而鳏寡效情。学道清心，遇物而应。惟有德者能以宽服民，可无愧焉。

此圣人所云易事，而难悦之君子，未许一于宽纵者藉口。

贪污自多欲，尚侈始。小官俸廪几何？百般皆欲如意，不受赂安从得？故清心寡欲，乃吾儒入手用功处也。

惟俭可以养廉。世容有俭而未必廉者，若不俭，虽欲廉而不可得也。可不戒与？

赃吏最为民害。财者民之心，夺其财则心伤，伤则怨结，怨结则思乱。方其黩货之始，为害若未遽形；积贪之余，贻患遂致莫救。百司庶府，苞苴赂遗，一务屏绝，以清其源；监司郡守，必择风节，必任廉平，俾相纠察，以杜其流。上有节俭正直之风，下无剥蚀苛切之政。上下之交征既息，田野之生理自蕃，民力渐裕，邦本日固矣。

人臣建事立政，必广询博采，以尽下情。政令时有更变，其小者尔。有大于此者，苟不谋于众而遽欲革焉，人言未同，人心不一，恐发之易而收之艰。

切中古今轻言兴革之弊，毋谓大事皆不可为也。

舜九官济济，和之至也。孔子曰：和而不同。晏婴曰：和与同异。盖和者可否相济，同者随声是非。士大夫随声是非之病多，可否相济之义少。平居苟且依违，临事必无仗义直言之公。奖忠谠以作士气，戒谀佞以警属僚，于事方克有济。其时廷臣争务容默，有论事稍切者，众指为异，故有此论。

留茂潜见王袆监公，极言赃吏之害。谓当举行旧典，黥隶没入之，始快物论，予亦赞其言。公有若微哂者，茂潜退。王公曰：二君俱盛年，不当颛持一切之论。迨后获聆诸贤议论，乃知国初权宜之政，姑以洗五季污习，自中世后，寝不复行。故绍圣崇宁间章、蔡诸人，不得借此以网善类。然后知王公精神远虑，而予亦恨前言之易也。我生不有命在天，得之不得曰有命，均委之命也。一为独夫之言，一为圣人之言。何也？盖命一也，恃焉而弗修，负乎天者也；安焉而弗求，乐乎天者也。其言虽似，其指则殊。是以五行家工于推算，其于人有益焉，有损焉？死生祸福系于天，非苟求之可得，苟避之可免。惟尽吾所当为，以听其自至，非益乎？以回之仁，无救于穷；以跖之不仁，无害其富寿。惠迪未必吉，从逆未必凶，苟然以自恣，非损乎？士君子与五行家谈命，未始非知命之意。子惟勉其毋惟命之恃，而惟命之安也。故为之说，使之谨于所言也。

与术者谈休咎，未始非趋吉避凶之一道。若知其命而安之听之，毋生希幸妄心；恃其命而盗之肆之，转生诡计妄念。此中损益，在士君子之自取，非关术者事也。西山先生常谈星相，皆推本此义，故有取焉。

有书生工于相者，人咸以小技目之。其人曰：子徒知吾技之小，而未知吾法之妙也。圣门观人，察其所安，孟子以眸子定人之邪正。他如足不步目，目不存体，昔人知其将毙；执玉之高卑，知其俱危。此非相法与？吾之相也，不求诸貌，而求诸心；不窥其形，而窥其神。嬉怡微笑，妩媚可亲，吾独识其不仁；拱手行步，退若处女，吾许其厚福。推吾之法，可以知人，可以用人。

达者，工夫察言观色；讲慎独者，有诸内必形诸外。又曰：德润身，仁义礼智根心生色，睟面盎背。鞫狱者，色听气听；观人者，色厉内荏。皆相法也。分别淑慝，进退君子小人，尤不可少。相虽小技，可以通于大道。

星度之说，推人寿夭、穷通若指诸掌，此无他，五行而已矣。五行者，盛衰而已矣。盛衰则有滋槁，有盈缩。造物者惟其所值，岂有意于丰啬？然富贵贫贱，一定不可易者。气之所为，无所用吾力者也。至于柔强明愚，虽或不同，由学可以反之。此性之所存，人之得用吾力者也。世人于其不可易者，往往多求于分剂之表；于可致力者，顾漠然不以概诸心。是惑也。

此为星家者言，亦自有听命而安之，不肯恃命而恣之之理在。故君子有立命之学。

《诗》曰：卜云其吉，终焉允臧，此择地之说也；天之生我，我辰安在？此论命之说也。或曰：命不可以力而移，地可以求而得。不知天下万事，其孰非命。求地而获吉，与求而弗获，皆命也。谓地为可求，是不知命也。世间自有可移者存，而人莫之移；自有可求者存，而人莫之求。此圣贤之所叹惜也。

求地而地终不可求，求命而命终不可移。故君子一则曰安命，一则曰居易以俟命。又曰：穷理尽性，以至于命。

写真者绘形毕肖，人咸以为喜。第知形之当肖，而不知有践形惟肖之义。亦惑也。

即此可悟返观内省之学。

为政之本，风化是先。潭俗素称淳古，今欲因其本俗迪之于善，已为文谕告。俾兴孝悌之行，厚宗族邻里之恩。不幸有过，许之自新，而毋狃于故习。若夫推此意而达之民，则令佐之责也。以下谕官僚。

邑民以事至官者，愿不惮其烦而谆晓之。感之以至诚，持之以悠久，必有油然而兴起者。若有孝行纯至、友爱著闻，与夫协和亲族、赒济乡闾，为众所推者，采访其实以上于州，当与优加褒劝。至于听讼之际，尤当以正名分、厚风俗为主。

官毋薄待其民，民将不忍以薄自待矣。

正己之道未至，爱人之意不孚，虽有教告，民未必从。愿与同僚各以四事自勉，而为民去其十害。何谓四事？曰律己以廉，凡名士夫者，万分廉洁，止是小善；一点贪污，便是大恶。不廉之吏，如蒙不洁，虽有他美，莫能自赎。故以此为四事之首。抚民以仁，为政者，当体天地生万物之心，有一毫之惨刻，非仁也；有一毫之忿疾，亦非仁也。存心以公，《传》曰：公生明。私意一萌，是非易位。欲事之当理，不可得也。莅事以勤是也。当官者，一日不勤，下必有受其弊者。古之圣贤，犹且日昃不食，坐以待旦，况其余乎？今之世有勤于吏事者，反以鄙俗目之；而诗酒游宴，则谓之风流娴雅。此政之所以多疵，民之所以受害也。何谓十害？曰断狱不公，狱者民命所关，岂可稍有私曲？听讼不审，讼有实有虚，听之不审，则实者反虚、虚者反实矣，其可苟乎？淹延囚系，一夫在囚，举室废业。囹圄之苦，度日如岁。其可淹久乎？惨酷用刑，人之体肤，即己之体肤，何忍以惨酷加之？为吏者好以喜怒用刑，甚者或以关节用刑。不思刑者国之典，所以代天纠罪，岂官吏逞忿行私者乎？泛滥追呼，一夫被追，举室惊扰。有持引之需，有出官之费，贫者不免举债，甚者至于破家。其可泛滥乎？**招引告讦**，告讦乃败俗乱化之原。有犯者，自当痛惩，何可勾引？今官司有受人实封状，与出榜召人告首阴事、犯罪皆系非法，不可为也。**重叠催税**，税出于田，一岁一收，可使一岁至再税乎？有税而不输，此民户之罪也。输已而复责以输，是谁之罪也？今之州县，盖有已纳而钞不给，或钞虽给而籍不销。再追至官，呈钞乃免，不胜其扰矣。甚者有钞不理，必重纳而后已，破家荡产，鬻妻卖子，往往有之。**科罚取财**，民间自二税合输之外，一毫不当妄取。今州县有行科罚之政，与夫非法科敛者，皆民之深害也。**纵吏下乡**，乡村小民，畏吏如虎。纵吏下乡，犹纵虎出柙也。弓手士兵，尤当禁戢，自非捕盗，皆不可差出。**低价买物是也**。物同则价同，岂有官私之异？今州县有所谓市令司者，又有所谓行户者，每官司买物，视市直率减十之二三，或不即还，甚至白著。民户何以堪此？

四事十害，皆司牧者每日所有之事，言之入情入理。以真公所言验之今日，无不切合者，所宜奉为官箴也。

夫州之与县，本同一家；长吏僚属，亦均一体。若长吏偃然自尊，不以情通于下，僚属退然自默，不以情达乎上，则上下痞塞，是非莫闻。政疵民隐，何从而理乎？昔诸葛武侯开府作牧，首以集众思、广忠益为先。某之视侯无能为役，然虚心无我、乐于闻善。盖平日之素志，自今一道之利病。某之所当知者，愿以告焉；某之所为，有不合于理，有不便于俗者，亦愿以告焉。告而适当，敢不敬从？如其未然，不厌反复，则湖湘九郡之民庶乎蒙赐，某亦庶乎其寡过矣。

僚属蒙蔽上官，上官与僚属隔绝，下情不能上达，常致酿成大患。真公诚有味乎其言之也。

一命之士存心爱物，于人必有所济。以簿尉言之，簿勤于勾稽，使人无重叠追催之害；尉勤于警捕，使人无穿窬攻劫之扰。其所济亦岂少哉？等而上之，其位愈高，系民之休戚者愈大。发一残忍心，斯民立遭荼毒之祸；发一掊克心，斯民立被诛剥之殃。盍亦反己而思，针芒刺手，茨棘伤足，举体懔然为之痛楚，刑威之惨百倍于此；虎豹在前，坑穽在后，号呼求救惟恐不免，狱犴之苦何异于此？其可使无辜者受之乎？

己欲安居，则不当扰民之居；己欲丰财，则不当朘民之财。故曰：己所不欲，勿施于人。其在圣门，名之曰恕。强勉而行，可以至仁。矧当斯民憔悴之时，抚循爱育，尤不可缓。愿同僚各以哀矜恻怛为心，而以残忍掊克为戒。此邦之人，其有瘳乎？

以己心体民心，视民事如己事，方知真公所言非迂阔也。

心诚求之，父母之保赤子也；不忿不疾，圣贤之待顽民也；大慈平等，佛菩萨之悯众生也；深心恻怛，大医之救病者也。为政者以是存心，庶亡负长人之寄矣。

司牧者，每日每事常存一点慈爱救人之心，小民阴受其福多矣。

公事在官，是非有理，轻重有法。不可以己私而拂公理，不可骫公法以徇人情。诸葛公有言：吾心如秤，不能为人作轻重。此有位之士所当守以为法也。然人之情，每以私胜公者。盖殉货贿则不能公，任喜怒则不能公，党亲昵、畏豪雄、顾祸福、计利害，则皆不能公。殊不思是非之不可易者，天理也；轻重之不可逾者，国法也。以是为非，以非为是，则逆天理矣；以轻为重，以重为轻，则违国法矣。居官临民而逆天理、违国法，于心安乎？雷霆鬼神之诛，金科玉条之禁，其可忽乎？愿同僚以公心持公道，而不汨于私情，不挠于私请。庶几枉直适宜，而无愁苦抑郁之叹。

民不勤则生计废，士不勤则业荒于嬉。况为命吏，所受者朝廷之爵位，所享者下民之脂膏，所司者一方之民命，一或不勤，则职业堕弛。岂不上孤朝寄，下负民望乎？居官竟以酣咏遨放为高，以勤强敏恪为俗，此仕途陋习也。陶威公有言：大禹圣人，犹惜寸阴。至于众人，当惜分阴。故宾佐有以蒱博废事，则取而投之于江。愿同僚共体此意，职思其忧。非休浣，毋聚饮；非节序，毋出游。朝夕孳孳，惟民事是务。庶几政平讼理，田里得安其生。

居官而勤，似非难事，亦未见其异能也。然一事不勤，则此事之贻误不小；一时不勤，则一时之含冤甚众。非同寻常人应事接物，迟速无甚关系也。能因真公之言而时时体察、事事内省，有裨于官政岂少哉？

祷祈未效不可怠，怠则不诚矣；既效不可矜，矜则不诚矣；不效不可愠，愠则不诚尤甚焉；未效但当省己之未至，曰此吾之诚浅也、德薄也；既效则感且惧，曰我何以得此也；不效则省己当弥甚，曰吾奉职无状，神将罪我矣。盖天之水旱，犹父母之谴责也。人子见其亲声色异常，戒儆畏惕，当何如耶？幸而得雨，则喜而不敢忘，敬而不敢弛，惴惴焉恐亲之复我怒也。故曰：仁人之事亲如事天，事天如事亲。一日祷雨于仙游山，书此自警，且以告亲友之同致祷者。

尝阅《王阳明集》，有曰：古者岁旱，则为之主者减膳撤乐、省狱薄赋、修祀典、问疾苦、引咎赈乏，为民遍请于山川社稷，故有吁天求雨之祭，有省咎自责之文，有归诚请改之祷。《春秋》书秋九月大雩，皆此类也，未闻有所谓书符咒水也。后世方术之士，或时有之，然彼皆有高洁不污之操、特立坚忍之心，虽所为不尽合于中道，亦有以异于寻常，是以或能致此。然皆不见经传，君子犹以为附会之谈。又况如今方士之流，曾不少殊于市井嚚顽，而欲望之以挥斥雷电、呼吸风雨之事，岂不难哉？愚谓祈祷只宜出斋厅事，罢不急之务，开省过之门，洗简冤滞，禁抑奢繁，为民请于山川社稷。彼方士之祈请者，听从民便，但不专倚以为重轻。天道虽远，至诚而不动者，未之有也。阳明此论，与西山所言大旨相同。时当亢阳，惟有祗率仪章，肃坛虔祷，仰吁于天，为民请命。董子《春秋繁露》载置龙求雨之法，有应有不应，遂有专任术士书符咒水，事属不经。官无措手，民心益恐。真、王二公之说揆之义理，总归诚敬，可以并行不悖。至于雨多祈晴，则有伐鼓用牲、禜祭城门之典礼，是在竭诚致敬耳。

《西山文集钞》终。

魏鹤山文集钞

（名了翁，字华父，号鹤山。四川邛州人。宋开禧进士，官至参知政事。卒赠太师，谥文靖）

谨按：宋多贤臣，南渡以后国势渐微，诸贤犹规切时势、屡陈正论，如真西山、魏鹤山两先生，其卓卓也。乃韩侂胄倡伪学之禁，先后外谪，不使久于其位。且诬以真小人、伪君子之称，公论澌灭，邪不胜正。今阅二公文集，其为学平正切实，不为过高之论，与程朱相表里，谏论时政洞中要害。当年若加采纳，有宋颓风犹可挽回一二。集中所载，可覆而按也。真集业已采录，今并录魏集，以见儒术有体有用，不肯负国负民。有志公忠者，所当奉为龟鉴，毋以成败论古人，昧所从事也。

今之学者，自幼不由小学，以养其良知良能之本；不进之大学，以充其仁义礼智之性。父兄师友所训迪，大抵务记诵为词章，以求合有司之程序，为规取利禄之计。始进既若是，随事亹亹，往而不返。其以是干泽也，不至于得不已；幸而得之，又将以其所以教于人者教人。彼此相寻，不知其非。充而为公为卿，皆由此道。其所成就不逮古人，固不俟其入政而知矣。

即所学可以知政，观其政亦足验其学。承讹踵陋视为常，然其流弊不至于废学不止也。

古之学者，始乎礼乐、射御、书数，比物知类，求仁入德，皆本诸此。今礼匿乐淫，射御、书数有其名、昧其义，不暇问也。五三六经之所传，如仁义中诚、性命天道、鬼神变化，此致知格物之要也。今往往善柔为仁，果敢为义，依违以为中，钝鲁以为诚，气质以为性，六物以为命，元虚以为天道，冥漠以为鬼神，有无以为变化。甚则以察为智，以荡为情，以贪为欲，以反经为权，以捷给为才，以谲诈为术。圣贤之言，炳如日星，而师异指殊，其流弊乃尔。

幼习六艺，长游大学，格物穷理，择善固执，本末一贯，此明体达用之大儒。举业中原，应有此段真工夫、大本领，昧乎此，所学皆无用矣。

若夫先王之制，又在所当讲求。风气递迁，名称亦杂，有一事而数说，一物而数名者，学者亦莫之质也。凭私臆决，罔闻于行，学校养浮薄之士，科举取投牒之人，资格用自陈之吏。刺平人以为军，而听其坐食；髡农夫以规利，而纵其自奉。授田无限，而豪夺武断以相尚也；出泉输租，而重科覆折以相蒙也。读圣贤之书以求帝王之法，使其心晓然见之，且无所用，况众言淆乱？始以春秋战国之坏制，中以秦汉晋魏之杂仪，终以郑王诸儒之臆说，学者之耳目肺腑，为其所摇惑而不得以自信。根本不立，异端得以乘之，利欲得以移之，文词得以溺之。则有口道《六经》而心是佛老，笃信而不反者矣；则有心是圣学而缉为文词，随世以就功名者矣。余长而有闻，晚益滋惧，今愿以所惧者相与切磋而考究之。

胶庠无实学，士子无心得。夸多斗靡，何裨世用？辜负诗书，枉劳诵读。

前辈讲学工夫，皆于躬行日用间真实体验，以自明厥德，非以资口笔也。故历年久，阅天下之义理多。则知行互发，日造平实，语若近而指益远。读之累岁，每读辄异他日。

阅义理多，则真知力行，日造平实，语近指远，此即圣门所云温故而知新也。每读辄异他日，则朱子所云读一次则又进一格也。学者才读一书，便求速效；不效，则以读书为无益。好学者不如是也。

《春秋》之法，直书其事，不加一词，而美恶自见者；今官寺题名，惟氏名岁月，非有一词之予夺也，而是非之良心人皆有之。习其名而识其人，必曰某贤有行，某好学，某为名进士，某善其职；不则曰是不肖不学，滥于进而怠其事者也。居官者自修自明，固不为人作辍，而瞻望于前、顾忌于后，是亦修省之一助也。矧又考诸故典，以子衿之不来而废学，以风化之所系而复修之，则朝廷所以望于学校之师友者，非徒使之记事纂言，以哗众取宠为足也。

此义见于司马公《谏院题名记》，今于修学碑内为此议论，师儒诸生顾名思义，有所劝戒，于学校殊有关系。

士大夫一登吏部选，笔砚随扫除。有留神笔砚者，不过以记览词辩、哗众取宠为事，不复讲求民生利弊。熟复斯言，启发多矣。

此等弊习，自宋已然。转移振兴，在有教士之责者。

圣贤精微之蕴，将欲学问思辨以见之实践。风花雪月之语，虽勿为可也。今世学者，病在浅近自期，告以远且大者，疑其迂阔。惮其难行者，往往有之。

分考赋、义，而赋、义以破题为去留，此弊久矣。亦坐士大夫事事拘泥时论，以时样为法。稍有语录气者，即谓之有学。不复于圣贤书中看原流本末，又不曾于古今治乱实下工夫也。此非得真儒真才握风俗之机，从上变来，如何挽回得？要亦看时数耳。

此种议论识见，足挽近时俗学腐儒之习。

理者太虚之实义，数者太虚之定分。名形之初，因理而有数，因数而有象，既形之后，因象以推数，因数以推理。今不可论理而遗数也。

此张文饶语。魏公以为精当，诚然。

康济之业，讲授闾塾。国人子弟，皆得有所矜式。古所谓父师者，此其是矣。洪范讲义，明白正大，使学之者有所依据，以求端而用力焉。私淑之功大矣。

既坐师席，人多推许，便少切磨。须与胜己者交，更从诸经逐句逐字玩味，求所以自得于心，不可只从言语上作功夫也。

国家纪纲不立，国是不定。风俗尚偷，边备废弛，财用凋耗。而道路藉藉，谓将有北伐之举。金人地广势强，未可卒图，求其在我，未见可以胜人之实。宜急于内修，缓于外攘。乃欲举天下而试于一掷，不可不慎。

时韩侂胄请开边，故有此议。迨后宋之不竞，实由此举，毋谓书生不识时务也。

事变倚伏，人心向背。疆场安危，邻敌动静，宜察时几而恭天命，尊道揆而严法守。集思广益，汲汲图之，不犹愈于坐观事会，而听其势之所趋乎？

君臣上下，同心一德，而后平时有所补益，缓急有所恃赖。若人自为谋，则天下之患有不可终穷者。面从而腹诽，习谀而踵陋，实深惧焉。

麾节所历，求友简僚，是为先务。尝以吕文穆蒙正。夹带册、韩忠献琦。甲乙丙丁集、吕正献公著。掌记、曾宣靖公亮。雌黄公议、司马温公光。荐士编、陈密学襄。章藁、范正献祖禹。手记、近世虞忠肃允文。村馆录之类，萃为一集，名《达贤录》。使士大夫识得前辈行己用世，须是推诚心、布公道、集众思、广忠益，不惟资人辅己，以济一旦之用。往往居德养才，流风所被，熏习演迤，逮乎数世。

物色人材，平时受师资之益，遇事收得人之用。为学为仕，皆不外此。

论谏剀切，学问渊源，端有自来。士大夫幼学壮行，亦惟正谊明道，致君泽民，他非所计。即以利害言，安危休戚，实与国同。彼挺特自守者，虽无顺适之可喜，而决无反复难信之忧；雷同相随者，虽无触忤之可憎，而他日见便则趋、见害则避者，未必非此流也。古今治乱得失，大略如此。

事之成败，一时难定。人之邪正，当下须明。朱子云：天地间有自然之理。凡阳必刚，刚必明，明则易知；凡阴必柔，柔则暗，暗则难测。故光明正大，疏畅通达，无纤芥可疑者，必君子也；同元隐伏，闪倏狡狯，不可方物者，必小人也。以是察言观人，邪正了不可掩。谓人事有失，则天象谴告，此正论也；谓天命不足畏者，邪说也。谓宪章法度所当遵守者正论也；谓祖宗不足法者，邪说也。谓丁宁恳恻，可以感动人心者，正论也；谓失在推诚者，邪说也。谓正人端士，可以扶持元气者，正论也；谓卖直沽名者，邪说也。谓政令之行，当广谋博访者，正论也；谓徒乱人意者，邪说也。谓事变之来，当防微杜渐者，正论也；谓惟有严行禁戢者，邪说也。谓勤恤民隐，哀矜庶狱者，正论也；谓峻法立威，使民莫敢慢易者，邪说也。谓亲师讲学，以立政本者，正论也；谓俗儒不达时宜，好是古非今者，邪说也。即言之邪正，并可知其人之邪正矣。

古今未有标立一说，以为出治之名，而能久焉无弊者也，盖天下之理生于有所矫。矫则偏，偏则弊，故名之立弊之伏也。

此专就宋代言。而古今治乱，其理势大概如此。

士大夫以利合者甚众，以义合者极少。以利合者，利尽亦不可保正。虑义合者之不多，而非朋党之当虑也。士大夫不惜公议，罔顾廉耻为可虑，而非好名之当虑也。开诚布公之时，端本澄源之论，当养之以厚，不当养之以薄。当诱之以诚，不当启之以欺。

人情莫不欲安，而后世有喜乱之说，非后世之民有异于古也。古之人垂宪象魏，属民读法，其明白洞达，日星垂而河汉流也；其真实恻隐，疾痛呼而家人谋也。上以明白洞达、真实恻隐示其下，而下不以情事其上者，非人类也。后世猜防日甚，涂其耳目也。而曰以神道设教，恶其议政也。而曰不可使知之，民至愚而神决无可罔之理。今罔之，只所以扰之，迨其哗然而不宁，则疑其性恶，而咎其喜乱，独非三代直道之民乎？所习乃尔，则亦未有以通其志耳。

为治而以术愚其民，一人之术不能以愚四境之民，宜其不思安而思乱也。

朱文靖字溪章。主省试事，以取文之要五、校士之目七，示同事者。大要先义理而后文采，虚心从众而不执以己见，且以论策定去取，一时咸谓得人。后蜀帅上闻，以五要、七目刻诸试院。

五要、七目，不载于集。观其先义理而后文采，以论策定去取，深合制科取士本义，宜其得人称盛也。

自乾道以来，大儒辈出，学者景从。淳熙之季，已有倡为道学之目者。然而儒风鼎盛，正理常胜。自孽韩柄国，又以伪学为名排斥善类。其始也，宗相之黜，举朝咸曰不可，犹见先朝表章风厉，有益于学术人心也。夫所谓伊洛之学，乃洙泗之学也。非止洙泗之学，天下万世之学也。索诸天地万物之奥，而君父臣子之常不能违也；约诸日用饮食之近，而鬼神阴阳之微不能外也。大要以六经语孟为本，使人即事即物穷理以致其知，而近思反求，精体实践，期不失本心焉耳。奚其伪而被以此名，屏不传耶？

嘉定以后，虽曰亟更曩辙，然老师宿儒零替殆尽，后生晚学散漫亡依。其有小慧纤能者，仅于经解语录诸书揣摩剽窃，以应时用。文词浮浅，名节隳顿。盖自其始学，父师之所开导，子弟之所课习，不过以哗众取宠，惟官资、宫室、妻妾是计尔。及其从仕，则又上之所以轩轾，下之所以喜愠，亦不出此。古人所谓为己之学、成物之本，固不及知也。平时既昧所择，临事岂复可信？乱常干纪，有不遑惜矣。

宇宙之间，气至而伸者为神，反而归者为鬼。其在人，则阳魂为神，阴魄为鬼。二气合，则魂聚魄凝而生，离则魂升为神，魄降为鬼而死。《易》所谓精气游魂，《记》所谓礼乐鬼神，夫子所谓物之精神之著，而子思所谓体物不遗，诚不可掩，其义如此。故一死生通显微，昭昭于天地之间。生为贤智，没为明神，安有今昔存亡之间哉？自异说诪张，学者知此者鲜。于是鬼神之说，不眩于怪，则怵于畏。礼坏乐废，浮伪日滋，人心之去本愈远。然是理之在世间，则阅千载如一日也。

鬼神之理，茫昧不可测知。而见诸圣经者，易言情状，记述幽明。夫子谓物之精，子思称德之盛。凡以天地之功用、二气之良能，妙万物而无不在者也。古人所谓格物以致其知，将以究极乎此。死生昼夜之道，既了然于中，而后交于鬼神之义，不失其正。此鬼神所以能助成化育之功用也。

鬼神之事，杳冥不可测；鬼神之理，则切近不可易。孔子虽不语神，亦以敬鬼神而远之为知。此外或云体物不遗，或云二气良能，化育功用。知生即所以知死，事人即能事鬼，皆孔门之教也。得魏公此说，人皆思感格鬼神而又不惑于鬼神矣。

尔民幸生沃野，毋旷土，毋未作。各服尔耕，以勤乃事。丰年之报，将不尔遗。养尔父母，和尔兄弟，乐尔妻孥，速尔朋友，礼义廉逊，由此兴焉。若舍是不为，罔有黍稷。因无常心，以陷于辟，虽悔奚及？谨之重之，明听我言。以下劝农文。

造物能予人以丰年，不能殖不耕之田；能遗人以安富，不能福不率之民。江浙淮汉，蝗旱相仍，流莩蔽野，今连岁有秋。尔之得此于造物也，亦云幸矣，幸乌可恃也。率尔子弟，简尔稼器，修尔穑事。若时和岁丰，锡尔多稼，则仰事俯育，岂惟尔利？赋租以时，无阙我饷；盗贼衰息，无罹我宪网。吾与尔咸有利焉。若子弟有不率于教、不服田亩、不孝养父母以害于闾里者，其以告我，当与尔惩之。若郡若县，官民不体此意，兴不急之务以废尔事，肆无名之求以害尔力，亦当为尔去之。使者不妄语，敬听毋忽。

守潼川两月，诣学官、会宾友、招诸生。讲肄学业，以兴文行，除盗贼，以安民业。有不率教于乡者，有嚚讼以扰民者，有以不当与闻之事挟持上下者，有凭恃豪猾武断乡曲者，有妄告绝产与官吏为市、使民不得奠居者，已为尔民绳以法令，无所贷。又虑政事之失中，官吏之剥下，工役之妨农，游观之废时，亦为尔民图所以除弊去吝。虽未保其无过，亦庶几尽心焉耳。尔既知太守留意尔事，亦当服劳稼穑，以副兹丁宁劝劼之意。又当推广此义，崇孝弟以植善行之根，厉廉耻以除心术之莠，亲善类以浸灌气质，远小人以堤防蟊贼。戒斗狠饮博，以无害于尔生。然后可以上承天意，享丰亨之报，而绵永久之体。其用我言，毋曰具文。

方春常旸，害我稼穑，告于方社，冀得中熟，亦云幸矣。今克有秋，实过始望。太守才薄德菲，何以臻此？皆尔民孝弟力田，以跻登休祥也。今属尔民而饮之酒，非徒欢乐之也。古之民，方筑场纳稼，又急治庐屋，为来年种植计。虽国有余财，民有余力，未尝一日舍穑以嬉也。矧今日征调不休，公私迫蹙，贪吏假威于州县，伺民之隙而肆其剽夺；奸民罔利于邑野，逢吏之贪而售其告讦。尔循理奉法，毋忿争嚣讼，毋博弈慢游，则可以免。一有不然，则贪吏奸民将不汝恤矣。天道福善祸淫，彼为贪为奸者，终必自败。而尔之伤财荡产，亡身辱亲，则已不可悔矣。尔终岁勤勤，犹不足以养父母、育妻子，岂容更以锱铢之积，供此泥沙之用？吾为此惧，故属尔民而申儆之，惧汝之狃于目前而怠其事，弃尔成如前所云也。又恐吾言不能详尽，尔不深省，今将朱晦翁侍讲《示俗文》一篇，刊列于前。汝能听太守言，归以告尔子弟、族姻、乡党、邻里，相与遵行无斁，则人事既尽，天报不爽。

东川俗号淳朴，近岁物贵钱艰，子于父母一体而分，若兄若弟，实同一气。至于族属，虽有远近，自祖先视之，均为骨肉。今或科调百出，民不聊生，浸失良心，有关风教。且如父母尚在，而子孙析居异财，视父母如路人。兄弟乖争田产，赀用纤毫必较，迭相吞并，连岁兴讼。又不幸偶无子孙，远支族属，争相睥睨，死者之肉未寒，他人入室，掩有家赀，如被劫盗。甚者诬谤寡妇，撼摇当立之人。此风薄恶，渐不可长。又如甥舅之亲，婚姻之家，虽由人合，实系天伦。或因贫富不侔，以告贷而争讼；或因孤弱无知，以欺凌而致词。不思一到讼庭，便是仇敌。其如无理，不免犯法；纵令得理，亦已伤恩。其争起于毫芒，其怨及于子孙。此皆官长无以感移，惟有闭阁思过。尔为士民，亦宜各率天常，循理安分，相期无讼，省事息争。以召和气，以厚风俗。

家道之兴替，传世之久远，皆由心念之善不善所感。所谓善者，只是为其所当为。如忠于君、孝于亲、友于兄弟、信于朋友，皆本性当为之事。苟循理而行，则一日之间、一家之内，和气熏蒸，为庆为祥，皆由于此。由近及远，由子及孙，垂庆无穷。却与异端之说，为一善则责一报不同。早为善而晚望报，乃是利心，非所谓善也。又有一种人，终日为不善，而谄事佛老，祈求神明。不知恶念之感，家道衰替，子孙绝灭，皆由于此。况货悖而入，必悖而出，各宜儆省。

古者比闾族党，患难相恤、守望相助。自时事多艰，人心不固，乘时幸变，所在滋事。从前虏入军溃，游手之民旁缘为奸，大则杀伤，小则劫夺，已有当时被人诛戮者，幸而得免。事定之后，官司穷治，或杀或窜，终无清脱。曷若守良安分，勿起贪心，和睦族邻，保护乡井，可以全躯保家。近事昭然，所宜深鉴。

有不识是非利害之人，以窝停为事。内与盗贼结连，外与猾吏盘错，自谓得计。然世间为盗，未有终身不败者。一人犯罪，连及窝户。身犯重刑，家破财散，骨肉流离。各宜自新，免贻后悔。

士农工商，各专一业。教唆为事，非善谋生。或被凶猾之人扇摇是非，兴起词讼，甚至假儒衣冠出入官府，目前岂无所得？然两造在庭，必有胜负。用钱得理者，终于理索；不得理之家，亦有词诉。得赃断罪，势必不免。各宜改过，毋取羞辱。

风俗日敝，不安义命之人皆以支干、八卦为名，不务本业，奔走神符，祈求梦兆，以图科举。不思行义不修，学业有慊，岂谄神佞佛可以窃取？为士若此，何责乎民？勉自进修，以须时用。

民生天地间，相保、相教、相救、相赒、相葬，此同类之至情也。为官长者，则又有以保之、教之、救之、赒之、葬之，盖无以保则危，无以教则昏，无以救则厄，无以赒则阙，无以葬则伤。有一于此，太守惧焉。于是以学校为第一事，乡里之英，皆得以丽习其间，庶不贻无礼无学之忧。比年兵难相乘，城筑当固，戎器当除。又念民有不幸，颠连废疾，鳏寡孤独，莫遂生全。旧有养济院，岁久法弛，为买田以增益之。三者之外，又有所谓养生送死者。循社仓之法，官椿本钱，春借秋糴，以平物价，庶免途莩沟瘠者。然死者人所不能免也，择高燥以殣之，俾各有归。太守所为，止于如此。然小惠未遍，何可恃以为安？微尔父老务居本业、服田力穑，则国无余财、民无余力，学校有时而弗葺，城筑有时而圮坏，养济有时而穷，生有时而弗给，死有时而弗恤也。所谓务本居业，非一人所能自为，则又在诏尔子弟、训尔妻孥。安其安无悖于义，事其事无惰于嬉。养老而慈幼，食力而助弱。赋役以时，上下兼裕。所谓五事者，久久不废；为太守者，绳绳不替。与此邦相为无穷也，顾不美与？

劝谕所及，皆士民日用行习之常事，亦人人共有之天良。近世官场，亦皆以此劝民，且有比此更为详尽者。惟未尝以己心度民心，以民事为己事，仅同挂壁之空文。魏公体贴民情，参酌土俗，皆有一腔爱民之真心，遂觉语语动听，与真西山劝谕官民同其恳至。故并录之，以见二公之学为实学，二公之政皆实政。圣门所称有德之政，为政以德，即是此义。幸毋忽为官司常谈故套也。

鹤山文集钞终。

黄东发日钞

（名震，字东发，又字伯启。浙江慈溪人。
宋宝祐进士，官县尉至浙江提举）

谨按：学，古所以制事也；读书，所以穷理也。理莫备于经，莫详于史。不读经史，无以穷极天下之理而通其变。至于诸子文集著作，理或杂而不纯，说或偏而滋弊。然其中亦有关于古今时势之变通，足以羽翼乎经史，为学者所宜究心。所虑者，择之不精，泛而寡要耳。宋黄东发先生为学，祖述孔孟，羽翼程朱。自经史子集及诸家语录，无不广收博采，为之考订，有所折衷。常云：非圣之书不可读，无益之诗文不可作。盖已博学而详说之。而后知其孰为合于圣人，孰为悖于圣人。其诗文亦皆取其足以明道淑世，而不仅藻采以为华也。所著《日钞》，诸体皆有折衷，久毁于兵。余抚闽时，总戎倪公手录相示，并求序刻。予因其钞本多所舛脱，未敢轻付剞劂。今见都门书肆已有刊本，取而校之，仍是就钞本刊刻，未经校正。然其著论则博而有要、切而可行也。适予纂辑《学仕遗规》，谨择其有裨于实学经济者十之一二，辑以入集。学者读之，亦足以端为学之趋向，得从仕之指归矣。

圣贤说知便说行，知行常相须。如目无足不行，足无目不见。论先后，知为先；论轻重，行为重。知有此病，必去此病，觉言语多，便思简默；意思疏阔，便加细密；轻浮浅易，便须深沉重厚。如孟子之求放心，已说缓了。心不待求，警省便见。孔子曰：我欲仁，斯仁至矣。

能求放心，方觉得自己有病。语似缓，而义实相需。

书只贵读，自然心与气合，舒畅发越。晓不得者，自然晓得；晓得者，越有滋味。荀子云诵数，即今人读书记遍数也。读书须立下硬寨，誓以必晓彻为期。

古今文人学士，名成利就，心身满假，不复读书求益于人，人亦无敢有以益之。于学问二者，尽情废绝。故天资敏异、学问淹博者，不乏其人。而叩其所造，皆与古人无类焉。盖立名易，则趋之者速，而实不与焉。譬如果未成熟而摘之，未有能尽其质、全其味也。

儒者必明义理、通古今、达时变，方为实用，方见实学。否则雕塑周程之象于堂，列通书正蒙之册于案，可谓有益于世乎？

为学当如救火，追亡犹恐不及。如何说出去一日，便不做得工夫？正是出路上好做工夫，便不记得细注字，也须时时提起经之正文在心。须是得这道理，入心不忘。

路上无应酬语言之烦，毋论舟车，外似劳攘，心却宁息。此时肯做工夫，更觉专一。所谓无地非学，无时非学。予自幼悔不知读书，及入官，恨不暇读书。凡车辙马迹，正是抽闲展卷之时。路上好做工夫一语，先得我心。愿人人试行而共勉之。

学者读书，推求言语工夫常多，点检日用工夫常少。

寻章摘句工夫，原非躬行实践之学。

有志天下者，求士必于无事之时，求贤将使正己。毋取之投书、献启之流，以对偶评天下士。

世间事，思之非不烂熟。只恐做时不如说时，人心不似我心。

做时不似说时，人心不似我心，切中仕、学之弊习。

《归乐堂记》云：或者怵迫势利而不能归，或归矣，厌苦淡泊，顾慕畴昔，不能忘情，不知归之为乐。或知之矣，回顾仕宦时所为，有不能无愧悔于心者，于其所乐，虽欲安之不能也。然则仕而能归，归而能乐者，亦岂不难哉？

士大夫皆云归田为乐，其实有贪位慕势而不能归，归亦不乐者；有似乎乐，而不能安于乐者。即此足以征所学矣。

有谓荒政之行为可缓者，不知自古国家倾覆之由，何尝不起于盗贼？盗贼窃发之端，何尝不起于饥饿？国家爱民，不如惜费之甚；官司忧国，不如爱身之切。其言切至，所当成诵。

《祠记》云：既得日见先圣先贤之貌象而瞻仰之，曷若遂读其书、求其指，以反诸身而行之乎？

张横渠讲学，专主涵养、持敬、谋国，专主致君、仇敌、居官，专主恤民、练军、乾淳。诸儒议论，与晦翁相表里者，先生一人而已。晦翁之言，精到开拓，足集诸儒之大成。先生之文，和平含蓄，庶几程氏之遗风。晦翁精究圣贤之传，排辟异说。所力任者，在万世之道统。先生将命君父之间，誓诸仇虏。所力任者，在万世之纲常。二儒并出，其互相切磨，足使千载兴起。

君相不当阻士大夫之好名，惟朋友相切磋，则不当好名耳。

朋友以好名相切磋，无非互相标榜。务外徇人，必有欺世钓名之事。士大夫居得为之时，有行政之责。扶植名教，利济民物，其本职也，乃实事也。故不宜概以好名二字，沮其经世之志。

伊川谓铸铜钱宁亏本，则盗铸息；卖官盐宁减价，则盐课增。又谓温公变法，未可动役法。动即三五年不定，其后无一不验。

平日读圣人书，一旦遇事，仍与闾巷人无异。或有一听老成人之语，便能终身服行。岂老成之言过于《六经》哉？只缘读书不作有用看故也。或问为学多为事废，曰：事未到时心先忙，事已过后心不定，所以占时节多。

看得应事时，即是工夫，所以集事。何为废事？

听人语不中节者，择其略可应之一语，推说应之。

不中节之语，不听则近于藐视；听而不应，近于深险。就中择其可听者，推说应之，既不失己，又不失人，亦不失言之道也。推说者，推广而言之，非推远而拒之也。

上问张端河北盐议，对曰：今且以变通财利为先。凡利者，阴也，阴当隐伏；义者，阳也，阳当宣著。论曰：取其所当取，则利即义矣，何宣著隐伏之有？若宣著为善之名，而阴收为利之实，此五霸假仁义之术，王者不为也。故青苗意在取息，而以补助为名；市易欲尽笼商贾之利，而以均济贫苦为说，正此意。

程正叔不敢解经，或有劝出《易传》者。正叔曰：独不望某之进乎？按此说，则近世纷纷解经者可戒矣。

古者四十而仕，今十四五便学缀文觅官，岂尝有意为己之学？夫以不学之人，一旦授之官，使之事君长民治事，故多凡下不足道。

按此极中时病，士大夫宜反求其所谓学。

一念之善，则天神地示、祥风和气，皆在于此；一念之恶则妖星厉鬼、凶荒札瘥，皆在于此。是以君子慎其独。又曰：君子为善，期于无愧而已，非可责报于天也。苟有一毫观望之心，则所存已不正矣，虽善犹利也。又曰：观大节必于细事，观立朝必于平日。平日趋利避害，他日必欺君卖国矣；平日负约失期，他日必附下罔上矣。

苏东坡《思堂记》主无思之说，愚谓心之官则思，自古未闻无思之说。天下何思何虑？言理有自然，不待思也；不思而得，言德盛仁熟，不必思也。如朋从尔思、思而不学之类，则戒人之过于思也，思不可无也。东坡才高识敏，事既立就，而又习用道家之说，以爱惜精神为心，故剏言无思，非孔孟教人意也。

孔子云：以思无益，不如学。学而不思则罔，未有以无思为自得者也。苏子无思之说，不可为训。何思何虑之语，不善解之，最误学者。

读书训诂既通之后，但平心读之，不必强加揣摩，则无非浸灌培益、鞭策磨励之功。或有未通晓处，姑阙之。

且以其明白昭晰者日加涵泳，则自然日光月明。向来未晓者，将亦有涣然冰释者矣。

圣哲之言，布在方策，何所不备？传注之家，汗牛充栋。譬之药笼方书，搜求储蓄，殆无遗类。良医所用，不必奇异，惟足以愈疾而已。

朱子门人所记，或主静坐，或以静坐为非；或主博览，或以博览为杂。盖随其人之病而药之耳。要之，静而可施之动，博而必求其要。此中持衡之说，观者谨毋执一为据。况其间亦有门人记录太过者，又当参以朱子平日自著之言也。

方是善学朱子，不致误入歧途、授人口实也。

须是信得及方可。愚按古人此语，谓信道笃、信命真，不为贫贱患难所变。若自以为是，不为人言所及，却恐不可。荆公之误正在此。

王安石以文行称天下，历事三朝。仁宗恶其诈，不用。英宗建立时，有异议，自慊不求用。愈不用，名愈显。神宗立，遂骤用之。天下方翘首望太平，乃尽坏祖宗法度，聚敛毒民，生事开边，卒乱天下。正坐博学自矜，视天下无人，而行其独耳。愚谓此其为安石之不学欤？夫学者，将以明理而施之用，六经治道之根源，诸史行事之龟鉴。固非山经海志、野史小说、神仙传、天竺书、索隐务奇之为博也。国朝开国元勋，无如赵韩王守成，贤相无如李文靖。韩王每断大事，惟读《论语》，曰以半部《论语》

佐艺，祖定天下。文靖作相，尝读《论语》，曰“节用爱人，使民以时”两句，尚未能行。必若是，斯可言大臣之读书矣。张乖崖讥莱公不学无术，彼所谓学，虽独指区区之智术而言，然语已怪而不伦。安石又面骂诸公不读书，此正安石自道耳。孟子何必曰利一语，三尺童所知，安石尚不能行，又乌得夸读书？故愚尝谓安石本效商鞅，而才不及。鞅虽负小人不世出之才，亦藉秦积威。人心素胁息凛凛，而后令必行。使鞅生仁厚之世，人心素恃上恩，虽鞅之才尚不能行，况安石乎？犹赖朝廷仁厚，根本深固，国以再延，安石亦赖以免。不然，其弟安国盖尝预忧其灭门矣。嘻！若安石果读书，何至是耶？

以此訾安石不曾读书，安石亦当无辞矣。

温公戒金陵用小人介甫，曰：法行即逐之。公曰：误矣。小人得路，岂可去也？他日将悔之。

绍圣革元祐之政，陈忠肃公力陈其不可；建中革绍圣之弊，温公又戒其欲速。尝主别试，前名尽取王氏之学，曰：顺时所以救时，不必取快目前也。其从容远虑若此。首辨蔡京奸邪，蔡氏党欲杀公者百计，公终不慑，非刚柔适中者，能尔乎？大厦之颠，虽非一木能支，而著《日录辨》，著《尊尧集》，又著《四明遵尧集》。章蔡诬谤，卒赖以一洗之，功我宋多矣。

朱子辑《言行录》，而名臣之言行备焉；辑《近思录》，而诸儒之谋理详焉。且彼此参验，环循阅习。以其行稽其所言，以其言进其所行。晦庵之望后学者，庶乎？

陆象山云：须是下及物工夫，则随大随小有济。此语足觇象山讲明，皆有用之学。但古之学者，为己用之则行，及物自在其中。明道言士，自一命以上存心爱物，于物必有所济。此正言出仕事也。

随时有及物工夫，随事有济民实事，足征象山之学，亦非无用。只不可空讲心学，近于冥悟耳。

《言行录》杂取传记之言，备载诸贤出处本末。凡国朝盛衰之故，莫不隐然备见其间矣。如释藩镇兵权，而天下定；取幽燕纳李继捧，而狄患启；李文靖镇以清静，而民生安；寇莱公决策亲征，而边好久；王文正苟且顺从天书、祷祠之妄作，而国力几弊。王沂公相仁宗初年，韩魏公相英宗神宗朝，当主少国危之日，安若泰山。王安石行新法、开边隙，而天下几危；宣仁太后相司马公，而天下再安。范纯仁兼用小人，以致章惇、蔡京辈绍述安石，而国家遂有南迁之祸。盛衰大要，不出此数者，皆可考见。然则此录，岂特记诸贤之言行而已哉？愚尝谓史无定体，随事为篇。春秋纪年以书，班马以来分记传。而此录亦朱文公阴寓本朝之史。

合观《言行录》，不异信史矣。

自孟子没后，学圣人之学者，惟仲舒。其天资纯美，用意肫笃。汉唐诸儒，鲜其比者。使幸而及门于孔氏，亲承圣训，庶几四科之流亚矣。其谓正其谊不谋其利，明其道不计其功，如许正论，前无古人。其后能见之发挥者，惟伊洛诸儒；尝见之行事者，惟诸葛孔明。所谓汉贼不两立，成败利钝不暇计者也。

贾谊天资甚高，议论甚伟，惜不闻孔孟之学。然一时无与比者。其后经画汉世变故，皆谊遗策。

陆贾以诗书说高帝，一时群臣无有也。贾以吕氏欲王诸吕而病免，岂忍一日苟禄于君侧？既病免，复传会将相以诛诸吕，又岂忍一日苟忘其君？此亦一时群臣无有也。贾庶几以道事君者欤？

文翁之在蜀，庶几为生民立极之类矣。黄霸之教化，朱邑之慈祥，龚遂召信臣之感厉，劝率民心服从，捷于影响。非所谓至诚而动者乎？后世从事于一切以御其民，而曰古今异时、教化不可复行于今也，亦弗思甚哉！

佞幸立传，谓佞而见幸也。赞称：爱之适，足以害之一语，尤切。万世而下，幸之与见幸者，皆足以戒矣。

唐史以隐逸先循吏，是何重介僻之士，而轻为民父母哉？天地生才，国家养士，正为何事？孔子历聘，孟子游说，果为何说？而惑于庄生寓言之许由哉。且隐逸者，独善其身之名也。唐隐逸，惟孙思邈志行修洁，言论可法，无愧隐逸之名。其余不为清谈，则为沈湎。又否则为道士异端之说，败礼伤教，于斯为甚。使唐之大体不正，又一西晋矣。曾是而谓之独善，可乎？就使其能独善，是其志不伸于时，泽不加于民，德虽未必与达者异，而功则不得与达者伍。况其不能独善乎？列隐逸于循吏之上，得无伤政教之实，而长行怪之风乎？愚故疑而识之，以质同志者。

隐逸虽曰高风，于世何益？循吏者，民之司命也。

仇士良戒其徒，毋令天子暇。暇则观书，亲儒生。莫若殖财货、盛鹰马，日以游猎声色蛊其心。呜呼！是诚何心哉？然愚尝谓士良阴用其术，虽有损于一时，史臣明记其言，实有益于万世。使有天下者常书《士良传》一通，揭之座隅，朝夕观省焉，彼挟士良之术者，又安得而售乎？

欧阳文忠公以言事坐贬夷陵令，地远无书可读，翻阅架阁陈年公案。见枉屈不可胜数，仰天誓心，遇事不敢忽。其后为数郡，皆宽简不扰。使河东，则议麟州不可废；使河北，则谓胁从不可杀；议河决，则谓横陇工大难开，六塔河狭小不能受大河，惟当增堤浚淤，以免民患；在兵府，考兵屯地理，更为图籍；在政府，考官兵吏财，集为总目。皆一仰天自誓之心推之欤。故公于后学从游，多谈吏事。

偶阅架上陈案，即仰天誓心。志疏冤滞，至于麟州不可废，胁从不可杀；决河工大难开，河小不能受大；考兵屯地理，更为图籍；考官兵吏财，集为目录。欧阳公平时论述，无非吏事。即学即仕，可师可法。

王安石以谏官之置为非，谓谏官士耳，而责以王公之事。主听之而改，则是士制命而君听。此公强狠自任，不恤人言之心所发也。狂夫之言，圣人择焉，而可曰君听命于士乎？

安石此论，由于心志所存，学术所尚，所以后来误国，不越此病。

王安石谓杨子为己近于儒，墨子为人远于道。公盖有疑于孔子为己、为人之分也，不知义、理各有攸当。孔子之为己，是务实；杨朱之为我，是自私。两不相干。惟孔孟之说，确不可易。

孔子为己、为人之论，推其所从生，辨其所终极，千古论学极则。介甫之学，早已误入歧途，故有此论。

王安石谓小说无所不读，然后能知大体。此公之所以不能知大体与？又谓方今乱俗，不在于佛。此公之所以自误而乱俗者与？

石徂徕谓有某为某官时，忠鲠谠直，耸动朝野，不四五年取显仕。今为某官，位弥高，身弥贵，朝廷有阙政，不复言。则向之中鲠谠直，乃沽名以为速进之媒乎？愚谓向非沽名，后乃淫于富贵耳。人若不自觉此情，于将军黄金横带事可验此。士大夫得志于当世者，常常当痛省。道原于天，阐于伏羲，传于尧、舜、禹、汤、文、武、周公，而集大成于孔子。苟有异于孔子者，皆非吾之所谓道矣。战国时，杨墨尝害此道，孟子辟之，而道以明。汉魏以降，佛老尝乱此道，韩文公辟之，而道又明。唐中世以后，佛氏始改说心学，以荡此道。濂洛诸儒，讲性理之学以辟之，而道益明。伊川既没，讲濂洛性理之学者，反又浸淫于佛氏心学之说。晦庵复出，而返之中正，归之平实，而道益大明。其说虽根柢于无极太极，实则归宿于仁义中正。虽探原于阴阳性命，实则体验于躬行践履。虽亦未尝不主于心，实则欲正此心以达之天下国家之用。非其他，所谓即心是道，绝物而立于独，弃实而流于虚也。

道即日用常行之理。不谓之理而谓之道者，道者大路之称，即其所易见形其所难见，使知人之未有不由于理，亦犹人之未有不由于路，故谓理为道。而凡粲然天地间，人之所尝行者皆道矣。世衰道微，横议者作，创以恍惚窈冥为道。若以道为别有一物，超出天地之外，使人谢绝生理、离形去智，终其身以求之而终无得焉，去道远矣。

道固无所不在，而人则未必尽能合于道。时则有备道之圣人作为君师，而人道以立。自羲、黄、尧、舜以至于今，第第相承，以维持人道于不坏不泯。世衰道微，横议者作，又创为真人、至人之目。不知彼所谓真人、至人者，所生何时？所行何事？其姓名、声迹所载何书？是特一时故为寓言，而人犹或信以为真有其人焉。吁！可怪也。

世之士，生而读书，即以科举为的。既得之矣，复混于利禄场中，至老不知。或有能付得失于分定，知义理为先务，必得大儒为依归。开其所从入之门，而塞其所不必游之途，然后知自拔于流俗，为用于斯世。

既得科举，尚须有人焉。开其所从入之门，塞其所不必游之途，方不至迷于利禄之场。可见学与仕，均不可以无师也。

有以止庵名其居者，先生为之记曰：知止不殆。此老氏之所谓止，退全一己之言也。《大学》明新在止于至善，此孔门之所谓止，兼善天下之义也。吾辈以孔门之学发身，奚取于老子哉？惟相与讲明至善之所在耳。《大学》自为人君止于仁，至与人交止于信。虽所止之目凡五，要不过举其大以概其余。实则一事一物之微、一举一动之暂，无非天理之流行，则亦无非至善之所在，皆不容不求其所当止之地也。虽然，人必有所不止也，然后能得其所止。一或自止，则志愈颓惰，工夫不续。人者一集，天者已扰，而何止之有？故夫子曰：吾见其进也，未见其止也。

县于学校，教养最切。盖士方少长闾里，闻见未褋。父诏兄勉，必先使挟策而游于学。于斯时也，早正而素定之，是水方出而澄其源，木初生而培其本。关系异日之成就，夫岂小小？故各县无不置之学，士大夫亦深体其所以然。凡莅官，率先谒圣而讲学，无非振兴于学之意。如明道之于扶沟，如晦翁之任同安。休风善教，闻者兴起。夫何风俗事势之日变，簿书期会之日繁？或视学校为具文，否亦因俗尘而靡暇矣。

夫教非课试之谓，而导迪之使一于善也；养非饮食之谓，而涵养之使讫于成也。不教之义而教之利，不养其大而养其小，其弊非一日，故士习亦难言也。仁义礼知之性，具在人心；所以开而明之者，则在乎教。诗书礼乐之教，具在方册；所以讲而行之者，则系乎师。必明圣经而后可以淑人心，必淑人心而后可以移风俗，为国家举世太平之助。自辞章之学兴，而士未必知经。及创立经学，而士多以辞章发明。职教者又未必皆明于经，是以创增经师。以上续三代圣王化民成俗之初意，其责岂不甚重哉？

夫所贵乎经学，以其明义理也。今之业经者，程文而已耳。或谓科举累人，窃以为不然。自昔人之不能自治其民，必求天下之秀异，以与共治。自昔人士，无以自达于上，必吐胸中之抱负，始克上达。今之试士以文，即古之敷纳以言也。科举岂累人之具哉？

天下之事理，无不在圣人之教。事必践实，士能行矣而著，习矣而察。虽起居服食之细，皆足以验天理、人事之则。况科举为取士大典，其或行矣而不著，习矣而不察，则虽仰天俯地，尚不知覆载之恩；瞻日顾月，犹不知照临之赐。又何有于科举？

自世教不明，经术道微，上之试于我者，本以性命道德，本以古今治乱；而我之应于上者，自以其穿凿，自以其浮靡。今日之试于上者，尚能言及天理，尚能言及仁政；他日之施于民者，或流于嗜欲，或流于贪刻，言行相违，穷达异趋。国负士乎？士负国乎？法弊人乎？人弊法乎？

学校之教人以经也，固不离乎文也。而文即理之寓，言即行之副，穷即达之占也。君子教人，岂必他求？亦惟因其文使各践其实而已。

抚州学有人阁，有天理堂。抚州之先儒陆象山，尝言：人生堂堂天地间，不待他求。此人之说所从来也。至于天理之说，象山以为非，谓理不专属于天。今有人阁，而以天理名堂，盖谓人事之尽，即天理所存也。然世亦有人事既尽，而天理之感应不可晓。如颜、跖之夭寿，如原宪、庆封之贫富，虽圣贤莫知其所以然。故理穷而后可以归之数，人力尽而后可以责之天。终不以其或然之数，而不尽当然之理。古之君子，修其在我，本非有责报于天。颜子虽夭，原宪虽贫，从容乎天理之常，垂之万世有余荣；盗跖虽寿，庆封虽富，颠倒于物欲之私，当时已不齿于人类。如以数言，孰得孰失耶？故天下亦无理外之数也。惟孟子见之明、守之固，故曰：人之所以异于禽兽者，以其有仁义也。又曰：仁者人也。又曰：仁之于父子，义之于君臣，有性焉，君子不谓命也。孟子之所以卓然为大丈夫，富贵不能淫，贫贱不能移，亦惟知有天理，而数非其所问耳。今而后，燕居于天理之堂，而深味乎孟子之言，岂不休哉？

金溪李君捐赀买谷，仿朱子作社仓，永以济民，兼为平粜仓，而米价以平。予嘉其进善不已也，为之记曰：善乎平之为义也，岂独救乡里之民而已耶？亏盈而益谦者，天之平；变盈而流谦者，地之平；害盈而福谦者，鬼神之平；恶盈而好谦者，人道之平。裒多益寡，称物平施者，君子所以体天地鬼神之心而持其平。故贤之于不肖也，知之于愚也，富之于贫也，皆当损有余以补不足，而富之于贫为尤甚。故君子顺之吉，则积而能散、满而不溢，不惟我不私其有，而人得其平，我亦因之以保其平；小人悖之凶，则甚爱而大费、多藏而厚亡，不惟我私其有，而人不得其平，我亦由之失其平。故自一时观之有余，而能损者，疑损矣。要其久，乃所以为益；乘其有余，而又求益者，疑益矣。要其久，反以为损。今李君有余粟，而能平其粜，吾知使乡之常得其平者，君之心也。李君之家，常得其平者，天地鬼神之心也。平则无时而不平，李君之子孙，且世世享此平矣。使有业者，皆闻风而兴起。孟子曰：人人亲其亲、长其长，而天下平。予亦曰：人人损其有余、补其不足，而天下平。

就捐粜平价，推广其利济及人之义，人人闻风兴起，兴仁兴让。富者好行其德，贫民不至失所，谓之天下平也可。

刘祕丞恕，学问该博，为温公所信倚，王介甫亦深爱之。以争新法，遂与介甫绝。介甫尝笑恕耽史而不穷经，然介甫穷经，视恕耽史，竟何如耶？

介甫偏执误国，正坐不善穷经之故。今反笑刘恕不穷经，益见介甫穷经，终于偏执也。

王介甫谓人主若能以尧、舜之政，泽天下之民，虽竭天下之力以奉乘舆，不为过。其后朱勔应奉花石，则竭天下自奉之说倡之。其释凫绎守成之诗，谓以道守成者，役使群众，泰而不为骄；宰制万物，费而不为侈。后蔡京辈轻惯妄用，专以侈靡为事，盖祖此说也。介甫邪说之害，岂不甚哉！

董生天人之策，虽缓而不切，然反覆诵咏，渊源纯粹。以武帝好大喜功，多欲之心使听其言，天下蒙福矣。贾生英俊才也，其时汉事疲敝已极，所上新书，未免有激切暴露之气，至今疑其大言。使文帝用其说，后岂有七国之患哉？

由后观之，贾谊所言，实为切时之务。因其不用，而以大言少之。无以服谊，亦无以服天下后世也。即以成败论，后来并未用其策而败也。

法严弓手下乡之禁，虑其扰民也。祖宗立法，催官租，止责耆保。今催私租，反差巡尉。以捕贼者捕其民，此中竟有私囚至死者。初到廉知其事，甚讶前官不一施援手。既而思之，始见孰无恻隐之心，未几虞上司之督过，咎死者之自取，诿生死之有定，良心渐消，俗虑为主，久则熟视而不之恤矣。此孟子见赤子匍匐入井之心，有取于乍也。

官司重法残民，不曰上司督过，则曰死者自取。甚至谓生死有定，全无自责自咎之意。则乍见之良心，消灭尽矣。

朱文公在南康救荒，后每入学校，与朋友讲说。后来之官，仿而行之，诚是也，然不止袭其迹而效之也。文公之书，固尝读之矣。其书浩博，古所未有，而讲义仅有《玉山》一篇。大意盖以古者疑而后问，问而后对，故于讲习有益；后世之讲，有不待问，而学者之所听亦非其所疑。在玉山，亦因程君洪再问而再答，故述以成之。南康之讲说，必亦与朋友随时疑难问答之实工夫，非海说也。因文以施教，因事以寓教，某愿学焉。

陆贽奏议，智如子房，而文则过；辩如贾谊，而才不疏。

苏子由尝言所贵画者，为其似也。似犹可贵，况其真者？吾行都邑田野，所见人物，皆吾画笥；所不见者，独鬼神耳，当不绘而识。然人亦安用见鬼？此说正合愚素心，欲宣之言而莫能者。敬书以破世俗之癖。

山川景致，绘画难真。每见赞好画者，则曰逼真；而赞山川景致者，则又曰如画。予亦为之不解也。

东坡上书论灾伤民事，婉切动人。愚谓东坡善言天下事，如贾谊之宏阔，陆宣公之的切，苏子瞻之畅达。皆天佑国家，笃生此人，以成此有裨世道之文章也。

东坡平日议论，多杂佛老。独议学校贡举，书斥士大夫主佛老之为非，可谓忠于告君者矣。

东坡之文如长江大河，一泻千里。至其浑浩流转、曲折变化之妙，能文之士莫之能尚矣。尤长于指陈世事，述叙民生疾苦。方其少年气锐，尚欲扫除宿弊、更张百度，有贾太傅流涕汉廷之风。及既惩王氏，一意忠厚，思欲天下休息。其言切中民隐，发越恳到。使岩廊崇高之地，如亲见闾阎哀痛之情，有不能不恻然感动者，真可垂训万世矣。然至义理之精微，则当求之伊洛之书。

东坡之文如此，实有裨于民瘼国是，是以可传。毋徒尚其文辞之高妙也。

韩文公杂说四首，龙喻言君不可以无臣，医喻言治不可以恃安，鹤喻言人不可以貌取，马喻言世未尝无逸俗之贤。

四首言龙、马、鹤、医，似止赋物之工，其实皆君臣论治求贤之要，有关世道。所以为载道之文也。

士大夫狃于流俗，渐变初心。既欲享好官之实，又欲保好官之名。兼跨彼此之两间，自以和平为得计。风俗至此，最为可忧。其余贪饕小夫，又不足论者也。

国之所与立者，以士大夫也。士大夫所能为国之与立者，以气节也。气节消靡，习为和平，则贤者几成无益于人国。此世道命脉之所系，社稷安危之所关，非但如贪饕小夫可杀可辱，不过一时一事之失而已也。是宜表厉正直，以洗濯其晶明之质，以成刚大之气，使视人间之富贵如浮云，而以天下之利害为切己。社稷灵长，终必赖此。

世变如轮，无暂停息。成之极，即坏之渐；治之余，即乱之初。时则有饱食暖衣，无所用心，而不知衣食之所自来者，遂至于忘圣人之恩。出而肆其胸臆，创为邪伪，其初不过戏剧，其后信为事实。其发仅类讹言，其末卒至流祸。身被圣人之教而得其安，乃曰不必教也；身赖圣人之政而得其食，乃曰不必政也。其所以力排正大之说，不过自售其邪伪之说。而不知初无此事，亦无此理也。天下事如其分，则出位一毫不当；言如其理，则民物皆吾一体。委曲宛转，可救救之，可言言之，亦尽我心焉耳。士大夫居上位，必待下之求而后举，将何以息天下奔竞？而下之忍其差而求举者，将何为耶？尝妄谓学校本以养士，今士习反坏于学校。选举本以除士大夫，今士大夫心术反坏于选举。立法之弊，一至于此。甚必置此事于勿问，乃可自立耳。

韩公之文，若非欧阳公得于敝簏而发扬之，久已湮没。然自欧阳公以来，虽曰家藏而人诵，殆不过随众称好。及自执笔为文，率多不合。真知公之文者几人？予尝叹息而自警曰：人谁不讲孔孟之学，至遇事则往往违其训；人谁不读韩欧之文，至执笔则往往非其体。人莫不饮食，鲜能知其味。不心诚求之，是真无益哉。

明知真文字而不肯学者，骛于真不如假之恶习也。谚云：一日卖出三石假，三石卖不出一日真。不但作真文字难，而知其为真文字者亦不易。文且如此，何问其他？

州郡职秉教养是也，窃意教不止讲说而已。风雷雨露者，天之教；无行不与者，夫子之教。下至严君平卖卜成都，犹能于卜之中，教人孝、教人弟。天子付以千里之寄，其所得行者，迥异卖卜之人，不能随事寓教，以正人心。是于腾口澜倒之中，又推其波矣。

罗季清名其居曰耻独，愚为之记曰：季清从官已久，以此名其居，其不以仕而废学者与？蘧伯玉欲寡其过而未能，此耻之始事也，切己者也；至其后，耻独为君子，此耻之终事也，推己者也。伊尹耻一夫之不获，自禄以天下弗顾来。吾夫子己欲立而立人，己欲达而达人，其用心可谓广大。至自言巧言令色足恭可耻，仅与左邱明等。圣贤为学，次第由己及人如此。今季清本物、我同得之理，兴与人为善之念。所谓自明德而新民，夫岂一日之积？尝读书，见古人心与天地同，因慨然耻其不及矣。未几掩卷而倏忘之，依然故吾，无耻也；尝筮仕，见州县或以非道加其民，固勃然耻于力不能救矣。未几因循苟禄，非甚不可者，亦或奉行之，依然故吾，无耻也。己之未能自耻，而暇为人耻乎？季清能耻众人不为君子，何如于己之未能自耻其身之不为君子也。

杨龟山曰：管仲之功，子路未必能之。然子路范我驰驱者也，管仲诡遇耳。此论甚正。

石徂徕《阴德论》略云：天地之治曰祸福，君之治曰刑赏，皆随其善恶而布之人。人不达天地、君之治，硁硁焉。守小慈、蹈小仁，不肯去一奸人、刑一有罪，皆曰存阴德。其大旨谓不杀一人、不伤一物，则天地神明之所佑也。且天地能覆载，而不能明示祸福于人，树之君彰其刑赏；人君能刑赏，而不能亲行黜陟于下，任以臣播其威权。违天地君而曰有阴德，祸斯及矣。

霍光不学无术，人皆习闻而忽之。愚观汉自武帝五十余年，骚动疲极之余，海内萧然，几无所措手足。光以宏毅开济之资，托六尺之孤，任四海之寄，迄三十年。百姓充实，四夷宾服，复废昏立明，举金瓯无缺之，天下以畀之，是中兴汉室者，非宣帝，实霍光也。彼其出入禁闼二十余年，小心畏谨，未尝有过。每出入下殿门，进止不失尺寸，故成就之大如此。虽有未学，吾必谓之学矣。岂后世泛泛文墨议论，若私意小智以为术者能与于此哉？故尝谓三代以后，身佩安危，若博陆侯，若诸葛武侯，若郭汾阳。人亦虽各不同，皆百世不可及。霍光所少，独盛满之戒耳。不然，以功论之，虽伊尹亦何以尚兹？

霍光立朝勋业，原非不学无术者所能为。或因后来不能止妻显毒后之举，而少之。然自古大臣有学者，岂终无少玷乎？岂皆善始善终乎？

吕蒙正罢相，上意其目穿望复官，刘昌言称无之；刘昌言罢，上意其涕泣，钱若水称无之；向敏中除仆射，上意其甚喜，又意其贺客必多，李昌武往视，皆无之。士大夫苟贱，取轻人主既久，虽真宗不免于疑至。而公清节重德，默动上心，大耐官职之褒。岂特公一身之荣、一时之遇而已哉?

人臣得失之心重，则喜愠不能自禁，怨望即从此而起。能耐官职之褒，亦足征其器识也。幸刘、钱、季三君据实而对，亦见其公直无私。倘从中稍有揣摩迎合之意，岂不关臣品之高下耶?然即此益见为臣不可不加凛惕也。

鲁肃简公饮酒肆，以实告，不欺君若此。故能谏止太后，不立刘氏七庙。其不任子弟于馆阁，不自私如此。故能在政府七年，务抑侥幸、贵戚畏惮，至以鱼头参政见称。士大夫欲行道于天下，亦行诸身而已矣。

入酒肆必以实告，方见不欺。子弟不任馆阁，益见无私。此大臣正身以行道之实事，非矫饰也。

读史须看古来治乱之机、圣君相际会、君子小人出处进退，便是格物。

以读史为格物，则读史不徒记诵，格物更见切实。

看历朝事，当如身预其事。人主情性如何，在朝孰为君子，孰为小人，其处事孰当孰否。是非利弊，晓然胸次，可以口称指画，则事机熟悉，临事必过人矣。凡前古可喜可愕之事，皆当蓄之于心。以此著为议论，则文章无非政事矣。

罗景伦曰：吕东莱解《尚书》云：书者，尧、舜、禹、汤、文、武、周公之精神心术，尽寓其中。观书者不求其心之所在，夫何益?然欲求古人之心，先求吾心，乃可以见古人之心，此论最好。

朱子曰：病中信手抽得《通鉴》一两卷看，正值难置处，不觉骨寒毛耸、心胆坠地，向来只作文字看过，全不自觉，真是枉读古人书。

欧阳修修《五代史》，褒贬善恶，其法甚精。发论必以呜呼，曰此乱世之书也，吾用《春秋》之法，师其意，不袭其文。其论曰：昔孔子作《春秋》，因乱世以立治法，余述本纪以治法，而正乱君，此其志也。书减旧史之半，而事迹比旧史添数倍，议者以谓功不下司马迁，又谓笔力驰骋相上下，而无驳杂说。至于纪例精密，则迁不及也。亦尝谓我作《伶官传》，岂下《滑稽传》也。被召撰《唐书》，于《礼乐志》明前世礼乐之本出于一，而后世礼乐为空名；《五行志》不书事应，尽破汉儒灾异附会之说。其论著如此。

伊川曰：农夫祁寒暑雨，耕耨播种，吾得食之；百工技艺，作为器物，吾得用之；介胄士披坚执锐，以守土宇，吾得安之；念无功泽及人，浪度岁月，晏然为天地大蠹，惟缀辑圣贤遗书，庶几有补尔。此终身负惭于人者也。

胡康侯曰：世间惟讲学论政，则当切切询究。至于行己大致去就，语默之几。如人饭食，其饥饱寒温，必自斟酌。不可决之于人，亦非人所能决也。

朱子曰：学校之政，不患法制之不立，而患理义之不足以悦其心。夫理义不足以悦其心，而区区于法制之末以防之，是犹决湍水注之千仞之壑。而徐翳萧苇，以捍其冲流，必不胜矣。

夫人才不足则多谋，识不足则多疑，威不足则多怒，信不足则多言，勇不足则多劳，明不足则多察，理不足则多辨，情不足则多仪。

耆退庵语存云：教人与用人不同，用人当用其所长，教人当教其所短。

用者不枉其材，教者可以成材。寻常语，却大经济也。

魏乐吾云：贪鄙之夫，宁逋朝廷之赋，削牙齿以斋僧人；宁背父母之恩，缺温清而供木像。有化民成俗之责学士大夫之家，焉得不讲明此理，禁此习染乎？

佞佛之人，富者不惜厚赀，贫者拮据崇奉。实不可解。

陆放翁作《司马温公布被铭》云：公孙丞相布被，人曰诈；司马丞相亦布被，人曰俭。布被，可能也；使人曰俭而不曰诈，不易能也。

公孙之布被，亦俭也。只因平日不免于诈，故人不曰俭，而曰诈。素行之不可诬也如此。

老子之书，必隐士嫉乱世而思无事者为之。不知洪荒未尝以治称，黄帝、尧、舜之治，皆以仁义、礼乐，初无用于老子虚无之道。

老子之书，亦有可录者。如《保身章》曰：不见可欲，使心不乱。身与货孰多？甚爱必大费，多藏必厚亡。知足不辱，知止不殆，知足之足常足。轻诺必寡信，多易必多难。柔之能刚，弱之能强，强梁者不得其死。夫惟不争，故天下莫能与之争，故善人者，不善人之师；不善人者，善人之资。天之道，其犹张弓乎？高者抑之，下者举之，损有余而补不足。金玉满堂不能守，富贵而骄，自遗其咎。功成名遂身退，天之道。又《保国章》曰：我有三宝，一曰慈，二曰俭，三曰不敢为天下先。治大国若烹小鲜，图难于其易，为大于其细，为之于未有，治之于未乱。合抱之木，生于毫末；九层之台，起于累土；千里之行，始于足下。圣人无常心，以百姓为心，其政闷闷，其民醇醇；其政察察，其民鞅鞅。祸兮福所依，福兮祸所伏。以道佐人主者，不以兵强天下。佳兵不祥之器，不得已而用之也。

此老子言之醇正者。学者守此，可为淑身之道；仕者知此，可为治世之方。

庄子以不羁之材，肆跌宕之说，创为不必有之人，设为不必有之物，造为天下所必无之事，固千万世诙谐小说之祖也。然时有出于正论者，所见反过老子。老子之说，可录者不过卑退自全；庄生之说，可录者往往明白中节。如为善无近名，缘督以为经。仲尼曰：天下有大戒二，其一命也，其一义也。子之爱亲，命也，不可解于心；臣之事君，义也，无适而非君也。无所逃于天地之间，是之谓大戒。夫事其亲者，不择地而安之，孝之至也；夫事其君者，不择事而安之，忠之盛也。知其不可奈何而安之，若命德之至也。

两喜必多溢美之言，两怒必多溢恶之言。尅核太至，则必有不肖之心应之。

无财之谓贫，学而不能行之谓病。贵贱之分，在行之美恶。平为福，有余为患，物莫不然，而财其甚者也。

以上数则，情理透切。岂可以其为庄子而忽之？

《庄子》之可录者，固过于《老子》；然其悖理者，则又甚于《老子》。盖《老子》隐士之书，而《庄子》乱世之书也。其所以变乱天下之常者，不过借天下之不常，以乱其常。如麋鹿食荐，则因谓民食粟者为非真味；如巨盗负箧，则因谓缄縢防盗者为盗积；如瞽者不见文采，聋者不闻钟鼓，则因谓文采钟鼓为无用。于是乎混而一之，谓是即非，非即是，而是非之两忘；于是乎复荡而空之，谓人不必有材，心不必有知，而天下生生之理尽绝；于是乎又复引而伸之，谓入水不濡、入火不焦，为天下之至人。呜呼！此诚乱世之书，而后世禅学之所自出也。

《庄子》放荡空虚，易以惑世者不少。此特就为世所传颂者指其蔽害，俾学者知所决择耳。

余读荀卿书，然后知昌黎公之不可及。欧阳子尊昌黎公，其议论亦有时而异者。大抵诵述正论于义理开明之日易，辨明正理于是非迷谬之世难。自战国纵横之说兴，而处士横议之风炽。极而至于庄周，并收一世之怪，大肆滑稽之口，以戏薄尧、舜、禹、汤、文、武、周公、孔子之道。而天下之正理，世无复知。于斯时也，知尊王而贱霸，知尊孔子而黜异端。孟子之后，仅有荀子，而世不称荀子，何哉？盖由汉及唐，皆尊老、庄，其间溢出而为禅学者，亦庄、老之余涨。而荀子尝黜老聃为知屈而不知伸，黜庄周为蔽于天而不知人。其说正由汉唐以来，学者自相背驰，宜其不见称于当时也。

昌黎称荀子大醇小疵，世之指实其小疵者。曰以其非子思、孟子也，曰谓性为恶，而谓为善者伪也。若然，则岂止小疵而已哉？余观其非子思、孟子，盖其妄以知道自任，故欲排二子而去之，以自继孔子之传，其失正坐不自量耳。至其以为善为伪，盖伪者人为之名，非诈伪之谓也，殆亦类于中庸之所谓矫。而择言不精，遂犯众骂。其意若曰人性本恶，修为斯善；其说专主于习，而不主于性。遂至堕于一偏，而不知其谬。不然，何至以善为诈伪之伪也哉？此昌黎姑恕其说，而指为小疵欤？抑荀子之小疵，虽其议论之近理者，亦或不免。不但非孟言性而已也，大抵荀子之所主者在礼，而曰礼之敬文也。则礼之本于内心者，卿殆未之深考，故其议礼之效，惟欲辨分以足用。其于论王、伯，曰粹而王、驳而伯，曰义立而王、信立而伯，几谓王、伯无异道，特在醇不醇之间。至于内心义、利之分，则略不之及。使荀卿而用于世，亦不过富国强兵、善致邻国，成霸功尔。

《扬子》终篇，称王莽勤劳过于阿衡，是尚可齿善类邪？

而犹以知尊孔子，得名诸儒耶？又曰：倥侗颛蒙，盗于性情，是竟不知为物则秉彝之理矣。又曰：学，行之止也，言之次也，教人又其次也，亦岂孔门之旨耶？孔门之学，知、思、辨为先，而雄以行先之。学不厌，教不倦，仁、智两平之事，而雄反以教人又次焉，言果可以为法言与？

愚尝谓孟子之论体于心，故可以继孔子之传；荀子之论止于事，故不能知孟子之醇。扬子当正论已明之后，不过掇拾诸论以盗名。故虽温公之醇厚，终为其所欺，表而尊之，与曹操预正统等。而世亦终不谓操为西伯，谓雄为孟子也。

扬子实无可取，而为害滋甚，误人不浅。

文中子之书，以易、老并言，以释、老与儒为三教，盖亦六朝流习耳。迹其言议，多有近理。如曰廉者常乐无求，贪者常忧不足；如曰人有不及，可以情恕，非意相干，可以理遣；如曰易乐者必多哀，轻施者必多夺。问何以息谤？曰无辨。问何以止怨？曰无争。所著中说，虽不足以拟《论语》，揆之理势，非漫无所见也。其主标枝野鹿之说，谓上无为、下自足，至治之代，人老死不相往来，则习老子之说而不之考也。古者鸿荒之世，人之异于禽兽者几希。圣人者作，教之以相生相养之道，然后有伦理以趋于治。太古何尝有治？至后世圣人，然后有治耳。且上果无为，则下亦乌能自足耶？

文中子其言中正平实，有裨治道。朱子亦谓其于礼乐文章，有裨世用。惟将秦汉以下饰做三代，他便自要比孔子，自叙尽是夸张耳。末段所云，原非确论，在诸子中犹不失为有学之儒，学者当知节而取之也。

管子之书，不知谁所集。乃庞杂重复，似不出一人之手。然诸子惟荀、杨知崇尚孔氏，而未知其用于世果何如？余皆处士横议，高者诬诞、下者刻深，戏侮圣言，坏乱风俗。其间尝获用于世而卓然有功，为圣人所称者，管子耳。余故读其书而不敢忽，为之熟复而条列之。如牧民之要曰：仓廪实则知礼节，衣食足则知荣辱。礼义廉耻，国之四维。四维不张，国乃灭亡。此管子正经之纲，苟得王者之心以行之，虽历世可以无弊。秦汉以来，未有能践其实者也，其说岂不简明乎？

管子之政，至今多有可行者。不仅不动兵车，而一匡之功也。自后纷纷责其不死子纠，而孔子仍原情而许其仁焉。学者无责其短而灭其长也。

贾谊于长沙所论汉事，皆于治安策。及论积贮、谏禁铸钱者，殆平日杂著所见，而他日总之以告君。与三表、五饵之说，详见此书。谓可坐威匈奴，至今疑其大言。然不过欲诱致降者，使其众渐空，非谓必以兵胜也。以谊奇才，得为典属国以试之，匈奴虽无可灭之理，势须渐弱，未可以大言而少之。若其分王诸侯，施行汉事，后多卒如其说，真洞识天下之势者也。至其本说，以道为虚、以术为用，则无得于孔子之学，盖不过以智略之资、战国之习，欲措置天下耳。

贾谊论秦始末，而归之仁义不施、攻守之势异，论正而语卓。其谓天下向秦，冀得安其性命。使秦并殷周之迹以制御其政，犹未倾危；使二世有庸主之行而任忠贤，海内欢然，各自安其处；使子婴有庸行之材而得中佐，山东虽乱，三秦之地可全。愚谓秦以威并天下，非天下向风也。子婴之世，大势已去，三秦无可全之理。倘二世能反秦政，天下或可未乱。然千百年战争，势至此极，秦亦不容不亡。秦之事，非可以古帝王常道论也。

刘向《说苑》，其中多残断错误，非必皆刘向本文。然其指归，皆出于劝善惩恶、冀扶世教，《杂事》五卷，警戒居多。虽不尽纯，最多精语，过于诸子之杂书横议远矣。后学亦不可不观也。

所论贾、刘二人，皆审当日之时势，而揆之义理，足广学者识见。

《申鉴》五篇，东汉荀悦书也。自言道本仁义，备在典籍，前鉴既明，后复申之，谓之申鉴。然大抵辞繁理寡，如曰：人主有公赋、无私求，有公用、无私费，有公役、无私使，有公赐、无私惠，有公怒、无私怨。如曰：求己之所有余，夺下之所不足；舍己之所易，责人之所难，怨之本也。如：孺子之驱鸡也，而见御民之术。急则飞，疏则放，心志安，则循路而入门。或问卜筮，曰：吉而济，凶而救之，谓益；吉而恃，凶而怠之，谓损。或问避疾厄，曰：可避非身，可逃非神。孺子掩目，巨夫掖之，而曰逃可乎？或问神仙之术，曰：终始运也，长短数也，运数非人力之为也。体宜调而矫之，神宜平而抑之，必有失和者矣。又谓人臣之义，不曰吾君能矣，不我须也，言无补也则不忠；不曰吾君不能也，不我识也，言无益也或不尽忠。进忠有三，曰先其未然发而止之，谓之救；行而责之，谓之戒。凡其言之合于理者如此。

《汲冢周书》出于汲冢，类兵书，又类《周诰》，与今《尚书》全不合，似战国人仿而为之，文亦涩而不可解。有二条最为明切，如曰：水旱饥荒，其至无时。非务积聚，何以备之？夏箴曰：小人无兼年之食，遇天饥，妻子非吾有也；大夫无兼年之食，遇天饥，臣妾舆马非吾有也；国君无兼年之食，遇天饥，百姓非吾有也。戒之哉。弗思弗行，至无日矣。

积贮备荒，后世率视为常谈，此所言倍见警切。一日不再食则饥，饥寒所迫，何所不为？父母妻子不能相顾。此至情至理，非以骇听也。

不幸在不闻过，福在受谏，尊在慎威。

三语耐人寻味，于治道有益。

韩公读《墨子》，而曰孔墨。夫墨子，孟子所深辟；韩子，尊孟者也。何议论之相反至此？岂孟子防其流弊，而韩论其本心欤？

墨子兼爱，犹有仁者万物一体之意，与为我之杨子不同。但孔、墨之比，究属太过。孟子虑及后来之弊，故辟之，一原其心，一防其弊。至当不易，义固各有取也。

太史公作《老庄传》，即以申、韩附之。若曰清净无为，其势不足以治。及其不治，其势不得不以法绳之。老子之无为，常欲自利，其藏于心者，已有阴术；庄子寓言，破坏寻常，其发于口者，已无忌惮。以阴术之心，行肆无忌惮之说，而处于不得不以法绳之势，惨刻不道，尚复何疑？此申、韩之出于老、庄，惟太史公能穷极而言之，可谓卓识矣。古史于老子、列子之赞别有议论，几以孔子与释、老并行，是何言与？

老、庄清净无为，与申、韩惨刻，原系分道扬镳。今推其因，偏为患。方知老、庄之不能不流为申、韩者，亦势也。益信古今学术，惟中正乃能无流弊。老、庄、申、韩，究别为一端，而非圣人之道也。

《国语》起穆王伐犬戎，讫越勾践事吴，分国以纪谋议。凡阴阳律吕、天时人事、顺逆之类，其文宏衍精洁。韦昭注谓左邱明作述其事，未知果否？惟事必稽典刑，言必主恭敬。周衰之崇虚邪说，一语无之，是足昭万世也。

召穆公谓民当道之使言，而不可防；芮良夫谓利当布之上下，而不可专。此万世不刊之明训，足以进之《六经》。正不俟厉王流彘，而后知其言之足信也。

晋文公读书三日，曰行未能愢，闻则多矣。其臣赵衰，行年五十，守学弥惇。悼公之幼事单襄公也，立无跛视，无戏言，敬必及天。呜呼！世岂有不学而可以为国，又岂有空文无实而可以言学者哉？

伯者尚知言学，尚知言动，不苟不涉空谈，信乎实学之足贵也。三条乃《国语》之最关治道者。学者、仕者所当择而从之也。

荀子曰：君子能为可贵，不能使人必贵己；能为可信，不能使人必信己；能为可用，不能使人必用己。故君子耻不修，不耻见污；耻不信，不耻不见信；耻不能，不耻不见用。

孔子不患莫己知，求为可知；孟子失诸正鹄，反求诸其身。其义如此。

学不可以已也，青之出于蓝，而青于蓝；冰，水为之而寒于水。木直中绳，𫐓以为轮，其曲中规，虽槁暴不复挺者，𫐓使之然也。𫐓，矫揉也。木本直，而矫揉可使曲。见人不可不学，以变化气质也。

学能变化气质，有得于性相近而习相远之义。

法而不议，则法之所不至者必废；职而不通，则职之所不及者必坠。故有良法而乱者，有之矣；有君子而乱者，自古及今未尝闻也。

有治人无治法，人因此语，竟谓法可以不议，皆蔽也。此论足以救之。〇此荀语中最纯正者，有裨实学实用。方望溪删《荀子》而存此，今附录焉。

《黄氏日钞》终。

吕新吾去伪斋文集钞

（名坤，字叔简，号新吾。河南宁陵人。明隆庆进士，
官至刑部侍郎，卒赠尚书）

谨按：学所以求得乎道也，道统物我，学兼知行。成己即所以成物，自学者不求明乎此，不求行乎此，故不堕于虚寂，即流于迂腐。因学之无用，遂以道学为诟病，此亦大不可解者也。宁陵吕新吾先生，胞与为心，才优利济，不欲标道学之名，而所言、所行皆有裨于吏治风俗，如《实政》录《明职》《刑戒》《闺范》《呻吟语》等书。余节录之，并入诸《遗规》中。今读其《去伪斋全集》，凡书牍奏疏以及论学论政，一宗孔孟、程朱之心传，直指世俗之病根。人阅之，鲜有不怵目而醒心者，是不言道学而无非道学之精液者也。噫！学者惟患不能有得于道耳，果无愧于道学，亦何负于人，而辄为诟病耶？录此以告世之有志于学者。

事关军国，三公会议推心置腹，各尽所长。不惟公诚足以服人，亦且问察有益于己。三公曰公，示无私也；三孤曰孤，示无党也；九卿曰卿，示无隐也。

识人尤为第一，虚公最是难事。当事者往往以附己为贤，殊不知附己之中，便是辨人品一大题目。夫附我者，

非必行贿也，我喜谀，则人以称颂为附；我恶谀，则人以弥缝为附。我有所喜，则人以荐引为附；我有所恶，则人以排挤为附；我有所欲行，则人以将顺为附；我有所好尚，则人以趋向为附。此之为害，甚于行贿。能不为沾沾煦煦、甘言卑辞者所中，乃可谓之无欲，无欲而后能辨人材。

世途多幻，人心尚诈。听言用人者，均不可不知有此数种也。

立法者不为一己，恐他人未必皆我也；不为一时，恐后人未必皆我也。事若难行，不早变则迟变，不明变则暗变。诸裁省之类过于苦节者，一切再从宽裕，则鼓舞从之矣。

更久行之法，变难行之事，迟早、明暗间，须有一番权衡。有应裁省者宜从宽裕，方可久久遵行。不然，朝更夕改，徒滋弊扰。

君子之爱其身，正以爱国家也。彼小人设四面之伏，为一网之待，其计甚工，其党甚众。而君子又疾之已甚，自处甚疏，非为世道爱此身也。姤之待初六便系于金柅，忧深虑远矣。若有金柅，何可弗用？弗用则小人道长，至于夬以五阳而决一阴。健可矣，决可矣，犹曰健而说、决而和，妙哉圣人之所用也。若壮趾壮頄，断断乎其不可耳。然非深险设机穽也，剥之五六，剥我极矣，而犹宠以贯鱼，意曰苟肯同心，何分胡越？恨吾不能化小人耳。

爱其身以有为，不为一时忿嫉之行，此与贪恋官爵者不同。可谓善读《易》矣。

以孔孟学术建伊周事业，即以步步体验，为在在讲究。措身心性命于天下国家，始知四书六经，乃道我胸怀于百世之上；天地民物，乃布我心力于六合之中。一而分之，非二而合之也。又安忍秦越吾民，痛痒不相关哉？

经书原道我之胸怀，民物原赖我之心力。学不徒学，仕不愧仕矣。

居官者，往往于闲曹冷局拉友携觞、登山临水、课鸟题花，悠悠岁月，以为清流。不知忙中施设，正在闲中料理。天与我以得为之时，而自失之，以贻到手著肩之悔，可为惋惜。所望同志努力惜时，另作一种功课，与其清谈作高士，不如吃紧作忙人也。

官场中原有以此自负高雅者，吕公以为可惜。诚可惜也。

司勋员外顾叔时，上书指陈时事切直。左调判桂阳军，直名遍于中外，同舍郎皆壮之。叔时曰：吾何乐乎？是上臣显君，其次不洁名。吾不善纳约以成天地之量，而贻君之过以博直名，吾何乐乎？吕叔简曰：厚哉叔时之言。夫名者行之标，而自修者之所惧也。君子不趋名，亦不避名，求以称之耳。始叔时未著名，人不于叔时求备，今海内皆知有叔时，叔时何以继之？毋亦以告吾君、吾相者而反之身，俾入常不愧妻子、出常不愧朋侪乎？诗云：

庶几夙夜，以永终誉，言继也。执德之念，不可以不恒也。往者言事诸臣，即一时犯忌讳、遭谴怒，异日特下征书跻通显，非贵其言，使实所言也。有如召还叔时，且望以皋夔稷契，将何以应？悉民艰、熟世务、明体要、审机宜、辨人品、维世教，皆所以为应也。故用世之学，不可以不精也。叔时勉之，无俾后之人曰：此君仅仅气节士，其气节也，又仅见一疏。同舍者且惜之矣。

以言事获罪者，原宜反躬自咎。及其起用，尤当循名责实。叔时之愧、吕公之勉，两得之矣。

自太学之教不明，而仕与学分为两截。家食之所诵读，与官常之所施设，理虽无二，事则不同。夫用世之人，明习世故、练达朝章，大之而政体之低昂、纪纲之张弛、风俗之美恶、边防之废修、人情之向背、钱谷之盈缩、河漕之通滞、盐法之调停、宗室之操纵、吏治之污隆、人才之邪正、民情之苦乐、宦戚之盛衰、君子小人之机括，细之而古今名物、礼乐刑名等威器数弭盗防奸、文移簿书之简繁、文武官吏士卒之增损、征解清勾赋役保甲之利弊，此非不忘天下者之所留心乎？夫才贵通、不贵执，事贵习、不贵料，故问不厌迂缓、考不厌庞杂、学不厌居积，博学审问、慎思明辨，不专在方寸间笔楮上矣。儒者之急务，不专在谈性天、讲理气矣。

何事非学，何事可以不学？平时事事能学，尚恐仕时不能见之实事，况不学乎？

理可心悟，而事难心悟；理可一贯，而事难一贯。孔子生而知之者，言亦由学而至。生不见泰山，而能图泰山景象；生不见坟典，而能诵坟典故实。圣人能之乎？夫古今事变、名物宇宙、人情物理，童而习之，白首不能尽。如识商羊、辨苹实，必先闻童子之谣；防风骨、肃慎矢，必先读夏周之典。假令问孔孟以四海民情土俗、万古因革损益，必不能凭臆以对。若欲周知，岂得不学？以是知发愤忘食、好古敏求，未必不涉历事务，未必不理会前言。若视为粗迹、不屑留心，喜释悟老、了性明心，而欲成尧舜之事功，难矣哉！

圣人原不能废学，此实理实事，毋视为圣人谦词。

君子之交，以相益也。与人处而不受其益，与人处而无益于人，兹二者友道之耻也。

自求受人之益，并求有益于人，可云不负友道矣。

巡抚者巡历所部，而抚字其民者也。监司怠肆，民安得抚？郡邑贪残，或庸懦不事事，民安得抚？寇盗劫窃，民安得抚？农桑荒废，民安得抚？鳏寡孤独，疲癃残疾者无依，民安得抚？冤枉不伸，民安得抚？义理不明于学校，风俗不美于乡党，民安得抚？甲兵不足以城守保聚，民安得抚？困于兴作，而穷于敛派，民安得抚？积贮无素，蠲赈无术，民安得抚？冗役冗费不裁，民安得抚？吏卒纵横，民安得抚？讼狱繁滥，淹系株连，民安得抚？饬虚文以隳实政，民安得抚？鸟兽草木失宜，民安得抚？所贵巡抚者，日夜焦劳，求得此于民耳。得此谓之称职，失此谓之失职。巡抚之官，其难若此。岂以肩舆八人、斑刀数队、三司侧席、六部平咨、大纛前驱、多官后拥，生杀有旗牌之重，开阖震金鼓之音，批详准状、稽簿行牌而已哉？如是者其谁不能？故人皆艳此官，正谓此官如是而已矣，不难为也，非所望于有道之士也。

备言巡抚之难，可见人以巡抚为可羡者，正其可畏也。切中近时情事利弊，即以此作巡抚箴可也。

朝廷谓民之不安也，而设州县卫所文武吏；谓文武吏之贪残昏惰也，而设府；谓府同眠也，而设三司；谓三司坐食也，而设两院。两院者，督百司庶府以抚民，则必率百司庶府而训诲，启其良心，示以掌职，申之规条，信其约束，先假辞色以歆动之，披其情愫以感孚之。其慢而自是者、教而不率者、浮而不注意者、惰而不奋力者，相应以虚文；而实之不务者、才短而知虑不足者、庸软而为左右所用者、识昏而为左右所蔽者、喜事而扰民者、侈大而耗财者、钻刺而走邪径者、谄媚以悦上结邻者、多私而庇护僚属者、倾险以害人者、贪无忌者、酷刑不当其罪者，徇请托、滥优免、厚作兴、广馈送、喜建造；而不恤百姓之生死者，耽诗文、喜应接、广嗜好，而民务一不介怀者，则严法纪以震慑之，择其最甚者，参究而拿问之。时巡以悉民瘼，畜问以课官业，密察以实吏治，必行以信人心。而司道者，则所恃以代吾者也，正己以服之，积诚以感之，婉辞以规之，时考问以警惕之。罢一切虚文，省一切靡费，绝一切馈遗，戒一切奔走，无废法以市恩，无徇情以避怨，无借安静名以养极敝之祸，无生喜事心以开难塞之衅。总之化行俗美、事理民安，一息无懈、三年有成，而后于职无愧。嗟嗟！岂不难哉？

有病有药，能张能弛。未仕之先有一番讲究，仕时方有一番措施。不可视为空言也。

慈母之抚其子也，自初生以至成立，夙夜皇皇，无令失所。其孰教之？其孰督之？慈爱真心，根于天性，虽欲不然，不可得已。岂以士君子抚养斯民，不如一妇人哉？无其心耳。所望朝夕孳孳此心，以宇宙内事任之两肩。以万物得所，期于实效。俾二帝三王学术，稍试于躬行；唐虞三代风光，略见于今日。此儒者一快心事。

有真心，斯有实事。说来如此明切，不同老生常谈。

近世以在内曹郎、在外司道，谓之过路衙门，易于藏拙。可以西湖了公事、纸上作终南者。由君子观之，抱关之吏更漏未交，马走之卒羁靮在手，得失利害，不得委之他人。何乃方面大臣，提千里封疆、专一路荣枯？即使此等康庄，容易信步，何忍以此身作世间，焉能为有无之人哉？

居官者幸历康庄，循级推迁，便视为宦途通顺。不知可曾循名责实、平心内问，于职有忝乎否也？

俗套务去其甚，实效务见其成。以课吏为安民，以除害为兴利。裁无用之簿书文移，询民间之弊俗隐痛，旦夜拊摩而砭剂之。此之造福，真是无穷。

家食人见啼饥寒者于其前，岂无恫瘝心？不过解衣推食、施其所余而已。虽欲举沟中瘠而全活之，其势不能，何也？无其藉也。伊周事业，惟吾辈能之。而俾天下苍生各得其所者，伊周事业也。今之搢绅，满中外矣，谈及世道，辄诿之曰吾君。嗟嗟！吾君之所不掣肘，而听令便宜；及三令五申，责成吾辈者岂少哉？

知其应行而不行，辄委之曰吾君，其负君也实甚。

古之圣贤，会天地民物为一身，不曾谢却天地名物，摘出此身，作自家另行修治。而今学者，起念便觉天地名物不亲不故，与我无干；不痛不痒，与我罔觉。聚会讲求，不过理会。古人多年卷宗，拈起磨勘，深文细索，无了无休。此人即置之庙堂，只可作一迂腐之儒，坐镇雅俗，了得自家耳。

朝夕所讲究、友朋所谈论，皆无关于民物。此等自了汉，所学已非，安问仕耶？

禹稷饥溺之心、伊尹沟中之约，都是肫肫其仁之念，平居满腔，到手自流，不是临时旋安排、强推布。穷居之求义，求此也；大行之达道，达此也。此个念头，大家埋没已久，而今却要发掘出来，淘洗得净。将这一点不忍人之心，栽培浇灌，触处撞著，若决江河。有了天德，不怕没王道；有了美意，不怕没良法。故曰：先王有不忍人之心，斯有不忍人之政矣。世不太平，只是吾辈丧失此不忍人之心。而今学问，正要扩一体之义、大无我之公，将天地民物收之腹中，将耳目心思措诸天下，消尽自私自利之心、力持公己公人之念，这是真实有用之学。

分明不动声色、济之有余，却露许多形迹、费许大张皇，转恐于事无济。

心虽无他，术则不善，无学故耳。

中外仕途之病，有两字，曰私、曰伪。夫六合皆情缘，惟大小衙门，为秉公持正、矢心天日之地。今乃借得为之势，以结大小之欢，是曰私；庶绩皆实政，国民利病所关，而但以簿书文移弥缝搪塞，一生精神用在酬应世态，绸缪身家之处，互相欺罔，若谓当然，是曰伪。此仕途之贼，而斯民之蠹也。

已仕未仕者熟复此语，有则改、无则勉，便是切要功夫、实在政绩。

吾人讲学，须知所学何事。自十五时便入大学，所讲者圣经一章耳。儒者之教，以天下国家为一身，其格致诚正也。欲端一身以为国家天下，非莘野磻石专言耕钓，阿衡尚父方讲治平，作两截之学问。诸子问为政、颜渊问为邦，何尝不有志于用世？幸无曰我今沉沦，便以经济为讳也。殷浩以苍生自负，房琯以经武知名，一出犹作败局。有如缓急之际，艰难如足食足兵，重大如安边治河，种种不可悉数。当事者问我，委曰不知；柄人者用我，委曰不能。可乎？夫任聪明，不可以当盘错、旋安排，不可以应仓皇。此周孔所以寝食俱忘、夜以继日，且思且学也。

为学原期世用，偏以用世为讳。不一讲求有用之学，学所以日非，而仕益不可问也。

植节概于两间，流仁恩于万姓，委荣华于中路，贻清白于后昆，是谓仕途四美。○负盛气以陵人，借贫交以复怨，受私赇以谒事，灭公道以营家，是谓宦门四孽。○民饥而我粱肉，如茹荼毒；民寒而我裼裘，如披荆棘；民愁而我歌拍，如闻喑咽；民劳而我安闲，如在恫瘝。既云父母，与儿女同甘苦。若痛痒不相关，此何异于路人？○强者横行，弱者吞声；众者群怒，孤者闭户；巧者多机，愚者受欺。富势者通情贿，则贫贱者丧气。乃知有司圆软宽柔，善良之忧；天若无雷霆霜雪，万物不荣不结。《仕箴》。

《仕箴》四条，句句警切。其要不外于视官事如家事，体民心以己心而已。

天厚我生，于我何私？斯世斯民，悉以付之。世道人心，狂澜颓厦。付我挽回，付我支架。民生憔悴，愁苦困穷。付我生养，付我辑宁。济世安民，本吾性分。况受君托，俾之克尽。养以俸薪，荣以爵位。岂以文章，令我富贵？我自点检，称塞几何？食浮于功，一饭为多。如何入官，此心遂纵？志得意骄，惟知尊重。旗旌鼓吹，数里扬尘。奔走百司，饥困千人。筵设庭陈，绮靡丰洁。但恨弗精，宁怜膏血？心不念民，口不谈政。养交市恩，论资计俸。饥者汝饥，寒者汝寒。尔自尔民，我自我官。职业伊何？此心难昧。官岂不显，家岂不赢？国民两负，肥得此躬。以智以力，犹足自全。天鉴有赫，子孙可怜。我言惟激，我心更切。殷勤吾党，慎无乐孽。《公署箴》①。

皇矣上帝，生此烝民。无计举安，乃作之君。独理难周，张官置吏。布之寰区，期于博济。吏也无良，富贵是图。知有身家，罔念一夫。巧恣渔夺，虣逞淫暴。闾阎愁叹，莫敢控告。滥讼淹狱，惟此懦庸。豺狼遍野，狐鼠盈庭。昏惰者流，附于安静。万姓死生，浑如醉梦。谓安民故，建此多官。官满天下，民益弗安。载设藩臬，纠察师师②。今也顾忌，一崇宽大。哀哉苍生，何以自存？明王震怒，爰命宪臣。衣以豸绣，俾之持斧。凛凛风霜，稂莠是去。豪右落魄，贪残屏迹。山河摇动，乃云称职。避今日怨，树他日恩。兴此一念，天日监临。有赫台察，长厚是尚。激浊肃僚，又复谁望？我冠我裳，独异朝绅。振扬风纪，所愿同人。《振扬风纪箴》。

帝王八簋，公侯四饭。兔首瓠叶，君子酬献。今人燕宾，方丈崇尺。至爱真情，岂恃酒食？饭过三餐，谁有余腹？馔过五腥，谁能食肉？言及饥寒，余不忍闻。一几之费，可活十人。俭为养福，施为积德。暴殄天物，子孙之孽。《宴饮箴》。

---

① 原文为《公署》，“箴”系整理者所加。

② 原文为“师师”，疑为“帅帅”之误。

夸张盛筵，日甚一日，此士夫恶习。仕途尤宜戒此，非仅惜福，且以杜贪。

天之难回，固也。协众力以回天，岂无分毫可回乎？传舍之颓也，过客不问，主人不问；通衢之鼎也，来者不扛，去者不扛。无可奈何四字，忠臣孝子所不忍言。事在应行，势处难挽。公卿以上果能夙夜靖共，无泄无沓，人人各修其当为之职业，各满其得为之分量，未必无分毫之补也。

众擎虽云易举，心力恒虑不齐。官场重远之务，以观望而坐废，皆此类也。

古人云：用刑如加诸身，用财如出诸己。

视用刑如加诸身，决无滥用之刑；视用物如出诸己，决无不节之费。愿书此二语于座右，触目知警也。

古云：救荒无奇策。非云荒可不救，正欲备荒有善政耳。又云：荒政不讲于荒年，救荒不救于将死。

因古人救荒无奇策之语，遂有以荒为不可救，坐视而不救者。不知正惟救荒已无奇策，不可不预筹备荒之善政。不待救于荒年，亦不待救于将死。益信备荒为养民之本务，救荒特临时之补苴耳。

未事时自信常十分，临事时只做得三分，盖事莫难于当境。欲于穷居信行义，只是信理，不可谓之自信也。如自信必欲为善，必不为恶，而当机临事，未必果善而无恶。未试之空言，何可遽信耶？

平时立志要做好官，尚未知临事能否如何？益见学与仕相资，不可偏废也。

无目之人，耳专于听，心恒灵而听更聪。古来矇瞍，多为乐师，师皆有相。后世乐师，不用此辈，其高者弦歌讴唱，用以乐宾娱耳，犹足自存；下此则流为乞丐，沿富贵家以走①衣食，人尤贱之，或冲突于车马，或颠仆于沟渠，见者不一引手、不一传声。甚至仆隶下人，得而挺诟之，官司以为弃物，熟视之若无睹闻矣。孔子见师冕，告以阶席所在，何其殷切！见瞽者，虽少必作，其矜不成人，何等恻怛！士人读书至此，最宜养其仁心，扩而充之，所谓为天地立心、万物立命也；士民遇此，宜加怜悯而引掖之，若懵然罔觉、全不动念，皆得罪于天地者也。甚至村夫愚人，欺其无见，坐视而玩弄之、挺诟之，俗之薄恶、心之残忍可知矣。

矜不成人，良心也，天理也，亦王道也。圣人所重，人多忽之。官司父母，斯民而不以此为事，既不筹救济之术，绝不生怜悯之志，亦有忝牧民之一端也。

先慈性躁急，病目失明，四望一无所见，辄以头触壁号哭，不食者三日。眼科调治，曰：目忌火动。急躁若斯，何效之能臻？余莫知所计，乃召瞽妇弦歌以娱之。积五日，稍稍下食。歌者辞穷，则更其人，或命之说书，衍唱前后代故事。远近名丝咸致之，如是者岁余，母性渐

① 原文为“走”，疑为“求”之误。

平。其日候于侧者五妇，居吾舍，岁续食，死而葬吾土焉。先君有三婆二妇，无令入门之戒，至是亦曲体子妇情，莫之禁也。由是贤孝古人，仆妇女奚亦能悉其始末矣。先慈没，每生辰佳节，献以家食，思其所乐，则奏倚《西楼》一阕，弦而不歌，寄余凄惨云。

如此慰失目之亲、疗耄年之疾，一腔诚孝，可师可法。祭日奏弦，礼以义起，事亡如存也。

余每念先慈失明之苦，见失目者乞食，恻然悯之，给食倍于诸丐。童男则为筑舍，养一瞽师，令之说书卦卜，更为辑子平要语及劝世歌册，使教习焉；女童则以属瞽妇，教之弦歌，余为置乐具，待其能自衣食，则就其相宜者配为夫妇，听其所之，不致号乞。余参政济南时，曾行此政于郡邑，翕然成风云。

因母失明，而为无目之人、极苦之丐筹及资生之路，以教以养，俾无失所，此即老吾老以及人之老，幼吾幼以及人之幼，絜矩之道也。事载《实政录》，历历可考，居官者盍推而行之？

夫不能无有余不足者，天地之数也；调有余不足而均之者，圣王之政也；敛众人之不足，成我有余，富者之事也，损我有余、益彼不足者，仁者之心也。睠彼穷黎，安得富者皆仁，安得仁者皆富乎？大梁阮生，富而仁者也，尝曰：先人以赀物见遗，饱暖而外，皆长物也。古人云富而能散，此阿堵中物，何为耶？三族堂兄，病而贫者，以地亩给其朝夕，没之日，给杉棺、赠孝布。兄子没，亦以杉棺厚葬之。郡之贫者，岁给衣食有差。舅氏耿，死无子，养之终身，葬如礼。诸耿氏子，皆为生计，无令失所。先娶刘氏，继娶周氏，俱卒。其父母贫，皆养之如妻未亡时，终其身。恤州里之不能婚娶者数十家，不能葬者为立义冢，每冬施棉衣。岁大疫，施药给棺；大歉，输粮至二千余石。当事题旌，府吏索钱二万，乃为请院司。生曰：吾弃利而取名，弗为也。厚学校，助修学宫，给贫生建义学，延师训贫家子，供馆谷；河决工匮，输银数千以代夫力，当事旌之。生平负意气，义不当与，一介不与，人咸曰是啬夫也。其轻千金者，好名耳。子曰：一介不与近啬，乃并其与千金而少之乎？使中原有生，百凶年无饥殍矣。吾欲以名予人，如人不好，何博施济众？孔子以为难，非不以为贵也。有人焉，出沟壑数十人而生之，孔子亦嘉与之不置矣。夫财，实物也，分于人而难伪；名，虚器也，出于口而无穷。彼以实费得虚名，人以虚名获实济，吾何为而又少之耶？将视啼饥号寒人若充耳，而后为君子耶？吾因阮生而论之，以为世之富而能仁者劝。

以施济为行善，犹虑人不信从，若并斥为好名人，惟有相戒不敢行善耳。幸有济人物力，又有济人心愿，而使之有所忌而不敢为，转为牟利，啬夫守钱铜臭所借口，世道风俗不可问矣。

余作《原财论》，谓生之者六、耗之者十二。六者何？

曰垦荒闲之田，曰通水泉之利，曰教农桑之务，曰招流移之民，曰当时事之宜，曰详积贮之法。十二耗者何？曰严造饮之禁，曰惩淫巧之工，曰重游手之罚，曰绝倡优之戏，曰限在官之役，曰抑僭奢之俗，曰禁寺庙之建，曰戒坊第游观之所刻无益之书，曰禁邪教之倡，曰重迎送供张之罪，曰定学校之额科举之制，曰诛贪墨之吏。语多愤世，其文不传。

有似不耗而实耗、似非生而实生者，官场习为常套。未计民财损益，玩此名目，可以知所警省矣。

世之病讲学家者，其说有二，曰伪、曰腐。伪者，行不顾言；腐者，学不适用。噫！吾之言然，而行不然，是吾言世之射的也。口坠天花，而试之设施辄不济，是吾言世之涂羹也。余为此惧，不敢以讲学自任，惟以无学自修。虞地有杨启昧者，其学主良知一派，闻者疑信参半。余曰：公之学，实学也，有用之学也。其家庭惇孝友之情、乡党成居闲之美，义所当为，不爱千金；难所欲急，不负一诺。所过劝各士绅输粟千百，顾即于所在储之，以备大祲。列社学科，条以养蒙，设敬老约会以劝孝，分人以财，教人以善之心，恳切浓至。其所口说，皆其所躬行者也，伪乎？不伪乎？有《救荒》一疏，恻怛回天。三宫出金钱数十万，全活沟壑人，不可胜纪。京营措置，振刷优恤，纤悉洪钜，罔不宜时。官军鼓舞感激，数月改观，都人士谓从来所无。其小试施为，俄顷建树，便足风当世宪，后来腐乎？不腐乎？启昧即不讲学，已于行与事讲之矣。况以斯道觉斯人，又如此，决非伪腐之儒、假元谈以自标其门户者也。

杨生以行义济人为学，正所以救伪儒、腐儒之弊，犹以伪学腐学少之，将不行义、不济人者转为不伪、不腐乎？吕公就杨生发此论，唤醒当世学者。

人知异端害道，而不知儒者之言，亦害道也。见理不明，似是而非，或骋浮词以乱真，或执偏见以夺正，或狃目前而昧万世之常经，或徇小道而溃天下之大防。以此行其所学，亦足为患于天下后世，故有异端之异端，有吾儒之异端。异端之异端，真非也，其害小；吾儒之异端，似是也，其害大。求道者不可不辨。

王心斋每以乐为学，此等学问，是不会苦的甜瓜入门。就学乐，其乐也，逍遥自在耳，不自深造真积、忧勤惕励中得来。孔子之乐以忘忧，由于发愤忘食；颜子之不改其乐，由于博约克复。其乐也，优游自得，无意于欢忻，而自不忧；无心于旷达，而自不闷。若学有可乐，还是乍得心；著意学乐，便是助长心。几何而不为猖狂自恣也乎？

猖狂自恣以求乐，此吾儒之异端，害道即以害事。

事事有实际，言言有精义，物物有至理，人人有处法。所贵乎学者，学此而已。今之学者，留心于浩瀚博杂之书，役志于靡丽刻削之辞，耽心于凿真乱俗之技，争胜于烦劳苛琐之仪，已可哀矣。又贸贸昏昏，若痴若病，华衣甘食而一无所用心，不尤可哀哉？是故学者贵好学，尤贵知学。

儒者惟有建业立功是难事，自古儒者成名，多是讲学著述。人未尝尽试所言，恐试后纵不邪气。其实成个事功，不狼狈以败者，定不多人。

著述之人，不尽皆有学之人。有名无实者，每遇事而辄偾，非学之故，所学者非也。

太平之时，文武将吏习于懒散，拾前人之唾余高谈阔论，尽似真才。乃稍稍艰大事到手，仓皇迷闷，无一干济之术，可叹可恨。士君子平日事事讲求、在在体验，临时只办得三五分，若全然不理会，只似纸舟尘饭。

无学不可以言仕，其似学非学者，亦无益于仕。故实学为要。

宇宙要大家撑持，便是掀天揭地，也还做得。何者？人力集而人心奋也。若以一木支大厦，工师方自极力，而群工袖手旁观，有笑其迂阔者，有讥其喜事者，有幸其败者，有掣其肘者，有妒其成功、以形己之短而害之者。甚者不诛群工，而诛工师。呜呼！谁复肯作工师哉？推奸避事者无罪，固享安静之荣；虑患扶危尽忠，反获群挤之祸。夫富贵利达，全躯保妻子，人所欲也，而又有以驱之；冒嫌任怨，劳心殚力，人所甚不欲也，而又有以摧之。天下事，其何赖也？

惟有学问人识时审势，见之真、筹之熟，乃可语此。若率意寡谋，喜事见长者，又当别论。

爵禄恩宠，圣贤未尝不以为荣而重之，圣贤非以此为加损也。朝廷重之以示劝，而我轻之以鸣高，是穷君鼓舞天下之权也。故圣贤秉礼守义，虽不以爵禄恩宠为加损，而未尝不荣之重之，以行其济世安民之志，广其民胞物与之量，更以示天下帝王之权之可重。此臣道也。

士之不遇者，每云无心仕进，而人亦遂以此重之。无论其非果忘情爵禄也，即果尔，亦何补于世道乎？士人量而后入，可也；弃爵禄以鸣高，则不可也。吕公以此为臣道，可谓得体。

引经有断本章而取他义者，如穆穆文王于缉熙敬止，诗言敬也。而《大学》言止，惟孝友于兄弟，施于有政。《书》言推家于国，而孔子以家为国，言何尝有定？惟其理而已。余读《六经》，每触类而通其似焉，随事引用，久而成帙。株守者以为非其归指，吾以为此明于穷经，而暗于引经者也。穷经者，因圣言而探其心，茧丝牛毛逼真矣，而犹惧其疑似；引经者，借圣言以广其义，海阔天空，破界矣，而犹惧其拘泥。故能穷经，则理精；能引经，则理畅。君子观于引经，而后知一贯之道也已。

诸书中引用经语，不能吻合，经生家疑其不类而难解。今云引经与穷经不同，穷经必剖其精义、究其指归，引经取其理之可相通。故穷经患其疑似，引经患其拘泥，可悟治经一贯之道。

《六经》简易明切，诸儒因之聚讼而裂道、深文而晦道、拘泥而隘道，遂失其旨矣。

《六经》天地万物之史也。天地万物，《六经》之案也，而总寄之圣人。圣人之心，道之府也；圣人之身，道之舆也；圣人之言，道之钥也。

经即天地万物之史。天地万物，即经之案，则《六经》非空言矣；道以圣人之身为舆，以言为钥，则《六经》非圣人不能行、不能明矣。立论似新，其理甚确。

世道任自然，圣人立世教而约之以当然。礼法者，维持世教之善物也。巢由披卷、佛老庄列，决礼法之防而溃之。念不及民物，学不本诚敬，心不存惕厉忧勤，拾瞿昙余唾开方便法门，以自适其猖狂恣睢之意，薄庸言庸行为土苴，视三百三千为桎梏，世教荡然无存矣。宜自吾儒经史外，诸清奇高远窈冥妄诞之言悉付诸火，其庶几乎？

《六籍》载道之器也，天地神祇在焉，千古圣贤在焉，君师道义在焉。尊天地圣贤、重君师道义，则必尊书重书。尊书重书，则必装潢而整齐之、珍藏而保护之，自有一腔不敢苟之真心，重此万分不敢亵之法物。今也细帙锦函、牙签犀轴以之贮陈设之玩好，而不以贮切身有用之典籍。手所点校者，亦不收藏，有摄之床头、掷之坐凳者，有面无题识或破碎无获壳者，有拳角断边、垢腻污浊、字不可辨者，有半在南舍、半在北厢、半在家、半在友人几案者，有宋元善本卷册为部而半障窗、半覆瓿、半在妇人筐箧者。经天纬地之物，而慢弃若此；峨冠博带之儒，而践踏若此。语曰：丐惜瓢、佣惜锹，非此物足珍，生所藉也。士子诵读经籍，方资以增长识见、陶淑身心、变化气质、致位公卿、荣及祖宗、泽及民物，岂止瓢锹而已乎？僧道于佛经道藏，壳以衣所不得之绫纻，厨以鸟鼠所不到之简笥，每诵读，则盥手焚香、高吟庄诵，如对仙佛。是僧道不亵视经卷，士独亵视圣贤经籍也，士无天道矣。

读书人不爱惜书籍，随手委弃、任意践踏，不但忘本负心，其暴殄天物亦甚矣。

自大道不明，学术日非。学者率气质用事，以侠烈为节义，如汉末党锢诸君，皆未闻大道，而张俭则节义之贼也。孔门之训，邦无道，危行言逊。又曰：默足以容，明哲保身。此时中之道也。身当浊世，蹈危求名，高自标榜，互相引重，而又非毁朝政、指斥时权，俾公卿以下畏其讥贬，屣履盈门。忌之乎？爱之乎？性分当如此乎？职分当如此乎？此党锢之罪案也。既欲树一世之名，不应爱一身之死。其时耻不举党人，则有皇甫规；罪不逃刑，治狱考死，则有李膺；闻诏辞母，自往请囚，则有范滂。此贤知之过，未闻大道也。乃张俭则逃窜如兔鼠，望门投止，墙可逾、穴可藏，苟活偷生，以容留俭相逮而伏重诛者，十数家；以踪迹俭而收者，几遍天下。宗亲并皆殄灭，孔褒一门争死。保此召殃取祸之躯，何为也哉？夏馥闻而叹曰：一人逃死，祸及万家，何以生为？及党锢禁解，俭乃归家，腼面犹仕于朝，终卫尉，年八十四而后死。所谓节义者何在？故曰节义之贼也。岑晊之逃，贾彪闭户不纳；公孝要君致衅，自遗其咎，岂可容隐？此未必无所见也。夫朋友之谊，平日以道义相切磋、以中正相规勉，罪不受诛，则为之急难可也，为之容隐可也；自作之孽，素昧平生，何至违法犯义以从亡命？甚矣！道不可不明，学术不可不慎也。

汉世党锢之狱，被逮多人，贤愚不一，死亡相继。一时举国若狂，咸以贤人君子遭党祸之变，反疵官法之过当。延及后世，竟视为仗义励节之举，无不惜其死而幸其生。吕公指其起事之非义，以张俭为节义之贼，赴死者未闻大道，气质用事，贤智之过。此持平端本之论，不但有关于学术，并有关于治道。后世士风日浇、民俗日刁，法严聚众、律禁抗官，究纵逃、究窜匿、省株连、宽余伙，惟以事理是非、情法轻重为权衡。其是而轻者，法不及众；非而重者，党恶难逭。无非使人皆明理守法，以庶几远于罪戾耳。以理之是非定法之宽严，为学为政，正宜讲究乎此也。

问严子陵何如？曰：富贵利达之世，不可无此种高人，但朋友不得加于君臣之上。五臣与舜同僚友，今日比肩，明日北面而臣之，何害其为圣人？若有用世之才，抱忧世之志，朋时之所讲求，正欲大行竟施以康天下，孰君孰臣，正不必尔；如欲远引高蹈，何处不可藏身？便不见光武也得，既见矣，犹友视帝而加足其腹焉，恐道理不当如是。若光武者，则大矣。

君臣大义，不宜矫异以鸣高。如以与帝相知有素，正可言人所不敢言，劝行王道。帝得闻所未闻，有裨世道民生，更不虚此一见矣。如子陵者，谓之高尚则可，揆之大义，犹未尽也。

俗恒自淳而趋伪，人恒自拙而趋巧，物恒自朴而趋华，礼仪恒自简而趋繁，习尚恒自厚而趋薄。匪独近代，即周视唐虞，已有间矣，其势然也。圣人为治，惟返伪以还淳，黜巧以崇拙，敛华以复朴，约繁以就简，挽薄以从厚。其事不多，于民不扰，而官亦可无多设。后世则以伪治伪，以巧治巧，以华治华，以繁治繁，以薄治薄，不务返本，而多官以维持之。欲以聚财，财益耗；欲以强兵，兵益疲；欲以厘奸，奸益滋；欲以清刑，刑益滥。求治愈亟，而去治愈远矣，何者？吏议杂而自相乱也。

本为某事而设官，而其事转因官而坏，官之为官可知；民受累于官，亦可知也。

天下之事，本无若是之多也。惟不当而无实，故多焉。譬如医之治病，得其所以致病而投之药，故可立效；不知其病，百药杂投，则医不胜劳，而病愈不可治。万全之利，以小碍而废；百世之患，以小便而行。胡然而行，旋复议罢，忽然而罢，又复议行，毋乃为百药杂试者与？

故曰不当也。譬如尘饭涂羹，可以为戏，而不可以食也。今钩校簿牒，往复支离，非轸念民瘼之切也；藻缋文物，务为容美，非靖其尔位之忱也；虚增声数，邀求官赏，非明试之真也；暱恶容奸，推求曲细，非诘慝之要也。毋乃为尘饭涂羹者与？故曰无实也。

因事不当而事多，因事无实而事益多，推其致此之由、筹其祛此之弊，此不可无学也，子夏所以有仕不废学之论。幸毋曰业已仕矣，何必言学也？

势利者，宇内之神物，帝王师相所以维持势利也。国之治乱、民之死生在势利，顾所以操之者，何如耳？

人恒为势所迫，为利所诱，遂将势利二字，看作不好字样。不知利即义之和也，势即治之权也。利为生养所资，势为名分所在。古今贤愚上下，皆不能废。吕公勘破人情，充类至尽，为此势利之说。实至理，非强辞也。

天下皆起于利，而无势以禁之，则乱。百货积于市，五尺童子守之，百乌获不敢取，势禁之也；万金藏于府，片纸只字封识之，百典守不敢开，势禁之也。何者？利能使人生，而势能使人死。苟不至于忘生，则畏死之心胜之矣。或曰：势利若斯之重也，君子将趋之乎？曰：是何言与？天下有势利而不敢趋，何况臣庶？臣庶而趋之必亡，故君子惟亡利势，而后能为利势主。其得势也，行道德也。道德不行，而势土苴矣，虽往役为佣，所不耻也，其欲利也。视道德也，道德有玷，而利粪壤矣，虽饥寒困苦所不恤也。故忘势利而能为势利主者，圣人乎？重势利而毫无所与焉者，圣人乎？

天下之利，天下人所以相生相养者也。天不立君，君不建百官，则天下之利归豪强、归贪暴。豪强贪暴者专其利，则生势以役群动，而干天子之法；贫无赖者失其利，则相聚以求所欲，而启天下之衅。故利不可不均也。天子衣租食税以供军国之需，而不专天下之所有。建官分职，予人以自有之利，而使各有其所有，又使之赖有官司以保其所有，虽万世君可也。故曰利当公，利当在下。

帝王之御世，利可公之天下。势必揽之一人，使尧舜衣齐民衣，立于市以号召天下，而能使之从，则无庸势为矣。使天下贤愚众寡，皆无事于纪纲法度，则无庸势为矣。故天子以势统百官，百官以天子之势布政令，以行其德意。万方黎献，懔懔奉法，而一毫不敢肆焉者，有操其势者也。虽尧舜不敢以势与天下，此统一四海、平定六合之灵器也。

或曰：子不语名分道德，而语势利，无乃非圣人训乎？曰势利者，以继名分而行道德者也。今夫名分可以使人死，饷犒不给，虽严刑不能督将士以犯锋镝。故高爵重禄、厚赏崇荣，名分也，而利行之也。古贤王厚生先于正德，饥馑之民而讲礼让、训仁义，能使人人为廉节之饿鬼乎？故兴礼崇让、好义乐仁，道德也，而利行之也。

凡为臣而轻君之势利，则不忠。圣贤非势利之所能囿，而先天下以重其君之势利者也。故势利重则君重，君重则天下重，圣贤不敢轻也。读《乡党》章，而知孔子不敢轻君之势利也。

君子见囹圄而加敬焉，刑法之设，所以悯小人而示之以君子之路也。然则囹圄者，小人之学校与？

见囚犯而加悯，所悯者，已犯之小人也；加敬者，所以戒未犯而又易犯之小人，示之以君子之路也。以囹圄为小人之学校，立论似新，取义却切，司刑者不可不存此意。〇吕公为治，率以精明行其浑厚，观其所著《刑戒》及此条所云，皆于不得已而用刑之中，纯是一片哀矜恻怛之意，可以知公所学矣。知学则知政矣。

礼严于妇人之守贞，而疏于男子之纵欲。贩夫仆隶，皆置婢妾、狎亵小童，以为丈夫小节而莫之问，而凌嫡失所、逼妾殒身者纷纷，是亦礼法之所遗也。

国家禁令虽不及此，士大夫修身齐家，岂宜任情恣肆，视为当然乎？

《学仕遗规》卷一终。《去伪斋文集》终。

卷二

方正学逊志斋文集钞

（名孝孺，字希直，又字希古，别号正学。浙江宁海人。
明建文朝，以海中教授召为文学博士，参与大政。
靖难兵起，不屈被戮，后追赠太师，谥文正）

谨按：明初靖难诸臣殉节，以方正学为最烈。考其生平，自幼苦志励学、践履笃实。文集中所载论学论志、自勉勉人、明道济时，总以不负所学为主。虽历仕未久，而即仕即学之规模，足以式浮靡而端世趋矣。

学以穷理诚身为要，以礼乐政教为用。因人以为教，而不强人所不能；师古以为制，而不违时所不可。此其大较也。

其初学也，训之孝弟以端其本，训之歌谣讽喻之切乎理者，以发其知。群居而训之以和，赐之物而导之让，慎施朴楚以养其耻，敏捷者守以重默，木讷者开以英慧，柔者振作之，强者裁抑之，而学始基于此矣。

此将孝弟、谨信、亲爱、学文合一贯通工夫，故曰学之始基也。

其成学也，立教有四：一曰道术。视其端方纯明、知微近道者与言，考其言行，以稽其所进；试其问难，以审其所造。二曰政事。视其通明才知者使学焉，制产平赋、兴教听讼、御灾恤孤、御吏禁暴，悉民情、知法意，试以言、授以事，而观其所堪。三曰治经。精察烛理，笃志不惑，而令长于讲说者为之。四曰文艺。博文多识，通乎制度名物；立言陈辞，可以为世教矣。教之存乎师，化之迟速存乎人。得其人推而用之，不难及于天下。夫岂一家之学哉？

三代之时，人才皆本于学。故有才者，必明于道德之要；知道者，必通于为治之理。周室既衰，上不知所以教，下不知所以学，于是人各就其性之所近而攻之，学术、治才析而为二。天下之士，明于经术者，未必见诸事功；优于世务者，未能本于学术。其弊至于秦汉，世主以儒生为无用。司马徽论人才，亦谓儒生不识世务，识世务者在乎俊杰。夫儒者之道，大之无不该，细之无所遗。近不以为易而不举，远不以迂而不为，固无有不达乎世务。其不达世务者，必非儒也。

学术之微，四蠹害之也。文奸言摭近事，窥伺时势，趋便投隙，以富贵为志，此谓利禄之蠹；耳剽口炫，诡色淫辞，非圣贤而自立，果敢大言以高人，而不顾理之是非，是谓务名之蠹；钩摭成说，务合上古，毁訾先儒，以谓莫我及也，更为异义，以惑学者，是谓训诂之蠹；不知道德之旨，雕饰缀缉以为新奇，钳齿刺舌以为简古，于世无所加益，是谓文辞之蠹。四者交作，而圣人之学亡矣。必也本诸身、见诸政教，可以成物者，其惟圣人之学乎？

道之大端，修己治人而已。率乎性命之理，所以修己而为治人之本也；察乎礼乐政教之具，所以治人而推修己之余也。今天下亹亹然皆将以道德为虚器，虽儒者亦自谓无与于事功，圣人复出，将何所施乎？圣人所谓道，其原为性命，其事为三纲五常，其体为仁义，其用以为治天下。法行则有以服乎人，传则寓乎文而载乎道，岂徒播口舌、悦耳目已哉？

握定修己、治人二事，如此而学，即如此而仕，方是明体达用之学。

士不知学，文辞以为华，记诵以为博。古之学者，虽不能外此以求道，然道不专在是也。

圣人之道，散之为礼乐、政教、法度，合之为性命之原、仁义之统。其事业在诗书，其功用在天下，全备而正大，确乎其无不具也。不幸而败于私欲，折于异端，昧于众人之不知，窒于学者之多歧，于是世各以资之所近为道。愿者以小慈为仁，刚者以严刻为义。能言者溺于言，而不求于所不言；嗜名者以诡僻立事，而未尝要之于至理。人人自谓得圣人之全，而圣人之大全卒为天下裂。譬之摧辀断毂之车，置而不用，犹可无患。苟责任当世之重，其不偾事者几希。是故学以知道为贵，知道以识其大全为贵，存之于心，体之于身，见之于事，而著于言。一以圣贤为师，少有未至，自视凛然，若手足之不完，恒以为忧，则为善学矣。

无学者，不任事犹可，于世无患；学不知道，而任天下之重，其为患也大矣。

尽万物之变，而能会之于一心；穷万事之情，而能析之以一理。此圣贤之所贵也。索乎人所不可知，攻乎道所不必知，以眩俗惊世，此曲士所务、君子不取也。世称张茂先为博物，观其所著书，何其异也！《诗》曰：天生蒸民，有物有则，此物之至要，不可不求其理者也。至于鸟兽草木之名状、古之异言怪说，有所不知，何病其为君子？茂先纂述，惟恐其不详，而于至要而当知者，反无所明焉，其所务可知矣。身为辅相，视乱伦悖教之事，皆不之顾，至于张林、孙秀犬豕之徒，卒见杀于其手。博物之志，果安在耶？士不知道，而多闻之为务，适足以祸其身而已。兼善二字，道理甚大、功用甚广，张子西铭意正如此。使人皆存此心，天下无失所之民矣。尝谓读书者，如西铭《大学》，明白简易，大本大用，咸具于此，不可不熟复于口、常存于心。至如微文碎义，散见他书者，固当参考，然有所未察，未足为大害也。

杂书之微文碎义，原可不求甚解。至于经书中本原大义，则不可不求其心得也。

食所以为饥也，衣所以为寒也，学而不知所以，可乎哉？人生而有仁义礼知之性，人之学，所以尽其性而已。不能尽其性，则伦理昏、人伦紊矣，此人所以不可无学也。学有要焉，《五经》者天地之心也，三才之纪也，道德之本也。人谁不诵《五经》，而不知其意？虽日诵诸口而不忘，谓之学则可，而非善学也。

所谓善学者，学诸《易》以通阴阳之故、性命之理，学之《诗》以求事物之情、伦理之懿，学之《礼》以识中和之极、节文之变，学之《书》以达治乱之由、政事之序，学之《春秋》以参天人之际、君臣上下之分，学之大统得矣。然有渐焉，先之《大学》以正其本，次之《孟子》之书以振其气，次之《论语》以观其中，约之《中庸》以逢其原，然后《五经》有所措矣。博之诸子以睹其辨，索之《史记》以质其效，归之伊洛关闽之说，以定其是非。既不谬矣，参天下之理以明之，审生民之利害以凝之。践之于身，欲其实也；施之于家，欲其当也。内烛之于性，欲其无不知也；外困辱而劳挫之，欲其著而不懈、畜而愈坚也。夫如是，学之要庶几乎得矣。发之乎文词，以察其浅深；核之乎事为，以考其可否；验之乎乡邦，以勉其未至。日量而岁较，昼省而夜思之。功既加矣，德既修矣，出而任国家之重位，则泽被乎四海、声施乎百世矣。处则折衷圣贤之道，稽缵古今之法，传之于人、著之于书，以淑来者，岂非善学之君子哉?

今之学经者，吾疑焉。童而诵之，剿其虚词，以质利禄。有釜庾之入以食其家，则弃去而不问。名曰治经，问以经之道，则未之闻也。或者谈治乱、讲性命于平居之时，及登大位，则惟法律权谋是行。问其故，则曰经不足用也。呜呼！是可以为学经者乎？经如此其无用乎？此非经之过，学经者愚也。非仅学之愚，教之者无其术也，虽学犹不学也。故曰：人莫不学，而知所以为学者，寡也。

读经者，不仅诵其文，必明其义。不仅明其义，而兼措之行。参之于古今法度，推之于天下国家，验之于身心民物。庶经为有用之书，治经者决非无用之人也。

文武之道，至春秋之世而委地矣。孔子作《春秋》，伤周道之衰也。岂知《春秋》之法，复委地于战国之世乎？朝觐会同之礼，不修于天子之庭；礼乐征伐之柄，或轻易于诸侯之雄。君臣上下之纪隳，而篡弑争夺之事起，此孔子之所甚痛也。然其时，天下诸侯犹知以尊周为义，狼攫虎顾，而不敢肆其无厌之欲。盖道之在人心者，尚有未泯耳。及乎战国则不然，诸侯或遣一介之使而让周，或兴师临之而征其鼎，或责王入朝，一旦而遂，灭其宗庙。其所自来者久矣，功利炽而仁义销矣，游说行而廉耻衰矣，谲诈盛而忠厚之风息矣。观乎十二国之所载，繁辞瑰辨，烂然盈目，及求其指意，非谋以夺人之国，则以摇人之位；非间人之骨肉，则皆眩惑人之事。或大言倨礼以激之，或佯疑曲问以入之，或卑身屈体以冀其哀，或正貌诈心以钓其名，或揣其志而施其计，非不博且富也，欲一简之合乎道，而不可得。岂惟不合乎道？欲一简如左氏所传公卿大夫之言，亦不可得矣。先王之遗泽余化漫尽，而国家继之以亡，岂不哀哉？然其待士之礼，犹有存者。故得以广听周知，匡扶其国，久而后俱并于秦。至秦之始皇，则自任其智，弃天下之士而不用，焚三代之言而不法，巍然自尊，以为可恃。而其危乱，不旋踵而即见。于是战国之遗法，复委地矣。

读书能观世变，可谓之经史贯通。不止记故实、填腹笥也。

无先己私，而后天下之虑；无重外物，而忘天爵之贵；无以耳目之娱，而为腹心之蠹；无计一时之安，而招终身之累。难操而易纵者情也，难完而易毁者名也，贫贱而不可无者，志节之贞也；富贵而不可有者，意气之盈也。善治天下者，常就斯世可慕可耻之端，而导之于不言不动之中，使之身勉于善而不自知。夫民虽有昏明愚智不同，未尝无所好恶也。好之而未得，则慕心生；恶之而不能免，则耻心萌。且贫贱家之竖子，被以华衣美服，则欣然喜；己不能有，而见富贵家子之胜己，则赧然愧矣。圣人为治，寓可慕可耻之器于人所不可离之物，俾民目接乎此而心化乎彼。无爵赏之诱，而其劝有甚于爵赏；非鞭扑之威，而其惩有甚于鞭扑。用微而效速、意密而化神者，其惟衣冠之品、上下有制之法乎？

礼以辨上下、定民志、等威章，服其大端也。

圣人者，天地之医也；贤者，民物之医也。此医之大者也。汉之善医者，莫过于贾谊。当无事之时，流涕痛哭，以为病瘇跋盭，其后病发于数世之间，果验。谊之策虽不即用，然其方书具存，后世可以用之也。使圣贤生汉之初，必能治其本，疾无自发矣。

贾谊之策虽不行，而其病已验，不失其为良方。若当时有按方而服其药者，虽不足以医病，病亦可以渐减也。

一年之劳，而为数十年之利；十年之劳，而为数百年之利者，君子为之。君子之为利利人，小人之为利利己。

君子利人，计百姓，不计一身；小人利人，迹似为人，其实为己。

向于时事不甚通晓，独古圣贤之书，若与己意相合，或有所是非感发，辄寓诸文辞以自见。当时君子，不察其愚，谬加许可，因是邀虚声于一时，而亦以是不能及圣贤之门户。每观古人道德事功之盛，惭悔交集，不敢夸词游辩。静坐一室，温习《四书》《五经》，求其微意之所在、大法之所寓，察诸身心而验于事为，盖欲自致于寡过之地，而推其余以及人，其私指若此。

虚心实力，修己治人，此为善读书者。

文之用有二，载道纪事而已。载道者，上也；纪事者，其次也。然道与事，非判然二途也。孔子入太庙，每事问，学诗而多识鸟兽草木之名，岂不以事物为道之所寓耶？舍是二者，文虽丽，无补于世，终不能传远。苟有补，虽俚谈野语，亦不得而弃之。

近世文章，不能如古。非其辞之不工，亦非说之不详也。以文辞为业，而不知道也。夫知道若行路然，至愈远，则见愈多，而言自异。今欲至于穷谷者，言其所见，不过泉石树木、鸟兽鱼虫之状而已。比之游乎雄都巨邑者，见宫室之壮丽、车马之蕃庶、人民物产之瑰异变怪，其言岂不有间乎？故圣贤文辞，为今人不可及者，造道深而自得者远。恒言卑论，亦可为后世法，非剿袭以为说者之浅也。

作文言其所悬揣，不如言其所阅历之详明；言其所闻，又不如言其所见之亲切。知道者，即所见而为文，乃深造有得之言也。以行路喻知道者，于作文尤为明切。

文士多厌常而喜怪，背正而嗜奇。用志既偏，学术亦坏。奇怪终不成文，而为险涩艰陋之归矣。文之古者，莫过于唐虞三代，而书之二典三谟、禹贡胤征，以及商周训誓诸篇，皆当时纪事陈说之文，未尝奇怪。《诗》三百篇，亦未尝奇怪。《春秋》书当时之事，虽寓褒贬于一言片简之中，亦未见其奇怪。《礼经》多周汉贤人君子所论次，其言平易明切，绝无奇怪也。至于盘庚《大诰》，其言有不可晓者，乃当时方俗之语，非故为是艰险之文也。所谓奇怪者，何所本哉？司马迁、班固之书，质直无华，如家人女子所言者。唐文奇者莫如韩愈，而其文皆句妥字适，初不难晓。宋之欧阳、苏、曾、王之文，尤三百年之杰然者，亦未尝以奇怪为高。则夫文之不在奇怪也久矣，惟其理明辞达而止耳。而世顾他之焉，犹之迷人醉客，不问涂于大道，肆意趋径，卒不免入乎荆棘之场、鼯狖之居，而终弗获就于大道也。

理本无奇，理则不怪，文尚奇怪，此悖理伤道、古今文之所弃，乃文之蠹也。

盖文有体裁，有章程，本乎理，行乎意，而导乎气。气以贯之，意以命之，理以主之，章程以覆之，体裁以正之。体裁欲其完，章程欲其严，气欲其昌，理欲其无疵，此五者，皆文之所尚，而好奇怪者皆反之，世之公言所以推此而不居乎彼也。斯文者，造化之至理寓焉，苟造其极，决不泯灭，有志者在乎自力而已。

理足而贯之以气，范以体裁、合于章程，不愧载道之文，即举业之正宗也。

《三百篇》后无诗，非无诗也，有之而不得诗之道，虽谓之无亦可也。夫诗所以列于《五经》者，岂章句之云哉？盖有增乎纲常之重、关乎治乱之教者存也。非知道者，孰能识之？非知道者，孰能为之？若朱子《感兴》二十篇，性命之理、天地之道皆昭著矣，有功于世教民彝，系之于《三百篇》，庶几无愧。斯道也，亘万古而不忘，心会而得之，岂不在乎人哉？

如此方可谓之诗，方见学诗有关于世教。

为士者，以文辞为极致，而不知道德政教为何事；为治者，以法律为极功，而不知仁义礼乐为当行。士习益卑，治效愈下，此岂天下所望于为学者乎？自知鄙陋，无可用于时，欲为朋友言之，庶几复见圣贤之学有以被海内，固天下之幸，而有志者所乐闻也。

每见好言著作者，不度自己于道有得与否，而亟亟于立言。果使世无知道者必待吾言而后明，犹当审其醇疵而慎重出之。况斯道自近世大儒剖析刮磨，具见明白，所患者信而行之者寡耳。世有贤者，当劝人以躬行为先，一反浇漓之习，以表正海内，庶几有益于世，何必复增浮辞而长其虚薄耶？

此为友人相劝著书立名，故为此近里著己之论。轻言著作者，阅此亦可以爽然矣。末言著作大备、大道已明，患在信行者寡。与其别有著作以劝人，不如劝人躬行，尤为善世婆心、救时要策。

有谓自归乡里，所接见皆俗子庸人、故德不加进者，此于义为未善。孔子曰：三人行，必有我师。又曰：鲁无君子，斯焉取斯。圣人之厚乡党而不敢诬众人如此。近世士大夫喜高自大、瞑目孤掌，有孩抚乡人之态，皆弃于孔子者也。每自省察，恐或蹈其失，故与乡人处未敢慢易，虽无知者亦与为礼，务尽其情。所贵乎君子者，以能兼容并蓄，使才智者有以自见，愚不肖者有以自全，故天下无遗弃之怨。况邑人不少才，且贤者未必无人，故卑薄乡里，非君子之道也。

久历官场，骤归乡里，鄙夷乡人，此士大夫恶习，亦薄道也。乡人以其居官之后气概不同，不无趋附苟同之态，将益长傲而遂非，于己有损。故孔子于乡党恂恂似不能言，非仅谦抑之谓也。

人不可无畏心也。幼则畏乎长，贱则畏乎贵，乡则畏乡之老成，学则畏士之贤者。仕乎位，则畏法令、畏小民、畏公议，食焉而畏无以及乎人也，言焉而畏其背乎理也，居焉而畏其过于燕安也，言焉休焉而畏邪僻有以戕吾中也，临财而畏其损吾行也，居宠而畏其盈满也。举一事、兴一役，而畏其或劳乎民，或病乎时也。见少者而畏无足为之法，见贱者而畏无足为之养，见愚者而畏无以教之，见鸟兽草木而畏吾之无闻，将与之同于澌尽朽腐也。见山林川泽，而畏吾及物之利有所不及也；见古圣贤之言行，而畏其不可追也。思乎后世，而畏其将訾短乎我也。然尚有大于此者，视乎吾身，而畏或不能慎守以辱乎亲；察乎吾心，而畏无以全所付以辱乎天。天之畀我者，仁也；而或贼之以忮忍，义也；而或敝之以利欲，礼也；而或为骄慢之所胜，智也。而或为小慧之所淆，以言乎臣而忠，或疾焉；以言乎子而孝，或惰焉。屋漏之间，鬼神临焉；觞豆之际，兵戈生焉；般乐怠傲，酖毒存焉。思虑有未纯，省察有未至，则违乎天。子受父母之命，佩而思之，一有所忽，则世以为不子；臣受命于君，奉而行之，一有怠事，则有不臣之罚。

夫违乎天、怠乎君、忽乎亲，此其可畏之大者。而人不知畏，非尽其人之过也，为之师者莫以告，而不自知其受于天于君于亲者之重而可畏也。使人人知受于天于君于亲之重而可畏，则起居食息之间、语默取与之际，事上接下、应事接物，有不惕惕以思、兢兢以持者乎？惟君子知可畏之理，故无可畏之患，小人则日蹈可畏而不止。欲知君子小人之分，观其知所畏与不知所畏而已矣。

人生在世，苟无畏心，则肆无忌惮，何所不为？先儒云：敬胜百邪，即此意也。但敬字细密，畏字悚切。敬可责之贤人君子，难以概责人人；畏则统上下知愚，皆不可少。孔子三畏，责重君子，就其重大者而言也。今推广其义，著为畏说，见天下无人不在可畏之中，无事非所当畏之地。发先儒所未发，有关人心风俗，末归咎于师之不告以知所畏。凡有政教之责者，尤当知所畏矣。

论治者当大天下而小一家。然政行乎天下者，世未尝乏；而教洽乎家者，自昔以为难。盖骨肉之间，恩胜而礼不行，势近而法莫举。自非发言制行有以信服乎人，则其难诚有甚于治民者。圣人之道，必体察乎物理人情，宽严出之咸宜，亲疏处之得当，然后可以教于家而成于国也。故刑于家者，君子之所宜尽心，而治天下之准也。

人只知治国难于治家，以家近而国远、家人少国人众也。然门内之地，恩常掩义，法不能行。故先儒曰：家亲而天下疏，家难而天下易。士大夫能无愧于家者甚少，特有愧与否？事在门内，人不之觉耳。

士君子甫登仕籍，乃即傲宗族、凌乡曲、耀衣荣食，以为乡人苦。于是乡人或私斥其名，或公詈其祖，或诅咒不欲其显。乡评如此，官声可知矣。汉张湛矜严好礼，动止有则，在乡党详言正色。建武初为左冯翊，常过其里，平陵望寺门而步。主簿云：位尊德重，不宜自轻。湛举礼与孔子之事，以为父母之国所宜尽礼。夫古之明王登崇贤良，以为卿相必于乡焉举、必于里焉选，诚以不能于家，则不能于国、不能于乡，则不能于天下，盖以先其近而重其本也。

仕宦归里，纵不能行缓急利济之施，岂容有厌恶苛求之事？乡评所在，士大夫所宜自返自责也。

《家语》闵子骞问政，孔子曰：以德以法。夫德法者，御民之具，犹御马之有衔勒也。君者，人也；吏者，辔也；刑者，策也。人君执其辔策而已。又曰：古者天子以内史为左右手，内史掌叙事之法，出纳王命、制禄赏赐，皆掌之。以德法为衔勒，以百官为辔，以刑罚为策。善御马者，正衔勒而马应辔，策不举而极千里；善御民者，一其德法，正其百官，以均齐民力、和安民心，故令不烦而民顺从。

孔子有兄子子篾，与宓子皆仕。孔子过而问之曰：自汝之任，何得何亡？篾对曰：未有所得，而所亡者三。王事急促，学不得明也，骨肉益疏也，朋友之道阙也。孔子不悦。问宓子，对曰：自来仕者，无所亡，有所得者三。始诵之，今得而行之，是学益明也；俸禄所供，被及亲戚，是骨肉益亲也；虽有公事，而兼以吊死问疾，是朋友益笃也。孔子喟然曰：君子哉若人！

德、法不可偏废，仕、学实以相资。孔门久已著训，而后世犹昧昧，或以出于家语而忽之乎？故亟录焉。

《逊志斋文集》终。

高肃卿本语

（名拱，字肃卿。河南新郑人。明嘉靖进士，
官至大学士，赠太师，谥文襄）

余尝有言曰：天理不外于人情，指情之公者。然圣人以人情为天理，而后儒远人情以为天理，是故圣学湮、圣化窒。夫事有本情，人有本心，出吾本心以发事之本情，则议道而道不睽，作之于事，可推四海而准，通千古而不谬。何者？天理人情，固如是也。故曰：君子中庸。又曰：和，大中也者，言乎其当也；庸也者，言乎其平也；和也者，言乎其顺也。皆本人情，不远人以为道也。高拱题。

谨按：程子自言学由师授，惟天理二字，乃自己参悟

得之。以此二字为宗旨，故合智愚上下，而易知易从也。新郑高文襄公本此意著为《本语》，凡考古筹今，悉准天理而合人情。解经书，则透快不死于句下；论治道，则切实不涉于浮夸。自翰铨而历政府，洞澈政本，挽回颓风，采而录之。岂非学仕之轨范乎？

问：圣贤作用何如？曰：参蓍养人，用之不当，有时杀人；硝黄伤人，用之而当，有时救人。惟明之至、权之熟，参蓍硝黄随手而用，无不济者。后儒学不通方，事不达权，开口只说参蓍必可用。病且急，立当一泻，而犹补以参蓍，卒毙其人，而犹不悟也。故圣人不止以救人之药救人，而亦每以伤人之药救人；后儒不止以杀人之药杀人，而亦每以救人之药杀人也。

学须考古证今，足以济世，方为实用；后儒泥古，于世无济，而且为害。何异以救人之药杀人耶？

问：赵清献之蜀，琴鹤自随，其事何如？曰：此亦务为形迹。夫鹤也，驱之则不行，舁之则以无益之物劳人。既不舁行李，乃又舁鹤，何为？果好鹤甚，则行路不暇玩鹤也。既至蜀，亦自有鹤，何随为？故曰务为形迹者也。

有史书传为美谈，而于事理难行者，皆此类也。如云五日风、十日雨，又云雨不破块、风不鸣条，此言其风雨调匀耳。若果五日一风、十日一雨，雨皆不至破块，风皆不至鸣条，于物候亦非所宜。此亦书之不可尽信者也。

问：鲁两生云，天下初定，死者未葬，伤者未起，又欲起礼乐，礼乐所由起。积德百年，而后可兴。其言如何？曰：两生不知礼乐，礼乐无一事可无、无一时可无。古之圣人，躬蹈礼乐之实以化天下，迨其既久，礼之用行，乐之效达，名分定、风俗淳，百姓泰和，暨鸟兽鱼鳖咸若，是之谓兴。非谓百年之后，乃始制礼作乐也。如必待百年而后制作，则汉已越高惠文景武而昭矣。至此时方言礼乐，自是以前何以为君臣，何以为上下，何以朝会，何以祭享？可漫无仪式而苟以为之乎？孔子云：王者必世而后仁。岂三十年后始行仁政哉？行仁之久，积至一世，乃始沦浃尔。两生不达，为此迂谈，君子固无取也。

王道无近功，谓业已行之。必积渐而后见功，未有不行而坐待见功者。故孟子有七年病求三年艾、不畜则终身不得之喻。鲁两生迂谈，误人不浅。

问：孔子以前多圣人，何以后乃无之？曰：有孔子为之断案，故古多圣人。扬雄有云，伯夷、柳下惠若无仲尼，则西山之饿夫与东国之诎臣，恶乎闻？岂惟夷、惠，若无仲尼，则汤武之心迹难明，恶乎圣？启、箕之异同难定，恶乎仁？不知天下谓之何矣。后世无孔子，虽有其人，其孰能识？孰能为之断案？是以未见有圣人也。

孔子以前之圣人，得孔子一言而定。孔子以后，岂无圣人？苟无孔子为之微显阐幽、主持公论，孰能定其为圣人？即有指为圣人，而心不虚公、识不广大，人亦无从而信其为圣人也。群言淆乱衷诸圣，孔子作《春秋》而乱臣贼子惧，亦此意也。

人皆以国削为贤者之罪，而孟子以国之得止于削者，为贤者之功。非圣贤剂量十分分晓，安能看到这等田地？后人虽当极敝，必要万全，少有不然，便加苛责。故时值其易，庸人高枕以为功；时值其难，豪杰驰骛而获罪。

时当极敝，虽有贤者，不能安于其位。如宋室诸贤，屡被迁谪。且来非学之禁，千古同慨。

朱、陆相攻谓何？曰：其所纪录，皆门人斗胜之过，而二公亦不免各有胜心动气处。夫学求为己，只当虚心以求其是。人苟是，便当从；如其不是，不从而已。吾苟是，便当守；如其不是，改之而已。如果吾是而彼非，的见其然，不妨再告。反复而不听，则姑已之，俟其自悟可也，何争辩为？明道先生谓吴师礼云，为我尽达诸介甫，我亦未敢自以为是，如有说，愿往复。此天下公论，无彼我。果能明辩，不有益于介甫，则必有益于我。何等心平气和！不惟受益无尽，亦自能感动人释其胜心。

爱而知恶，恶而知美。不以言举人，不以人废言。荡荡平平，无偏无党，无作好、无作恶，乃是至公。

问：伊川云，人不可用影祭，只一髭发不似，已是别人。何如？曰：但得仿佛，以时展对，亦可少输人子无穷哀思。即无一髭发不似，岂真吾亲耶？亦用以寄人子之心云尔。古人不以尸祭乎？尸明是别人，然乃以当吾亲也。而况亲之影，有得其仿佛者耶？

亲死之后，睹物尚且兴思，手泽无忘哀慕。立影绘像，僾见忾闻，较之望空展拜者，当更亲切。藉此仿佛音容，以抒人子事亡如存之思，亦仁人孝子不容已之情也。

考亭因人求墓铭，曰：人既死后，又要这个物事作甚？其人为善，亦是本分事，又何必须恁地写出？此亦难说。孝子之心，固有不容已者，只不虚美可矣。若本有善，亦不可不写。《传》曰：显扬先祖，所以崇孝也。明示后世，教也。且以生卒①情性、动容、履历，笔之书而时接目焉，亦自是孝子不死其亲之意。

朱子此论，大概为世之虚美而诬其亲者发耳。如以寄人子之永慕、垂后人之观感，则墓铭亦孝子不忍死其亲之至情也。其虚美否，则仍在秉笔者矣。

问帝王之学与韦布不同，然乎？曰：若然，则必须还得帝王，乃可为帝王之佐。否则学既不同，安可以佐帝王理天下？论道经邦、宏宣治化，夫自天子以至于庶人，壹是皆以修身为本。故曰尹躬暨汤，咸有一德，学非有二也。后世韦布之士，徒事章句，无复格致诚正修身之功、齐家治国平天下之具。故其为仕也，下焉者惟知希世，以苟爵禄；上焉者亦不过随才以立功名，而格心辅世之业，不复闻矣。乃不曰吾无学也，而曰帝王之学与我不同，岂不谬哉？

谓帝王经世之学，不当同于韦布占毕之学则可；谓韦

① 原文为“卒”，疑为“平”之误。

布所学，不可同于帝王，而于致君泽民之外，别图希世，以苟爵禄，则学之弊也大矣。

博学、审问、慎思、明辨、笃行，圣人示人为学之目，昭如日星。学者但当循是以实用其功，圣贤可学而至。乃舍此不务，却只说谁家尊德性，谁家道问学，谁家知行合一，彼可此否。斗口语，到底成个甚？

《大学》之明新，犹是浑言纲领；《中庸》之学问思辨笃行，已切指其工夫。知行并进，尊德性在此，道问学亦在此。纷纷聚讼，辨驳愈多、学术愈歧矣。

学不自今日始也。尧之所以明德以睦族、以协和万邦，其次第如此；舜之所以濬哲以徽五典、以风动四方者，其次第如此；文之所以敬止，以刑寡妻、以御家邦者，其次第如此。而纲领之大、条目之细，至孔子而始阐焉，曾子而益明焉。而古人之学，乃以昭示于后世，乃孔曾之说章章也，而后世犹有惑焉。语诚正而遗格致，韩之所以谬也；专德性而遗问学，陆之所以虚也。而圣贤之德业荒矣。

自尧舜文武以至孔曾思孟，时代远隔，学术同揆，阅此可以知为学之指归矣。

道无内外、无人己。自其蕴之而谓之德，自其措之而谓之业。条目不同，同于求道；纲领不同，同于尽性。性尽而天下之理得，天下之理得，而体用皆在其中矣。

儒家言，只要成就一个是字，然是字岂易成哉？务以为孝，乃非所以孝；务以为忠，乃非所以忠。察理不精，不能得礼义之中正，亦只做得个题面，安能便是？

性具于心，而贯彻于人伦日用之间，非可比对配合，一性专属一伦也。有子云：孝弟也者，其为仁之本欤？是仁在于父子兄弟也。孟子云：仁之实，事亲是也；义之实，从兄是也。是义又在于兄弟也。知礼乐之实，知斯节斯乐斯而已，是知礼乐皆在于父子兄弟也。又云：仁之于父子也，义之于君臣也，礼之于宾主也，知之于贤者也，是义又在于君臣，而礼知在于宾主贤者也。孟子言仁义礼知，后加以信为五性，后儒遂以分配五伦，如父子之仁、君臣之义、朋友之信，似矣。而礼无所归，乃属兄弟；知无所归，乃属夫妇。夫节文之谓礼，岂独兄弟有节文乎？明通之谓知，专属夫妇，益更无谓。名曰贯通，实则牵合。以五性配五伦，已觉悖理；以五事配五行，则更谬矣。

非仁无以敦其爱，非义无以酌其宜，非礼无以作其敬，非知无以明其理，非信无以成其实。人伦日用之间，无乎不有。即父子之仁、君臣之义、朋友之信，亦特举重而言，非各主其一，专于此而不通于彼也。

纲常伦理，至德要道。理一而分殊，万殊而一本。随所在而见，随所事而名。凡比对配合，皆后人之穿凿附会，或以便于分股作文，或以逞其立异翻新。书理本明，转以作文而晦，往往如此。

圣人有为己之实学，而祸福毁誉不与焉；圣人有为国之实政，而灾祥不与焉。

不以祸福为从违，不以毁誉为进止，乃实学也。灾不可忽，祥不足幸，乃实政也，可谓言简而意该矣。

问：人臣有难进易退之节，其去国也奚若？曰：恋官之心不可有，恋君之心不可无。君恩深厚，倚任多年，一朝别去，遂恝然忘情，岂大臣之道欤？故恋官者，患失之鄙夫也；恝然以去者，小丈夫之悻悻者也。然而恋官者常千百，恋君者不十一。岂无以恋官之心，假之恋君者乎？亦岂无以不恋君之心，假之不恋官者乎？二者难辨。故世每以恝然而去者为高，有道之士殊不谓然。恋官乎？恋君乎？此心惟宜自审自知耳。

去位之官，皆为恋君不恋官之言。而诚伪难逃公论，虚实惟凭自审。

余掌国子时，助教屡举其堂士亓经纶有孝行。余曰：孔子曰孝哉闵子骞，人不间于父母昆弟之言，夫孝行于家，是党族之所称也。子之于亓，固四方之人也，安知其孝？曰：本堂诸生荐之也。曰：诸生于亓，亦四方之人也，安知其孝？曰：其行有述，其邦大夫之礼之也有述，诸生固见之耳。曰：诸生何由见之？曰：亓生持以示之者也。曰：余固知亓生之示之也。夫孝之道大，人莫敢当也，而发于真心，无能自尽者焉。故亲在人称孝，惟有愧歉而已；亲殁人称孝，惟有悲痛而已。惶惶乎其不敢闻也，此孝子之心也。亓持以示人，得非假孝以取名乎？务名已非，而在父母，尤人心不忍假者。其得罪于孝也深矣，而顾可尚欤？且人之闻人之孝，不辨诚伪，而辄崇尚之者，非真崇孝也，亦务为崇孝之名者也。彼务孝名，此务崇孝名，相率而为伪者也。而何可以为训？

今人动将居家行孝之事撰刊送人，已非笃行君子。稍有不实，不但自欺欺人，必且是己非人。欲自托于孝名，先将许多不是坐在父兄身上。种种薄德，此正不孝之尤者。孔子于闵子骞曰：人不间于父母昆弟之言，于问士曰宗族称孝，乡党称弟，圣门重孝弟如此，已预防末流之薄俗矣。

国子先生召诸生而问曰：吾之为教也，严乎？宽乎？有对者曰：先生宽，诸生感德而不能忘。先生曰：不然，吾不宽也。又有对者曰：先生严，诸生畏威而不敢犯。先生曰：不然，吾不严也。又有对者曰：先生宽严得中。先生曰：不然，吾不宽严得中也。诸生惑，请问之。先生曰：夫宽，施诸率教者也；严，施诸不率教者也。使务为宽，则固有不率教者焉，不亦纵乎？使务为严，则固有率教者焉，不亦苛乎？使务为宽严得中，则固有当全用宽者，亦有当全用严者，岂不亦宽严皆失乎？故诸生全率教，则全用宽；全不率教，则全用严。率教者多，则多用宽；不率教者多，则多用严。又自一人而言，始而率教，则用吾宽；继而不率教，则用吾严；终而又率教，则仍用吾宽也。始不率教，则用吾严；终而能改，则用吾宽；终而又不率教，则仍用吾严也。一分率教，吾有一分之宽；一分不率教，吾有一分之严。因人而施，我何与焉？是之谓宽严适宜。故吾未尝不宽，而不可以宽言也；未尝不严，而不可以严言也；未尝不有宽有严，而不敢以宽严得中言也。夫是以事无遗情、教无遗术，小子固皆当仕有官职者，宽严之理，所当知也。

宽严之迹，最易假借；宽严之理，最难恰好。不轻于自信，惟重以自责，有道者如是。至于现身说法，即以此励。同学生于将来，尤造就之婆心也。

问：郦生下齐七十余城，韩信以兵屠之，罪不亦大乎？曰：此郦生之罪，未可遽责信也。志在救世安民，功不必自己出，此圣贤事也。信一功名人耳，安可以此责之？当郦生之适齐也，信方拥兵四十万，压境而来，所向无敌，齐亦惧甚矣。郦生假信之威、乘齐之惧，故一说而下之。使非信且至，虽百郦生，其谁听之？则齐城之下，固信之下之也。乃卖信而独剿其功，以报沛公，使信垂首卷甲以归，信固能甘乎？此所以蒯彻之计行，而齐城下、郦生烹也。然则当何如处？曰：善处己者，必先处人。若不能处人，安能处己？郦生适齐，宜先诣信，说之曰齐闻将军至，甚惧，将军且不日下之矣。虽然，兵家先声而后实，食其愿得假将军之威，乘齐之惧，以将军之命谕之。令以城下，果以城下，则将军传檄而定，以报沛公，亦可大省兵力。不者，且进兵未晚。于是乃之齐，说之曰韩将军拥兵四十万，压境而来，所向无敌，势如破竹。虽然，韩将军不嗜杀人，所为多屠戮者，为其拒也。君诚能以城降韩将军，必且抚慰之，传檄而定。则君既不失富贵，而数百万之命亦皆得免，其为利害，不亦较著乎？韩将军有是心，恐君不得谕，故令食其来，君其自为计。不者吾且去，韩将军且至，吾亦不复来矣。如此则齐城必下，于是乃还报信曰，事济矣。齐始闻将军至，甚惧，既闻将军令其以城降也，又甚喜，今且下矣，将军可传檄而定，报沛公矣。下齐七十余城，将军之功也。不用兵甲而以威声下之，功尤大也。如此则可以得齐，可以免数百万人屠戮，可以成信之功。而郦生之功，亦不为细，不止脱于烹也。不惟事势如此，亦天理人情本当如此耳。曰：信以不忍而戮数百万人，固无罪欤？曰：胡为其无罪也？郦生卖信，激之而多杀，郦生固可恶也。今必责郦生之罪，则信之恨气自平，恨气平，乃从而责之曰，将军止以不忍之故，遂诛杀数百万人，岂不亦残毒乎？信未有不服者。若不明郦生之罪，而徒责信之多杀，岂足以服其心哉？此可为卖人而猎功者之明鉴也。

责备郦生，即为郦生计画、为韩信原情。即以责备韩信，入情入理、委曲周至。所云善处己者，必先处人。让功正，所以立功，卖人而猎功，适以自杀，则千载猎功者之炯鉴也。

国家用人，匪徒资治，亦即以安天下之人也。故大臣小臣，分列上下、散布内外。又有士，有胥吏，下至里社，亦各有长。多其等、广其途，尽网罗天下之才而用之。使天下之人，苟有一长一艺异于齐民者，随其才之大小，皆入吾之网罗。彼其既入网罗，则皆有事于所职。不惟顾惜所有，而又有所望于进取，孜孜焉，垂死而犹有歉于所期之未遂，故无暇于为乱。且等既多矣，途既广矣，于是而不在网罗，则至愚下之人而已矣。至愚下之人不能为乱，即为乱，亦易扑灭，而天下常可得安。此英雄御世之微机也。

贤能在职，理事治民，可以弭乱未然而潜消其反侧之心，即孟子所谓尊贤使能之王道。所以鼓励群材而收拾人心之微权，皆隐寓于其中矣。

天变诚可畏，然以此为天心仁爱人君，亦是曲说。求其理而不得，则亦不之信矣。今只云天灾流行，祸将作，必须谨修政事、爱恤人民，以保固国家，则灾可无害。不然，将不可救药，而祸乱成矣。此自实理言之，可使人君因灾而惧也。

指天灾为某事征应，原属幻论。因灾而虑及祸乱之易萌，其理确不可易。居官不可忽视天灾，正谓此也。

考察者不许辨，是矣，而行私害人者，亦当处；被害者，亦当为之昭雪也。被劾者不许辨，是矣，而行私诬人者，亦当处；被诬者，亦当为之昭雪也。如此方是大公持平之道。

赦甚害事，有国者亦明刑而已矣。刑不清而恃赦，则平日之戕良也多；刑清而徒以赦，则今日之纵恶也大。每见赦后，亡命无赖在配所者皆还，旧恶不悛，一时里闾深受其害。是放虎狼蛇蝎为仁，而不计其所伤之众也。曰：国有大庆，独加宽恤，不亦可乎？曰：大庆当与君子共之，而何纵小人为也？曰：《易》曰赦过宥罪，《书》曰眚灾肆赦，不然乎？曰：过者无心之误，眚即过也。灾谓出于不幸者也，故赦之。又《书》曰宥过无大，刑故无小，夫苟过虽大必宥，苟故虽小必刑，固非不问过与故，而咸赦除也。且赦过者，无日不然，亦非数载而偶一行也。是故赦过者，虽无日不然，而犹恐其少；赦故者，虽数载一行，而犹病其多。

赦过而不赦故，至论也。今云赦过，虽无日不然，犹恐其少赦。故虽数载一行，犹病其多，更觉警切。

人臣修怨者负国，若于所怨者避嫌而不去，或曲意用之，亦负国。何者？人臣当以至公为心。如其贤，不去可也，用之可也；如其不贤，而徒务远己之嫌、沽己之誉，而以不肖之人贻害国家，岂非不忠之甚乎？然人每以能用仇者为贤，可见道术之不明也。大抵人臣不可有私，有一分私心，便于臣道有一分亏欠。不论用仇去仇，只有私心处，便负国也。

人臣苟有为国之心，便自有推贤让能之意。如人于有才者则不能容，嫌其胜己也；超进者则不能容，嫌其先己也；刚直者则不能容，嫌其性气难相处也。遂皆任情排去，而国家无人干济，略不之顾，皆是一个己私无为国之心故也。若有为国之心，必且让他替朝廷干事，那胜己、先己及难相处，有甚大事？故为国之人，苟便于国，即不便于己，亦所必为；不为国之人，即十分便于国，但有一毫不便于己者，亦所不肯。

居官治事，一有私己之心，便亏臣道。进贤、退不肖间，负国更甚。以此为道术不明、端本澄原之论。

偶见一学究，壁上书宋真宗《劝学文》云：书中自有黄金屋，书中自有千钟粟。书中车马多如簇，书中有女颜如玉。余书其后云：诚如此训，则其所养成者，皆淫佚骄侈、残民蠹国之人。使在位皆若人，殊可忧也。

乡塾中，多以此为读书人佳话者。学术既非，仕风焉得不坏？有心者所宜唤醒而切戒也。

今人不为圣贤之学，则以为安常；为圣贤之学者，则以为务名也。夫圣人之书，人皆读之，止许读其书，乃不许讲明而身体之与。今人不讲大臣之业，则以为守分；讲大臣之业，则以为好进也。夫孔子，匹夫而谈帝王之事，岂亦如进与？此风既久，遂使圣贤实学不明于时，为学为政，苟然而已。或曰讲学者，却又立门户、结党与，罔利文奸、坏国家事；谈大臣事业者，却又勦说以猎进，故人恶之尔。曰诚然夫沙中有金，欲得金也，而尽收其沙可乎？欲去沙也，而并弃其金可乎？惟当国事者求之以诚、鉴别能精，收其真、去其赝，斯得人为用。若以鱼目为明珠，则为祸大也。

所为所讲，是公是私，或邪或正，尚易鉴别。倘有言行不符，或阳是而阴非者，亦可徐察。未可因噎废食，以讲学为禁例也。

居官者只于躐取崇高，权势烜赫者则羡之，更不问其得之正与不正；其正色直言、谪贬蹭蹬者，则轻之，更不问其守之正不正。理既不明，气亦不振。软熟成风，奔趋巧媚以为善官，这等排场可畏也。

人臣要以尊主庇民为心。苟有是心，惟其所为，必皆有益于国。不然，则所为者莫非粉饰之具，即奔走不息，以为贤劳，求其实皆无有也。

终岁勤劳之官，还当问其有裨于国民者某事某事，方称贤能。所谓考言者，必征事也。

世之言治者，必曰三代。然夏有天下四百三十一年，商六百四十五年，周八百六十七年，合为一千九百四十四年。其间称盛①君可为法者，禹、汤、文、武而已；守成之君，则启甲、大戊、武丁、成康而已。共止二百余年，余皆不足观矣。夏启之后，篡弑累世；周至小雅，凌迟已甚。然则欲法三代者，固自有在也。

言治皆以三代为法，不知三代时，治者恒少、否者恒多。不可不考古而鉴别之，用为法戒也。

---

① 原文为“盛”，疑为“圣”。

周礼荒政十二，其十一皆宽恤，而终之以除盗贼。王浚川云：利之而后除之，若曰可以生矣，不悛而后杀之也，然乎？曰：不然也。年谷顺成，即有狗鼠之盗，无能为乱；凶年饥岁，民方穷苦无聊，彼奸侠不逞之徒，乘机窃发。召呼之间，流离饿殍易于相从，乱之所由起也。故良民之宽恤者，不一而足，而于盗贼独加严焉。曰：除者，加之意之辞也。不止祛害安民，亦所以弭衅端、保国家也。若谓利之而后除之，则何时不然者？而独于荒年云尔乎？世有等迂腐有司，不识事体，务为煦煦之政。荒年贼民抢掠，则曰彼饥也，抢亦无妨。嗟乎！是纵之为乱也。抢掠者，邦有常刑，固未曰荒年姑不行也。圣人所致严者，而俗吏以行其宽，徒使孱良无主，而地方日以多故。其犹可扑灭者，幸耳。

饥寒起盗贼，乃言致盗之由，冀官司抚绥爱养于未饥寒时耳。其除盗安民，法纪具在，岂可因饥寒而弛？弛则犯者更多，多则致乱矣。事有似可宽原，而不宜宽原者，此类是也。能不株扰良民，则幸矣。

国家大事，一人主之，而满朝皆有异议。何也？曰：议也者，可否参者也？使果是而举朝非之，是何愚者之多也？使果非而举朝是之，是何智者之多也？盖当是时，不止识暗莫能究其利害所归，且皆无心为国，徒争发言相左。恐事不可谐，则以为莫道不曾说来，推委而已，岂有真心哉？大臣以体国为心，以济国事为忠，苟济于国，即不曾说来，正自何害？苟无济于国，争执何为？今不务事之必成，而曰他日莫道不曾说来，为立形迹，以图免己之咎，是岂大臣体国之心、济事之忠乎？

莫道不曾说来，大臣之不肯实心任事，此语形容曲尽矣。

人有比德，则朝无公论。彼其各结腹心、各引羽翼，则各言所言、苍黄反覆，公论何从出？

刘晏诛死，人皆曰：言利也，利于公必不利于私，不利则怨生，怨生则祸起，然欤？曰：非也，此正所谓徒以不言利为高，而使人不可为国者也。晏所领者度支之官，理财固其职也。且死之日，籍录其家，惟杂书二乘、米麦数斛而已，天下皆叹其廉，非黩货以自丰也。其为度支也，使务损下以媚上，如桑宏羊辈之为，是言利也。乃史称其理财以养民为先，因平准法、搜山海、排商贾，制万物低昂、操天下赢赀以佐军兴。用兵数十年，敛不及民而用度足，唐中偾而复振，晏有劳焉，是干国之臣也。利于公，亦利于私，国称其能，而民亦戴其惠者也。非若桑宏羊辈之为者，何谓言利也？夫以理财之官为言利，是理财之官不当设也。居理财之官，而能举其职者为言利，是居理财之官者不当举其职也。晏功名日盛、眷遇甚隆，故娼嫉之人如常衮辈者乃忌之，非为聚财而为民所怨也。至其诛死也，则因昔常①奉诏勘鞫元载罪伏诛，其党杨炎坐贬。

① 原文为“常”，应为“尝”。

后炎专政，衔私恨，为载报仇，遂诬拘以死，天下冤之。使晏不勘载事，虽理财，固不死也；勘载事，虽不理财，亦死也，其非以理财死也明矣。胡乃不察事实，不为晏惜，不咎德宗之不明，不著杨炎之极恶，而徒以晏曾理财而死，遂谓是言利之为害，如天道报恶者然，亦谬矣。将使司国计者不以足国为务，以不言利为高，则国家何赖焉？

国家理财是理财，言利是言利。公私之间，即义利之别也。腐儒每将理财看作言利，言利看作理财，国与民均受其害，讲学者正讲此也。

兵以平乱，乃不论丈人之师、弟子之师。而世俗之论，徒曰兵者老氏之所忌，是使天下无兵也。刑以诘奸，乃不论出于明允、出于深刻，而世俗之论，徒曰皋陶无后，谓其主刑也；而遂有纵盗贼以为阴骘者，是使天下无刑也。是皆不可以为训也。

俗吏浅见，止知用兵用刑之有害，不知无兵废刑更足为害也。止知兵刑之官有损阴骘，不知善于治兵理刑者，其损阴骘更大。此无他，不学故耳。

习尚繁文，人臣不甚专心职守，好为趋谒，酬酢多端，往来烦数，莫可止遏。夫一日止此时刻，一身止此精力，乃用纷然之礼，以处泛然之交，常使人夙兴而应，奔走路衢，盘旋堂户，匆剧未遑，已及巳午，于是始入衙门办理公务，苟了前件，又复出应人事。每见人无遗力、日无暇时，而公家之事，曾无一二，此岂惟士风不美，为臣之道，无乃亏欤？虽亲识朋旧，人孰无之？酬酢往来，亦安可废？然必公事既毕，乃可及私。其诸无谓泛交，悉当谢绝。至于奔竞，屡奉严禁，或公然不从，或稍从数日而止者，以其无关黜陟，患未及身也。请即以行于贤否进退之间，重则或即罢退，或入考察；轻则或左其官、署下考。庶人心知畏，或靡习可回。

官场每日不曾问本职应办者，某事何难何易，难者如何设法筹画，易者如何循名责实？惟以往来繁文、无益酬应，消耗日月精神。试问己之做官，果为此乎？朝廷之予我以官，果为此乎？果然日力有余，不妨静坐，披览旧册，或理旧业，或二三知己谈论经济学术、古道今情，不有益于己，亦有益于人。何乃终日奔驰，仆马劳疲，作无益而可厌之应酬？并有将本职稿案匆匆游目，不暇细阅，久为官场陋习。以此分别从违，小示惩戒，庶有益乎？

余自摄铨政，诸所敷陈，悉自属稿。非谓人莫可代也，余每举事，必思国体所在，求其可以即一训百者。务为国家正纪纲、明宪度，进忠直、黜欺邪，革虚浮、核真实，意之所注，恐人不吾喻，故须自为耳。

寻常官事，率由人属稿，倘有精思密虑，非他人所能代者。此高公阅历语，可以观其行政矣。

欲兴治道，必振纪纲；欲振纪纲，必明赏罚；欲明赏罚，必辨是非；欲辨是非，必决壅蔽；欲决壅蔽，必惩欺罔；欲惩欺罔，必通言路。所言虽未必可尽听，而人人皆得尽言，庶奸贪之辈虑人指摘，不敢肆行无忌也。

恩非不可结，其如害公何？怨非不可远，其如亏法何？苟有益于国，则嫌何足避？苟无益于国，则名何足图？庸摅靖直之衷，冀效涓尘之报，知我罪我，不暇计也。

孔子宪章文武，盖时王之法不可不守也。今治者惟将祖宗之法求其本意所在，而实心奉行之，纵时异势殊，就中调停，处得其当便是。岂可以一事未便，而遂乖天下之全图？以一时未便，而遽梗万年之长计哉？

求其本意所在，而调停之、力行之，此不敝之法也。

祖宗之法，宫闱不预朝政，戚畹不干国典。臣下不得交结朋党紊乱朝政，不得交结近侍官员。扶同奏启，不得上言大臣德政，意深矣哉。

用人不论其才，只取无过。然非无过也，未用耳。用之而其过出矣，犹有不如前者多也。

官不久任，必无善政。然超迁之法不行，小转不时迁转，为人择地方也。之法不革，欲久任，不可得也。

守令，亲民正官也。前此进士往往为丞簿，正官之重可知。迨后州县正官，皆以初仕者为之，于民事既非素谙，而守身之节、爱民之仁、处事之略，漫无考证。授以民社，待其败然后去之，而民已受其毒矣，后来者亦复如斯。是不以官治民而以民试官也，是所谓美锦而使学者制之也。且俗重甲科，其非甲科者，率轻视之；而所谓甲科者，又多少年轻薄，不知稼穑艰难、小民疾苦，任意残虐。间有称善宦者，不过饰虚文以媚上司，习时套以规进取，而实政之及民鲜矣。此不止民不得被恺悌之泽，而养之不俟其成，用之不尽其才，卤莽而使之，卤莽而去之，人才亦可惜也。

明时偏重科甲，非科甲者，恒置之边鄙苦寒之地，致生他患。由今观之，无论科甲与否，年未三十，骤膺民社，均为少不更事。古人谓四十强而仕，意深哉。

国家用人，资次固不可违，然处之有道。盖用人不在用之之日，必须预为之计。官之职事不同，人之才器不一。今于紧要之官，各预择其才之宜于此者，每三二人置诸相近之地，待次为备。一旦有缺，即有其人，庶乎不乏。不然天下虽有其才，而资不相及、远不可致，安得凑用？此惟有为国之心者可与言之。

近世繁简互调，预保候推，即此义也。

今人只用形迹，更不察实。故有务为夙夜奔走之状以为勤者，然有益于事则鲜；务为慷慨忧时之说以为忠者，然有济于事则鲜。夫无益于事，勤于何有？无济于事，忠于何在？若在上者，惟要诸有益于事者为勤，有济于事者为忠，而形迹不得以为溷，则务实者既可以奏功，无实者亦不敢增扰。

为官最忌作俑，自古有以小物献贡，遂贻地方无穷之害者。东坡《荔枝叹》注云：大小龙茶，始于丁晋公，而成于蔡君谟。欧阳永叔闻君谟进小龙团，惊叹曰：君谟士人也，何至作此事？乃知始作俑者，不特害生计，且至坏风俗。故曰：无为福先，无为祸始。

邑有名胜，宾朋乐游；产有佳果，上司争购。转为一方之累，皆龙茶类也。蔡君谟且不免物议，陆稼书亦屡以此示戒。然则古迹可竟废乎？佳果不可植乎？有识君子，为之酌立章程，省供亿之烦，定市卖之值，毋强派、无白取，则名胜佳果不以累民，而且可资以养人。

《本语》终。

冯少墟语录

（名从吾，字仲好，号少墟。陕西长安人。

明万历进士，官至工部尚书，谥恭定）

谨按：明代万历间，冯恭定公为御史，于首善之地立会讲学，一时物议非之，曰：此何时也，而讲学耶？公曰：方今中外骚然，政治日非，皆由士大夫不明公忠、不辨邪正。讲学者，所以申明君国大义，邪正分途，提醒其廉耻之良心也。由今观之，冯公此举，诚不免迂阔而无济于事。然其视天下国家之事，无一不由于学，无一事非所当讲，自是经世正论。观其所著《语录》诸书，于人心道心辨晰甚明，择善执中，指点甚切；阐于文章，非同虚车；见于事功，不类权术；讲学而归于实用，未可以为迂阔而忽之也。

学之不讲，孔子且忧，况于学者？吾辈讲学，非徒教人，乃所以自求其益耳。人心易放，学问难穷。无论浮沈世味，悠悠岁月，即使今日行义超卓，尽足树立，苟以此自足自满，不复求益，宁保终身之不改行易辙乎？故亲师取友，一则夹辅切劘，不至放逸其心；一则问津指迷，不至错用其功。总之自求其益，非以务外徇人也。吕泾野亦云，学不讲不明，非是自矜，将验己之是非。

《四书》惟此章以学之不讲为忧，此外无讲学字句。人遂以圣人学在默识，学重躬行，何必讲。殊不知圣人诲人不倦，未尝无诲。门弟子问答，皆讲学也。曾子以文会友，以友辅仁。子思审问明辨，非讲学而何？若以讲学为讳，必至谈空说幻，骤希冥悟，或恣意妄行，歧路兴嗟，学术之患不浅。如此段所言，学不可不讲，讲学乃圣门切实工夫也。

颜子好学，只有不迁怒、不贰过，无他秘诀也。吾辈发愤为学，断当自改过始。每见朋友中背后议人过失，当面反不肯尽言，此非独朋友之过，或亦彼此未尝开心见诚，以过失相规四字相约耳。莫如同学相约，偶有过失，彼此尽言相告，令其改图。不惟不可背后讲说，即在公中，亦不可对众言之。总之于己固不当以一眚而甘于自废，于人亦不当以一眚而阻其自新。交砥互砺，日迈月征，即此便是学颜子之学。不然，讲论虽多，亦奚以为？

人皆知学在改过，苦于不自知其过，故有望于朋友之告过也。彼此有告过之约，庶不愧学颜子矣。

问学者不言而躬行，何必讲？曰：此言字不是指讲学，如有人自家不能孝、不能弟，却好议论别人不能孝、不能弟，君子曰不言而躬行可也，何必议人？又有人自家真能孝、真能弟，而却好对人夸自家孝、自家弟，君子曰不言而躬行可也，何必夸人？此言字指自家议论人、自家夸张人，说原都是不该有的，故曰不言而躬行。若自家真能孝、真能弟，不惟不自夸，而且歉然不自足，犹终日讲如何孝、如何弟；不惟不议人，而且廓然不自私，犹终日与人讲如何孝、如何弟。此正躬行之士不可一日无者，可曰不言而躬行哉。

夸张自己、菲薄别人，谓之无学可也，愈讲愈差矣。

天下之患，莫大于小人倡不根之言，君子不察，误信而误传之。人见其出于君子之口也，皆谓君子必有所见。即理之所无者，或亦信其为有，而不可破矣。忠臣饮恨，孝子含冤，病正坐此。余以为君子之听言，凡说好人有不是处，当姑阙疑，从容详审，勿轻信、勿轻传，则小人之计自无所售。彼纵假借，而君子原无此言，天下必有能辨之者，又何萋斐贝锦之足忧哉？

问：自家要做君子、做善人，而又要大家做君子、做善人，不知自家一人，安能必得大家？曰：世之自家要做君子、做善人，而不要大家做君子、做善人者，抑岂能以自家一人，必得大家乎？自家一人，不能必得大家，而却要大家不为君子、不为善人，势必不能，徒以自坏其心术，自得罪于天地鬼神而已矣。学者固不能必得大家做君子、做善人，而这一念必不可无，故仁者己欲立而立人，己欲达而达人。

大约叔季之世，自私自利之风浸淫已久。为不善者无论，即为善者，孳孳到底，强半只成就得一个自私自利。且如平日看书，与朋友讲论时，凡及于己立己达一边话说，便觉津津入耳，更不说恐流于杨氏为我；凡及于立人达人一边话说，便觉逆耳，即说恐流于墨氏兼爱。不知其恐处正是病处，如曰不是病处，何为不恐其流于为我，独恐其流于兼爱也？如此病根，浸淫已久，并自己亦不知不觉耳。此根不拔，则闻见愈广，讲论愈多，其病痛愈深。譬之病寒者，复用硝黄；病热者，复用姜桂。岂徒无益而已哉？宜乎反为不用药者之藉口也。

士人以利济人物为学，犹恐自私自利之心未忘，遇事知有己，不知有人。若以自私自利为学，平日看书及朋友谈论，皆喜闻自私自利之语，不乐闻立人达人之论，方虑其入于墨氏兼爱，绝不虑其流于杨氏为我。噫！学且如此，不学者尚何望乎？学已如此，仕尚可问乎？

杨氏为我，初意或不至如后人之自私自利，只是惩世人驰骛为人之病，而欲为近里著己之为。不知其亲亲、仁民、爱物，正是自家近里著己的工夫，非驰骛于亲与民物间也。丢过亲与民物，而只为我，视天下国家事全与我不相干，成何世界？故曰无君，故孟子不得不严为之辨。至于墨氏兼爱，初意亦未尝不是，但只是不该丢过亲亲，专言仁民爱物。非谓民遂可不仁，物遂可不爱也，丢过亲亲而言仁民爱物，如无源之水，如无根之木。根源处既薄了，更说甚别处厚不厚？故曰无父，孟子亦不得不严为之辨。

杨墨一主为我，一主兼爱。所学既偏，辄思以其道易天下。孟子虑其流弊至于无君无父，故不得已而辨，并望同志者曰：能言距杨墨者，圣人之徒也。讲学之吃紧切要，莫过于此。

安石一行新法，而百姓如在水火，观郑侠《流民图》，真可堕泪。君实罢新政，出斯民于水火中，或有病其激且骤者，不知拯溺救焚，可从容以待否？什一去关市之征，孟子谓其斯速已矣，何待来年？余谓君实之速，正得孟子之意。以为激且骤者，盖章惇、蔡京之余咳也，不可不辨。世之论安石者，曰执拗自是。此病也，非病根也。安石志大才高，学博目空，将古今圣贤都看不上。以为尧舜虽是圣帝，而疆域甚隘；禹汤文武虽是圣王，而享国不过数百年；孔孟虽是大圣大贤，而亦不能使春秋战国为唐虞三代，都是迂阔了。须是富国强兵，开疆拓土，名利兼收，做古今第一个有用的圣人，干古今第一件有用的功业。且宋室国弱兵寡，全被韩范富欧及赵抃程张诸迂阔人，把国家事耽阁①了。须是得这等敢作敢为，不怕人议论、不说迂阔话的人，如吕惠卿、章惇、蔡京辈，才干得实事，才做得出大功业。譬之人家生出个有才干、不安详的子孙来，看祖宗甘贫自守，以为迂阔，要大做一番。不知要治多少产业，不知要畜多少干仆，使上扩祖宗累世之业，下垂子孙不拔之基。存下这个主意，凡讲道理之人，皆诮其无用而疏远之；凡挥霍不羁、奔走营为之人，皆喜其有用而信任之。如此做去，窃恐家未必成，而祸已随之。安石之病，何以异此？不论人情天理，只是一味要做事功。其心以为待我事功成时，方且格天地、光祖宗，使人人称颂。一时天变何足畏，祖宗何足法，人言何足恤哉？此安石之病根所以深入膏肓，不可救药也。不知舍人情天理而专求事功，岂止事功不可成，窃恐灾害并至，虽有善者，亦无如之何矣。安石不是自为功名富贵计，亦不是有心祸天下，只是学术主意差了，所以自误误人国家至此耳。

王安石未尝无才，未尝不学，只是所学者偏，舍人情天理而求事功。自以为是，坚执不返，所以为害。推原病根，益见学不可不慎矣。

这一派学术，如讲黄白之术者，自以为丹成可以起巨

① 原文为“阁”，疑为“搁”之误。

万之家，可以延千年之寿，视孔孟深耕易耨、清心寡过之方，不足博一笑耳，若曰何迂阔至此。卒之败家伤生，在此一丹，而犹不知悟也。

问：足食足兵，与富强奚异？曰：以仁义民信为主，则足食足兵，皆国家之至计；若以仁义民信为迂，则足食足兵，亦富强之嚆矢矣。不然，吾儒学术，岂专欲国贫而兵弱哉？

士君子不可无者气节，却不可认客气为气节；士君子不可无者事功，却不可认势利为事功。

以客气为气节，以势利为事功，皆不学之故。

事功节义，系于所遇。吾辈所宜讲求者，理耳，学耳。关中如王端毅之事功，杨斛山之节义，吕泾野之理学。假如王端毅当日上疏后，即下狱被逮，如斛山，则端毅当以节义名，不得以事功名矣；如斛山上疏后，温旨嘉纳，陟华跻膴，则斛山又当以事功名，不得以节义名矣；吕泾野如得位上疏极谏，则当以节义名，遇时行道，则当以事功名，不得以理学名矣。可见事功节义，俱不可必，所可必者，理耳，学耳。

论人者动曰某长于节义，某长于事功。不知节义事功，随其所遇，各成其是，总非不讲学、不讲理之人所能也。

问理学举业同异，曰：以举业验于躬行，便是真理学；以理学发挥于文辞，便是真举业。说不得同异。

人恒于理学之外另求举业。故常见理学有妨于举业，不弃去举业，不能潜心理学，且曰止为举业，遂不复讲理学。同异之间，真伪之别也。

《大学》至治国平天下，《中庸》至赞化育参天地，皆是言学术，不曾言事功。事功乃学术中之作用，非与学术对言也。后世迂视理学，专讲事功，所以并事功亦不及古人。论交与，当亲君子而远小人；论度量，当敬君子而容小人；论学术，当法君子而化小人。不化则乏曲成之仁，不容则隘一体之量，不远则伤匪人之比。

有为汉儒躬行、宋儒空谈之说者，何如？曰：汉儒中诚有躬行者，而谓汉儒皆躬行则不可。无论其他失节败行，即如马融之列女乐、桓荣之夸稽古，不知可言躬行否？宋儒如周程张朱，即在孔门，亦当列德行之科。其他如司马君实、邵尧夫、尹彦明、刘元城诸儒，其躬行实践，岂在冉闵之下？《汉书》《宋史》，明白易见，而犹为此言，是伧胄、弥远余唾，不可不察也。

纲常伦理，要尽道；天地万物，要一体；仕止久速，要当可；喜怒哀乐，要中节；辞受取与，要不苟；视听言动，要合礼。存此谓之道心，悖此谓之人心。惟精，精此者也；惟一，一此者也。此之谓允执厥中，此之谓尽性至命之实学。

如此亲切指点危微精一之理，随事见得；执中工夫，随时可用。毋庸过求深奥，自取支离。

夫道，一而已矣。三代以前，以理学为文章，故六经四子之书，为万世文字之祖。三代以后，信理学者，或天资笔力，不能为文章；而能为文章者，或恃才傲世，不肯信理学。理学文章，所以分而为二也。是分而为二者，乃能文者不信学之过，岂理学之过哉？

文章理学，人原互有短长，但分而为二，则非真文章，亦非真理学。惟以明道为主，则文章所以明道，理学所以求有得于道。由此而仕，即所以行道也。

有以诗文为雕虫小技，欲弃其所为诗文，而颛精于理学。晓之曰：所谓理学者，非外庸行而别求妙解也。如能诗文者，不以诗文自满，不以诗文骄人，不以诗文骋离经叛道之语，若无若虚，成象成爻，天下理学莫大于是矣。天生蒸民，有物有则，迨天未雨，彻彼桑土，孔子不亟称为知道哉。诗文何妨于理学，而弃之也？三百篇多发理之谈，故为万世诗人之祖。汉魏以后，人争工于词，而不求精于理。夫词何可不工也？而必伸词以诎理，甚且倡为诗不关理之说，则误矣。诗文理学，分而为二。彼盖徒知以切磋琢磨为说理，而不知鸢飞鱼跃，尤为说理之妙也。

诗文从理学中出，则文为载道之文，诗为道性情、垂世教之章。均可传世不朽，岂特不可弃而已耶？

余别墅左近沈桥里，有杨烈妇刘氏，从夫而死。乡人闻其事而怪之，其夫语其妻曰：刘氏年正茂，即改适，岂乏佳耦，胡以死为？其妻亦语其夫曰：刘氏改适，不乏佳耦，死何为也？及余倡诸士大夫往吊，当路上其事于朝，天子嘉其节而旌表其门，乡村之人，始知其为烈而诵之。其夫悟而悔曰：吾向者所告于妻，是何言也？是诲其妻以贰也。其妻亦悔曰：吾向所告于夫，将使夫视我为何如人也？由是夫死而不能守者，且守矣；守节而不能终者，且终矣。甚且从容就义，亦知以死殉矣。数年以来，节烈之妇项背相望，等人也。何昔议其非，而今称其是也？何昔以改适为快，今以殉夫为快也？岂非秉彝之良、羞恶之心，人所同具，不表彰之则不明，不感发之则不兴？不但夫妇也，弟背其兄、臣子背君父、朋友背朋友，恬然不知其非者，世道人心，可为扼腕。

旌表死节，死者未必有知，而未死者则皆共见共闻而知之也。死者一人，而未死者甚多也。感发兴起，捷如影响，旌表之不可已也如此。

客有讲学者，因人言而志阻，遂不复讲。先生晓之曰：子之讲学也，果为人乎？抑为己乎？如为人也，则人言诚所当恤；如为己也，则方孜孜为己之不暇，而暇计人言乎哉？闻谤而辍，则必闻誉而作。作辍由于毁誉，是好名者之所为，非实学也。且人之议之也，议其能言而行不逮耳。能言而行不逮，此正学之所禁也，人安得不议之？吾侪而果能躬行也，即人言庸何伤？客又曰：学贵躬行，固矣，讲之何为？先生曰：讲之正所以为躬行地耳。譬之适路然，不讲路程而即启行，未有不南越而北辕者也；譬之医家然，不讲药性而即施药，未有不妄投而杀人者也；又譬之兵家然，不讲兵法而即应敌，未有不丧师而辱国者也。天下之事，未有不讲而能行者，何独于吾儒而疑之？客怃然曰：有是哉！微今日之讲，吾几以冥行当躬行矣，岂不误哉？

讲学正所以讲明何为为己，何为为人也。否则名以为己，而不免杂于为人；事则为人，而实所以为己。真伪之间，即学术虚实邪正之别，可不慎与？

常人溺于所闻，曲士局于所见。读纵横捭阖之书，不觉流而为机械变诈之人；读虚无寂灭之书，不觉流而为放纵恣肆之人。其始也，止艳羡其文词；其既也，耳濡目染，不知不觉，并以移易其心术而瑕类其人品，可不慎哉？

学固不专在读书，而既读其书，口诵心维，耳濡目染，不觉其潜移默夺矣。

昔有一文人曰：周程张朱不能为诗文，托之理学，遂成名于后世。意盖嘲之也。一客应云：周程张朱不能为诗文，一托理学，尚且成名于后世。若能为诗文者，而又从事于理学，其名岂不在周程张朱之上耶？其人惶愧，因悟而为世名儒。

今为吾道计，惟当辨佛学之非，而不当非学佛者之人。辨佛学之非，则彼知其非，当自悟。若非其学佛者之人，则同志中先自立形迹，又安望其逃而归哉？况亦非以善养人之道也。

人心道心，不必深求，不必浅求。如一念敬，便是道心；一念肆，便是人心。一念谦，便是道心；一念傲，便是人心。一念让，便是道心；一念争，便是人心。一念真，便是道心；一念伪，便是人心。一念公，便是道心；一念私，便是人心。于此一一察识，便是惟精；一一体认，便是惟一。察识体认纯一不已，便是允执厥中，至浅至深，至近至远。而古今学者，多厌常喜新，曲为解释，反觉支离葛藤。

人心惟危四句，因其为唐虞授受之语、千古传道之统，遂看得高妙深远，作文者便多影响之论。得此指点，方知不外人伦日用之间，即所谓道不可须臾离也。

为学者辨义利、正纲常，力辟邪说，使人反躬实践，惟心身日用人伦物理之为兢兢。繇其说，则身修、家齐、国治、天下平；背其说，则害于其身、凶于其家，贻祸于国与天下。何如近里，何如切实！

讲学原为躬行，而非学者多借躬行为口实，曰只消行，何消讲？此言误人不小。世衰教微，尽去讲尚且不能行，况不讲而望其能行乎？纵能行，亦不过冥行妄行耳。不知冥行妄行，可言躬行否？

知冥行妄行之难语于躬行，则学不可以不讲矣。

砥节砺行之人，多忿世嫉俗；平心易气之人，多同流合污。只因不知学问，可惜负此美质。

学而不厌，固是古之学者为己；诲人不倦，亦是古之学者为己。

讲学而不躬行，不如不讲。此语在讲学的人说得，在不讲学的人说不得。在讲学的人说，是因不如不讲之言，而发愤要躬行也，学者不可无此志；在不讲学的说，是因不如不讲之言，而果然去不讲也，则可笑甚矣。

邪教交讧，中外震动，或曰：此何时也，而讲学？先生曰：此何时也，而可不讲学？讲学者，正讲明其父子君臣之义，提醒其忠君爱国之心，辨明夫是非邪正之理，正今日要紧第一著也。或曰：父子君臣之义，忠君爱国之心，原是人人有的，何必讲？曰：若是人人没有的，真可不讲。如磨砖求明，磨之何益？若原是人人有的，只被功名势利埋没了，岂可不讲？讲者，正讲明其所本有，提醒其所本有也。如磨镜求明，磨何可无？昔吾友陶石篑赴京，一客劝曰，在仕途且勿讲学。石篑笑应曰，仕途更急紧要学使用，其客大为解颐。

自是端本澄源之论，惜此时无救于事，徒见迂阔耳。故讲学原在平时，为学贵于豫教。书馆中无真学问、好子弟，朝堂上焉有贤大夫耶？

君子容忍乎小人，恰似小人能待君子；小人忌害乎君子，恰似君子不能待小人。

方说正直，偏排击的是君子；方说忠厚，偏庇护的是小人。方说人不可轻信，便轻疑乎君子；方说人不可轻疑，偏轻信乎小人。

味尚友二字，则知千古以上圣贤，皆我师友；味私淑女三字，则知万世而下圣贤，皆我同志。

问：大人者不失其赤子之心，何等易简直截，而又云博学、审问、慎思、明辨、笃行，何也？曰：人每失赤子之心，正是少此博学、审问、慎思、明辨、笃行功夫耳。

不失原有功夫，若空空守此赤子之心，何能为大人？岂不尽人皆大人耶？所以一则曰学问求放心，再则曰扩充四端，均未许守虚冥悟者借口。

亘古亘今，只有此一条大路，离此便是邪径。自古如伊傅周召、颜曾思孟、韩范富欧、周程张朱、岳武穆、文天祥诸人，皆从此大路行者。中间虽有吉有凶，然凶亦为吉，死亦犹生，而况于吉、况于生乎？如操莽温懿、冯道、张邦昌、章惇、蔡京、秦桧、韩侂胄诸人，皆从彼邪径行者。中间虽亦有凶有吉，然吉亦为凶，生不如死，而况于凶、况于死乎？路径一错，关系不小，讲学原辨此路径，岂是空谈？问：居官言学，得无妨职业否？先生曰：言学正所以修职业也。提醒其忠君爱国之本心，然后肯修职业者；究其鸿纲细目之所在，然后能修职业。不然，终日奔忙，不过了故套，以俟迁擢而已。故居官职业不修，正坐不知学之过，而反曰妨职业乎哉？

子夏有仕优则学之论，以居官则资于学者正多也。所言提醒其忠君爱国之心，然后肯修职业。则仕之于学，更不可缓矣。

问：方今兵饷不足，不讲兵饷而讲学，何也？先生曰：试看疆土之亡，果兵饷不足乎？抑人心不固乎？大家争先逃走，以百万兵饷徒藉寇兵而赍盗粮，只是少此一点忠义之心耳。欲提醒此忠义之心，不知当操何术，可见讲学诚今日第一著。

就孔子民无信不立句，推论其宁可去兵食，不可去信。非已甚之词，乃切时之论，于冯公时正合。

去食不是我要去食，食岂是我要去的？只是事到了十分莫奈何处，宁去食，必不可去信。若曰宁可死，必不可逃耳。

只一个去了信，望风而逃，纵使封疆不失，亦当服上刑，况又失封疆乎？一去了信，便当死，虽有食，乌得而食诸？故去食，亦时势之不得不去；而不去信，亦时势之必不可议去者也。

去食必不去信，不专是论道理当如此，亦是论时势不得不如此，亦是论人情不容不如此，亦是论法纪不敢不如此。岂是迂阔？

凡说要去信之人，便是机械变诈之人，便是偷生卖国之人，便是臣不臣、子不子之人。

问：使贪使诈之说何如？曰：古今最误国者，莫过于此四字。彼既使贪矣，不知肯容他贪，而听其剥削军士否？既使诈矣，不知肯容他诈，而听其欺蔽上官否？明白使贪，而又禁其贪；明白使诈，而又禁其诈，岂可得乎？此贪诈所以日炽，而世道不可问也。

天下无事不因贪诈二字坏了，君子不能砥其流，反助其澜乎？读《武经》者，毋为此说所愚也。

齐人东郭之行，再三不敢令妻妾知，可见羞恶是非之心尚在，只是错把仕途看坏了。恰似要做官，不得不如此。不如此，如何做得官？所以不得已，隐忍为之，实非其心也。若是早知富贵利达者之有命，何必求？即求之，亦自有道，又何必如此求？彼必且自泣于中庭，悔其错误矣，又何待妻妾之泣哉？

此节书《孟子》已为求富贵利达者，形容寡廉鲜耻之丑态。此段更为唤醒苟且干进之良心矣。

问：人爵从之从字，及以要人爵要字，何以别？先生曰：彼来随我，谓之从；我去迎彼，谓之要。一般得了人爵，何苦不为古人？

曰从曰要，皆已得人爵者。此中有义利之别，学者不可不知。

燕有可伐之罪，齐无伐燕之权，所以明有君也；父有攘羊之罪，子无证父之理，所以明有亲也。圣贤闲间议论，恰似没要紧，其实关系世道不小。

孔子讲学于春秋，孟子讲学于战国，亦有非之者，故曰独行其道。请看风急天寒夜，谁是当门定脚人？

孔孟在当时，无处不与人讲学。观孔子知我罪我，孟子予岂好辨之言，可知当时非之者不少也。

问：谏行言听，何以便谓之厚臣？曰：谏行言听，膏泽下于民，才是厚臣。可见古之人臣，不以爵禄名誉望于君，惟欲行己泽民之志；君亦不以爵禄名誉縻其臣，惟欲遂臣泽民之心。故谏行言听，膏泽下民，才是君臣手足腹心之谊。后世臣子于君，只在自家官爵恩典上论，不知君之听言厚民，即所以厚我。不然，即结鱼水而赓喜起，何益哉？孟子此言所以维臣道也。

说到膏泽下民，便知谏行言听。有益于臣者小，而有益于民者大；民受恩于君者大，而臣之受恩于君者更大。总不专在爵禄名誉上论，可以为臣之极则矣。

问用一缓二，曰：战国之时，为苏秦、张仪之说者，要三者并用；为许生、白圭之说者，又欲三者并缓。所以欲足国，便不能裕民；欲裕民，又不能足国。孟子说既不可并用，亦不必并缓。不过一那前攒后间，民自无殍，父子自不相离，而国用又未尝不足。无论仁主，即暴君污吏，亦必洒然易虑矣。此孟子之经济，所以致君而泽民也。论治者以讲学为迂，岂其未睹此乎？

问亲亲而仁民，仁民而爱物。曰：如舜封象于有庳，不得有为于其国，使吏治其国而纳其贡税焉，岂得暴彼民哉？此之谓亲亲而仁民。驱蛇龙而放之菹，驱虎豹犀象而远之，不惟人得免吞噬之祸，而物亦得遂走圹之性，此之谓仁民而爱物。大圣人作用，原不是判然三件事。自古御敌无上策，说者谓周得中策，余敢以圣门论学为御敌上策。此不必广引，如临事而惧，好谋而成，天时不如地利，地利不如人和，此孔孟论学，非论兵也。不知古今论兵法之精者，能过此二句否？以孔孟论学为御敌上策，圣人复起，不易吾言。

他如善人教民七年，可以即戎，仁者无敌。以不教民战，是谓弃之。省刑薄敛，修其孝弟忠信，可以挞秦楚之坚甲利兵。果能如此，非御敌上策而何？

问：宋人讲学，而叛逆之祸更甚，何以为御敌上策？曰：宋人讲学多在下位，且多在山林，即有庐扁，病家不用，岂能成功？而谓庐扁不能活人，则非也。即用庐扁，岂能人人取效，人人不死？而谓庐扁不能活人，犹非也。庐扁之方，无论效不效，确乎为活人之上剂；孔门讲学，无论成功不成功，确乎为御敌之上策。

问：仁以为己任为真，以仁为己任为伪，然否？曰：不然，总是仁为己任耳。今以以仁为己任为伪，抑将以以义制心、以礼制事、以仁存心、以礼存心为伪乎？不在义理上体认，只在字句上挑剔，所以圣学不明。

有谈及放生会者，晓之曰：天地大德曰生，放生固是善行，但当存其心，不必袭其迹。毋论事有时穷、生亦有限，况世原有不可放者，如杀人理无可放，而必欲生之，不几令死者含冤乎？故吾人但存此心，如远庖厨，此心不纲不射宿，此心饥溺由己，此心如伤内沟，此心泣罪解网，此心如此，则好生之德洽于上下，无在而非放生矣。

曰放生，则有不当生而生者，且所生亦甚有限。故儒者第云好生，不云放生也。

举业理学，原非二事。以理学发出文章，为真举业；以举业证出道理，为真理学。且国家以四书五经取士，正是驱人于理学一路。今若讲佛经道经，倒难晓。只讲四书五经，谁不晓得？为理学真是容易，何人之轻放过乎？

举业理学，原是一贯，分之则皆假也，合之则皆真也。四书五经工夫，惟其真、不惟其假而已矣。

庄生妻死而歌，人谓其达生死。不知达生死者，谓不以己之生死动心，非不以人之生死动心也。一物损伤且不忍，而况于人？一孺子入井且不忍，而况于妻？以鼓盆而达生死，是后世薄幸之人藉庄生以自解者耳。

彼不以人之生死动心，如庄子妻死而歌，友死而歌，甚至母死不哀，而曰达生死，可乎？或曰：此寓言也。夫以母死不哀为寓言，可乎？

生死原无二理，故谓未知生、焉知死则可，谓未尝生、未尝死则不可。

上二句是理学，下二句即禅学矣。

为令者，士夫居间说事不可听，而礼遇不可不隆；诸生犯法不可纵，而学校不可不厚。审编毋多更张，民自称便；收纳不求余羡，民自感德；听讼无多缠扰，民自不冤。至于毋援上，又毋傲上；毋陵下，又毋徇下，洁己奉公，节用爱人，此尤不费之惠也。

近有作令者，私心巧诈。百姓与诸生讼，不论是非，而非诸生；诸生与士夫讼，不论曲直，而曲士夫，若曰吾厚吾百姓云尔。不知诸生士夫，独非吾之百姓与？士夫且薄矣，何有于诸生？诸生且薄矣，何有于小民？彼原为渔猎百姓地，故反借百姓以寻讨出路耳。及至百姓受其渔猎，怨声载道，彼不曰百姓之怨我，而曰我原为百姓取谤于诸生士夫也，上官亦曰彼果为百姓取怨于诸生士夫也。诸生士夫当其虚名，而百姓受其实祸，呜呼！计亦巧而诈矣。

官场中原有此种巧宦，以为百姓可愚，上官易瞒也。毕竟直道在人，公论难掩，上官就百姓身上一加体察，水落石出，且须眉毕见矣。

吕泾野教人甘贫改过，此前辈学问真切处。然不甘贫，就是过；能甘贫，就是改过，世间人种种过失，那一件不从富贵贫贱念头生来？卑卑者毋论，即高明有意思者，亦往往堕此坑堑。

世俗之所谓有心，有的是人心；吾儒之所谓有心，有的是道心。异端之所谓无心，无的是道心；吾儒之所谓无心，无的是人心。这等去处，辨之不可不精，故曰惟精；守之不可不一，故曰惟一。一则纯是道心，无复有人心之杂矣，故曰允执厥中。必如此，方不堕世俗之弊，流于异端之非。

杨龟山曰：《六经》不言无心，惟佛氏言之。伊川曰：说无心便不是，只当说无私心。无私心三字，可为千古名言。问私心，私也；有求公之心，亦私也。何如？曰：有求公之心，便是公，如何说亦是私？

去其私心，所以求公心也，用力正在此处。今云求公之心亦私，此过高之论，必至流于致空守寂之异端，不可不辨。

人心一概说不得有，亦一概说不得无。如均喻也，喻利之心不可有，喻义之心不可无；均为也，为恶之心不可有，为善之心不可无。况人心易放而难收，尽去喻义，犹恐喻利；尽去为善，犹恐为恶。今欲一切归于无心，窃恐义无而利未必无，善无而恶未必无，反概曰无心，其害不小。

公私善恶之间，如犀分水，所贵乎学者所以明乎此也。

吾儒论学，只有一个善字，直从源头说到究竟。《易》曰继善，颜曰一善，曾曰至善，思曰明善，孟曰性善，又曰孳孳为善。善总是一个善，为总是一个为，非善与利之间，复有个无善之善也。善即理也，即道也，即中也。精乎此，谓之惟精；一乎此，谓之惟一；执乎此，谓之执中。以之为君，谓之仁；以之为臣，谓之敬；以之为子，谓之孝；以之为父，谓之慈；以之为朋友，谓之信；以之视听言动，谓之礼；以之临大节而不可夺，谓之节。工夫有生熟，道理却无异同。此孔孟相传以教天下万世，以维持宇宙也。故曰道二，仁与不仁而已矣。

自虞廷十六字以迄五经四书，皆融会贯通于数行之间，而总不外伦常日用行习。事事皆有，处处可行，学以求道，仕以行道，一而已矣。

喜事功而厌道德，乐宽大而恶检束，人之常情。不知圣贤所以重道德者，非薄事功而甘迂阔也，以道德为事功，乃真事功也；所以重检束者，非恶宽大而甘桎梏也，以检束为宽大，乃真宽大也。不然，厌道德而喜事功，则枉寻直尺，并事功亦不能成矣；恶检束而乐宽大，则越礼犯法，并宽大亦不可得矣。

无道德之事功，纯是权术用事，非真事功也；无检束之宽大，乃放纵于礼法之外，非真宽大也。此所以贵乎学也。

富文忠公弼致政于家，为佛氏之学，吕与叔与之书曰：古者三公无职事，惟有德者居之。内则论道于朝，外则主教于乡。必将以斯道觉斯民，成己以成物。岂以爵位进退、体力盛衰为之变哉？大道未明，尽趋异学，不入于庄，则入于释，疑圣人为未尽善，轻理义为不足学。人伦不明，万物憔悴，此正老成大人恻隐在心之时。以道自任，振起坏俗，在公之力，宜无难矣。若夫移精变气，务求长年，此山谷避世之士、独善其身者所好，岂世之所以望于公者哉？弼谢之。

致政家居，式化乡里，与后进讲学明道，正所以偿在位时未尽之愿力也。一经去任，便无意当世，以为清高，此偏见谬论也。

吕泾野分校礼闱，主试者以道学发策，有焚书禁学之议。先生力辨而扶救之，得不行。场中一士对策，欲将宗陆辨朱者诛其人、火其书，极肆诋毁，甚合问目意，同事者欲取之。先生曰：观此人，今日迎合主司，他日必迎合权势。同事深以为然，遂置之。

学术邪正，在师儒平日之教戒，尤在主司闱中之去取。风声所树，未有不翕然丕变者。吕泾野此举，有功于人材世道矣。

杨斛山爵自幼贫窘，年二十始发箧读书。夜无灯火，以薪代之。挟册而耕，兄为耕误罹于法，徒步申冤，并系狱。先生从狱中上书，词意真切。邑令曰：此奇士也，胡累至此？立出之，并给油薪，督之学。从朝邑韩恭简公讲理学，践履铮铮，同人不及，与及门杨椒山称为二杨云。逾三十为邑诸生，就试长安，有拾金不昧之节。膺乡荐，成进士，以行人使藩国，概却馈赠。为御史，劾权臣当国，以母病遄归，母殁，庐墓三年，有冬笋驯兔之瑞。服阕家居，授徒讲学，以荐起，巡视南城，权贵敛避。时事日非，上封事数千言，大约以失人心而致危病者五，一则辅臣夏言习为欺罔，翊国公郭勋为国臣蠹，所当急去；二则冻馁民闵不忧恤，而为方士修雷坛；三则大小臣工弗睹朝仪，宜慰其望；四则名器滥及缁流，出入大内；五则言事诸臣若杨最罗洪先辈，非死即斥，有损国体。疏入，逮系镇抚司，拷掠备至，死而复苏，先生处之自若。刑部郎钱公德洪、工部刘公魁、给事周公怡，先后俱以事下狱，与公学问相劝勉，各相戒不得言得罪事。狱中绎四子诸经百家，著《周易辨录》《中庸解》，诸所作者，略无愤惋不平语。上以受厘放归里，抵家十日，以熊太宰谏仙箕忤旨，复逮狱。即日就道，亲朋挥泪别，先生无几微见颜面，身幽圜扉者又三年。上建醮殿，焚火中恍闻呼三人名氏者，乃释归为民。既归，教授里中，蔬粥敝履，怡然自适，卒于家。先生硁直不阿，内实忠淳，自少至老，孳孳学问，夷险如一，初终不贰，完名全节。彼世之浅衷寡蓄、耽耽以节气自多者，视先生当愧死矣。

斛山自幼力学，以名节为重。富贵身家，皆所轻也。所以贫时救兄系狱，事亲则冬笋驯免，省试则拾金不昧，出使之馈遗不受，为台官直言敢谏。所尤难者，系狱犹不言得罪事，再逮即行，绝无几微不平，著书无一语愤惋，此皆由平日力学中来。有真理学，乃有真气节，于兹益信。

吕愧轩潜自幼力学，为都谏公子随任。先师事赵木溪，闻讲义理之学而悦。继师事吕泾野为学，一言一动，以泾野为依归。于是学益力，而举子业亦益入理。为邑诸生，试辄倾曹偶。学使重其文行，拔入正学书院，以风多士。旋膺乡荐，卒业成均，与朝绅讲学。

愧轩为都谏公子，绝无宦家气习，以理学自命。所从游者，皆理学大儒，以时下讲学而论，似专意理学而于举业无所益也。乃师事赵木溪，而悦义理之学；师事吕泾野，则言动不苟，而学益力，卒之举业亦益入理。足见真理学即真举业，工夫造诣，乃同条共贯也。彼以理学有妨举业、以举业有妨理学者，可以知其谬误矣。

格物即是讲学。曰物，见学不可谈元说空耳。格物二字，千载聚讼不知讲格物就是格物，何事深求？何事远求？

是处皆物，是物宜格，朱子所谓即物而穷其理也。物不专指身心意知，格亦不曾说到去私存理。预侵修齐诚正工夫，求深反浅，谈元说空，非实学也。

心诚求之，求字不徒在外边纪纲法度上求，只在自家心上。好恶与共，痛痒相关，一体不容已处求。纪纲法度，皆从一体不容已处流出，自然与粉饰治具者不同，自然深入于民心。中字是直中民心痛痒处，非徒以法度强民于外，而使之感也。看那慈母，何尝在外面强爱赤子，赤子亦何尝在外面强从慈母，都是一团天性不容已处，故曰诚。后世官司，未尝不求，只是在事上求，不在心上求。纪纲法度，非不灿然可观，心中却无不容已之念，多是伪，不是诚。所以百姓不能实受其惠，纵然求，多不能中，此治道所以不如古也。

道之以德，齐之以礼，有耻且格，其理如此。

问：处贫之道，于人己间有辨否？曰：有。如怜贫一也，怜人之贫可，自怜其贫不可；乐贫一也，自乐其贫可，乐人之贫不可。又曰：人贫而我怜之周之，则可；我贫而望人怜之周之，则不可。

处贫难，处人之贫与处己之贫更难，此中最征学识。仕途清浊，亦关乎此。

问：患不知人，如大庭广众偶然相遇，君子小人，何以知之？曰：此不难知。大庭广众中，如一人称人善，一人称人恶，则称人善者为君子，而称人恶者为小人；一人称人善，一人和之，一人阻之，则和者为君子，而阻者为小人；一人称人恶，一人和之，而一人不答，则不答者为君子，而和者为小人。以此观人，百不失一矣。

问：宋儒有不适于用之讥，是否？曰：不然。天下之人不一，有有才而力学者，亦有无才而力学者；有有才而非学者，亦有无才而非学者。彼见有学而无才者之不适于用，非学而有才者或亦幸成其功，遂谓学之无益。不知学而不适于用，乃无才之过，非学之过也；非学而幸成其功，乃有才之效，非好学之效也。不咎其所以不适于用，而归咎于学；不察其所以成功，而归功于非学，此宋儒所以有不适用之讥也。虽然，元祐之禁、伪学之禁，即有才，安所用之？是宋儒之不适于用，又时为之也，于诸儒乎何尤？

有才而讲学，益足见其所长；无才而讲学，亦足补其所短。不然，有才而不学，则为恃才；无才而不学，则为弃物矣。

问：子曰其为人也，发愤忘食，乐以忘忧。不知在何处愤？何处乐？曰：学也者，所以学为人也。故曰其为人也，发愤忘食，乐以忘忧，不知老之将至云尔。愤在此，乐亦在此。后世学者，将一生精力或在诗文上发愤，或在势利上发愤，不肯在为人上发愤，所以不及圣人。仁者以天地万物为一体，此儒者恻隐之真心也。古圣贤千言万语，吾辈朝夕讲求，总是要培养此一念、扩充此一念，圣学所重在此。彼摩顶放踵、从井救人者，乃有此心而不能善用其心之过，所谓好仁不好学、其蔽也愚者，若惩其愚，不病其不好学，而反病仁之不当好，其愚抑又甚矣。故学者必培养扩充此一念，则满腔皆恻隐之心，到处行恻隐之事，然后信仁者以天地万物为一体之说，似迂而实切也。

人若不培养此万物一体之心，必不肯行济物利人之事，学之不可已也如此。

问：孔子疏食饮水，乐在其中。至《乡党》一篇，凡饮食衣服，又要齐整，何也？曰：《乡党》篇，是说圣人动容周旋，无不中礼。即一饮食、一衣服，人所易忽略处，圣人亦不肯苟，不是要齐整受用。不然，绀緅何以不饰，红紫何以不为亵服，羔裘元冠何以不吊？食必求精，何以不厌精？脍必求细，何以不厌细？肉食何以不使胜食气哉？为此言者，是耻恶衣恶食之人，而借孔子以自解者也。

圣人说知人难，是兼君子、小人说；后世说知人难，是单就小人一边说。不知君子、小人，都是难知的，何独只说小人难知？孔子兼言举错，子夏单言举皋陶，正是后世对证之药。

人之难知，既虑误用了小人，又虑遗失了君子。若专就小人难知一边说，是止防误用小人，不防遗失君子。其居心厚薄不同，其举错亦隘而鲜公矣。

平日好称人恶、恶道人善，自托于直之人，立朝偏不肯犯言敢谏，偏不直。

以称人恶为直，而偏不肯道人善；平时以直自负，而立朝偏不肯直。说尽奸险小人情状。

君子之仕也，行其义也，原不是教丈人出仕，只是要他晓得君子之仕，为行其君臣之义耳。当是时，咸以仕为通，以隐为高，若曰君子之仕也，行其势也，行其利也，那里行甚么义，所以把仕字看得不好了，恰似仕途全行不得义。故曰君子之仕也，行其义也，非行其势也，非行其利也。君臣之大义，自我而植；宇宙之纲常，自我而立，岂为功名富贵哉？中间即有丢过义，只为势利出仕的，是他各人自家见不到，各人自家错走了路，不得概以仕途为势窟、为利薮也。故曰：君臣之义，如之何其废之？又曰：夫人幼而学之，壮而欲行之，行之者，行其义也。知此，则知仕止久速、无往非道，用行舍藏、无往非学，视用舍为寒暑风雨之序，视行藏为出作入息之常。仕者安得以仕为可，以隐为不可？隐者安得以隐为可，以仕为不可哉？此孔子之学不厌、教不倦，所以大有造于天下后世也。

孔子于丈人沮溺辈，原非招其出仕，只因此辈以隐为高，将仕字看做求富贵，忘其为君臣之义，故以仕以行义晓之。见得人可以不仕，而仕以行义之理，不可不明。孟子云：未尝不欲仕，又恶不由其道。圣贤同一训世之心，毋认作招隐之计也。

晏子沮仲尼，臧仓沮孟子，其罪不在二子，而在道之不明。当春秋战国时，老聃、墨翟之教行，习俗以薄葬为贤，而以厚葬为儒者病。故景公欲用孔子，晏子沮之曰：儒者崇丧遂哀，破产厚葬不可以为俗；鲁平公欲见孟子，臧仓沮之曰：礼义由贤者出，孟子之后丧逾于前丧，君无见焉？惟儒字贤字不明，晏子、臧仓之言所以见售，而孔孟卒老于行也。

孔孟见沮于时君，皆以厚葬为词，可见当时佛老之教行，薄葬为贤，风俗可知矣。

问气节涵养，曰：气节涵养，原非两事，故孟子论浩然之气，而曰我善养。可见气节从涵养中来，才是真气节。若黝舍辈，全是个没涵养的人，如何算得气节？

说不得仕不若隐，亦说不得隐不若仕。只可隐则隐，可仕则仕，便是。

知足不辱，知止不殆，说的未尝不是，终不如吾夫子之可以仕则仕，可以止则止，可以久则久，可以速则速为正大。约士君子出处之际，只当论可不可，不当论辱不辱、殆不殆。

不辱不殆，为求仕者言也。士君子出处，又自有应仕应止之道理在，惟有学者能辨之。

问：赤子之心如何失？曰：在不学问。如何学？曰：在求不失赤子之心。故曰学问之道无他，求其放心而已矣。求放心者，求不失此赤子之心也。可见不学不是，泛学亦不是。

异学不可，俗学不可；不学亦不可，泛学亦不可。故学必须讲，而后无误也。

问：大人者不失其赤子之心，不知用何样功夫，才能不失？曰：弟子入则孝，出则弟，谨而信，泛爱众而亲仁，行有余力，则以学文，此节就是不失的工夫。于此工夫，自少至老守而勿失，就是大人，岂能于此外加得分毫？故曰程朱自幼即学圣贤尧舜，到老只是孝弟。

教弟子六事，原不专指弟子。大人之学、作圣之功，不外乎此，乃由此而扩充之耳。余于《课士直解》曾主此说，此论更觉真切矣。

取与死生，自有大道理在，须是平日讲得透彻，临时才得不差。若临时才去商量，转增游移矣。故曰可以取，可以无取，取伤廉；可以与，可以无与，与伤惠；可以死，可以无死，死伤勇。二可以字，乃临时商量也。故曰一入商量，便生游移也。

处世应物，转念恒不如初念之公。私意起而反惑，往往如此。

问：横逆之来，君子动心否？曰：既有横逆，此心难说不动。但众人因横逆之来，动尤人之心；君子因横逆之来，动自反之心耳。故曰动心忍性，增益其所不能。只不动尤人之心，便谓之不动心。

君子不逆诈、不亿不信则有之，既有横逆而全不动心，则此心竟如槁木死灰，与告子不得于言、勿求于心何异？今不动尤人之心，而动自反之心，正见存心之厚、用功之密。

曾子说犯而不校，孟子又恐学者泥其辞不得其意，徒知不校，不知自反，故又有三自反之说。若是果能自反，则横逆之来，方且自反不暇，安有暇工夫校量别人？故三自反，正是不校处。

校故不是，不自反而不校，又不是。如何为是？曰：又要不校，又要自反，横逆则不介于怀，修省则不懈于己，此圣贤克己实在工夫也。

第云不校，全不自反，似置之不足与言，又似自以为是，有悍然不顾之意。果肯克己，未有全不自反者，所谓行有不得，反求诸己也。俗解以孟云三自反，不如曾云不校，向颇以为疑，今阅此始信。既有犯者，即不可全不自反，自反不懈，方是真能犯而不校。且曾虽不云自反，焉知其无自反工夫？孟云三自反，乃备言所以不校之故，毋容区别于其间也。

君子三自反，是君子自己如此，在他人不可以此责备君子。若因君子自反，遂责备君子自取，是左袒横逆之说也。新法之行，吾党亦激成之，是伯淳自反之言。伯淳道大德宏，自家合当如此说，而论者不察，遂真以为激成，如此则章惇、蔡京辈反为不激矣。故吾党激成之说，在伯淳自言吾党则可，在他人责备伯淳诸君则不可。

大公之心，持平之论，知人论世之学，于兹见之。

人生遭际，多有不同。自古圣贤，未尝不言遭际；而学圣贤者，不可轻言遭际，恐宽了自家反己功夫。

言遭际，所以绝觖望之心；不言遭际，所以尽自修之道，方可谓之真学者。

殷浩清修，一筹莫展；汾阳奢靡，身系安危，此左袒奢靡者之言。殷浩一筹莫展，是生来才短，非清修之过也；汾阳身系安危，是生来才高，非奢靡之故也。论人者因汾阳奢靡，而遂少其再造社稷之绩，固不可；因浩一筹莫展，而遂以为清修之不足取，尤不可。

人而不仁，疾之已甚乱也，此正是善于远小人处，只不要已甚便是。若见不善而不能退，退而不能远，而曰不为已甚，则益失夫子意矣。

问：既知是小人，却借调停之说引用之，是何主意？曰：此鄙夫患失之意也。彼知小人敢于为恶，恐一时得志以图报复，故借调停之说阴结小人，以自为地耳。不知小人如虎狼然，一得志，未有不反噬之理。如元祐绍圣间引用小人之人，即受小人之害，可鉴也。无论为国，即自为计，亦非矣，故曰灾必逮夫身。然则为人臣者，当何如？曰：只当秉公持正，以进君子、退小人，一心为国家计。若自家恩仇德怨、祸福利害，一切置之不问可也。

待人当亲君子而容小人，故曰泛爱众而亲仁；用人当进君子而退小人，故曰举直错诸枉。以待人者用人，则忠邪不辨；以用人者待人，则度量不宏。

勘得破天命，大抵如此，则一切拣择之心自化；勘得破人情，大抵如此，一切烦恼之心自消。

杨氏为我，墨氏兼爱，总只是不知万物皆备于我一句。一则离万物言我，一则离我言万物，此所以谓之异端。

阅此益知《孟子》“皆备于我”一章，正是杨墨对证之药。扬汤止沸，不如釜底抽薪也。

扶持名教，顾惜名节，此正是君子务实胜处，不可以此为好名。若不扶持名教，不顾惜名节，而曰我不好名，是无忌惮之尤者也。

此好名与希世盗名、违道干誉者迥不同，为学者宜辨此。

《语录》终。

吕泾野文集钞

（名柟，字仲木，别号泾野。陕西高陵人。
明正德戊辰状元，官至礼部侍郎，谥文简）

谨按：关中吕泾野之学，以穷理实践为主，与前代儒先所论渊源一脉，远近学者奉为指归。不独挽救偏歧空疏之俗学，验之古今治道民风，无不切中。集中多序记、志铭、应酬之作，而随地随人推广忠孝、名节之要道，不离穷理实践工夫。寻常赠答，皆有至论，与应酬故套不同。末载科举诸条，将试官取士及诸士应举本义指点策励，循名责实，挽回相沿揣摩弊习，科举士风尤有裨益。仕、学一贯之道，莫切于此。

世有二学，一曰性命之学，一曰举业之学。举业之学，或昧经而荡于辞；性命之学，或离经而沦于空。二者于学术、治道皆无益也，夫举业与性命，岂有二乎？昔程子教门人十日为举业，余日为学，予常疑焉，将程子不以圣人之道待举子耶？若知性命与举业为一，则利禄念轻，经世意重，周之德行道艺，由此选也；汉之贤良孝廉，由此出也。

性命不能为举业者，空谈之病；举业不明乎性命者，剿袭之弊。歧而二之，均无益也；一而贯之，均有益也。

程子之训，此有为之言，以救其弊；吕公之疑，此贯通之论，以正其趋。学者不可不知。

读《大学》知格致之方，即至善可得；读《中庸》知慎独之处，即至诚可几。能因事察理，熟则《论语》之一贯可入；能随事致用，久则《孟子》之四端可充。学者于此求诸心、体诸身、见诸政，于以辅世长民，不负此《四书》矣。

一部《四书》，道理、工夫原是贯通，但难为矜心浮气、专尚口耳者言耳。

程子教人读史，不徒记事迹，须要识其治乱安危、兴废存亡之理。每读史到一半，便掩卷思量，料其成败，然后看有不合处，更精思其间，多有幸而成、不幸而败者。此程子专为读编年纪传而言，若纪事本末，一展卷便知其成败，则又不待掩卷思量而得，而学者犹不免徒尚记诵，以资口耳，均于身世无益。

读史至一半，掩卷而思，以料成败，已云切要。惟纪事本末，则又不必拘拘于此，此以知纪事本末之有益。读史者必兼读此，乃为贯通也。

以我观书者为上，以书观我者为次，以书观书者为下。今之士，多以书观书者也，虽洞万卷、尽五车，只滋其巧伪耳。为损则有余，为益则不足。

书上道理，皆我身心所有的。圣贤先我而觉，我有未觉，所以要读书也。以我观书者，将我心的道理，藉读书印证之、扩充之，所谓尊德性而道问学也；以书观我者，书之所言虽能记诵，于我终无所得，徒读无益；若以书观书，则书自书、我自我，徒滋巧伪，故曰下也。今世之士，方以博学广记自夸于人，绝不曾将书中所言返观于我，有得与否，不自知也，可惜可惜！

有一生买得《唐百家诗》，以为不暇看。先生曰：不惟不暇看，亦不必看。唐诗题目多不正大，且锻字炼句、夸多斗靡，无益身心。一家诗已害事，况百家诗乎！

百家诗中，须必读者甚少，故以全读为害。

谢上蔡之教及门惺惺之法，以存心也。知命之论，以定志也；去矜之学，以知分也；师冕之说，以下学也。势利外物之用力，以进德也；日用言动之为课，以居业也。博学而反，以知要也；桃杏之仁、轮回之私，以辨异也。觉以洞仁也，敬以居礼也，乌头之服以自得也，是故心存而志定，知分而下学，进德以居业，知要以辨异，则足以体仁礼而自得矣。

谢上蔡学术教条如此。汇萃言之，便觉简要易明、平近可守。

明善以定其所趋，躬行以践其所闻，多就哲人以坚其所造，处家可也，仕至公卿以达其道可也。

上命大学士解缙选文学重名者二十八人为《登瀛图》，取二十八宿之义。周文襄以年少愿学自举。上嘉其有志，增为二十九人。上以为学必造道德之微，具体用之全者，以文襄为首。其他如王公直、李公时勉、陈公敬宗，亦庶几焉。若诸君子者，或生年不永，或秩位不崇，固不必论，但可以比文襄者卒鲜。微文襄，则二十八人者不几有负此举乎？然后知科第之不足贵，而道德勋业之著，惟有志者事竟成也。

一时之文学重名，虽荣而不足恃。日后之道德勋业，虽难而有可勉。科第诸君，可以审所处矣。

古之君子，得志则无私，不肯为己。不得志则无闷；安于义命。今之君子，得志则矜持，得失念重。不得志则放旷。潦倒放肆。古也任理，今也任气，是以不同。

天下人百般好处，皆是任理而不肯任气；百般不好处，皆是任气而不肯任理。此学与不学之故。先儒论学，未见指明及此，故录之。

学政教条，不失之繁冗深晦，使士子难遵；则失之迂腐妆点，使士子易忽，均足以害道而病学。教条可以通行天下，尤以必践斯言为要。即如士子善恶一事，乃学政大纲，何法可以知之亲切而行之果断耶？若得其实，乡举里选，不外是矣。不然，德行不能核实，仍以文册等高下，非所以善俗而成材也。

文行兼取、先行后文，人皆知之，然文可以考试而知优劣，行不可以采访而别真伪，故以知之亲切、行之果断为难。近世报优报劣之举，所宜加意也。

余喜书多识前言往行，以畜其德，以勉学者，以此乃心得之学也。亦有不以畜德，而徒识前言往行，则言行犹在他人，非有诸己者之为也。必从多识而不已其功，则可以有诸己，而美大可驯而至矣。

读《易象辞》，可见学者必多识前言往行，乃可以畜德。以字原有工夫，仍在于己。故世亦有徒务多识，而不以之畜德，此博杂之学，转恐有损于德，何能畜德？圣门尊德性、道问学二者，不可偏废。孟子由有诸己而后可以至于美大，亦此义也。

今日记一事，明日记一事，久则自然贯穿；今日辨一理，明日辨一理，久则自然浃洽；今日行一难事，明日行一难事，久则心志坚定、怡然理顺。如此，方谓之真知。苟一行未尽，则知之未至也。故诚明无二道，知行非两事。有指山画谷者，有入山临谷者，指山画谷，犹想像也；入山临谷，则所谓山之高、谷之渊者，益真矣。今徒事记诵者，特指山画谷之俦耳，乌足言真知耶？

知之明，则行之力；行之力，则知益真。此兼尽之工夫，无偏重之学术也，言之极其显切。

有虑其近多人事，恐废学者。先生曰：这便可就人事上学。今人把事做事、学做学，分作两样看了。须即事即学、即学即事，心事合一，方是体用一原之学，非事理外言学也。

离事以言学，乃空言耳，悬揣耳。陆象山曾有此论，最为确切。

何燕泉著有《余冬序录》，于经史子集、文武事变，皆旁搜而详说之。昔楚有左史倚相，能读三坟五典、八索九邱，楚子以为国之善人，宝之过于白珩。今燕泉此录，言虽述乎旧物，论实裁以新义，岂惟使人考古而通今，亦可使人劝善而惩恶。倚相之学，当亦不出此也，燕泉非当时可宝之一善人乎？

博古通今，使人劝善而惩恶，故谓之善人，可以为一国之宝。决非涉猎记诵之学，夸多斗靡，而填笥腹者比也，可以观所学矣。

孝不违心，忠不昧理；贞不苟异，和不苟同；志若有定，视势如无；义若有见，临难不顾。

绘章句以为丽，博引譬以为富，辞虽多而无味，言滋巧而不根，与异端何异？

夫文何为者？所以明道也；道何为者？所以经德也。行道有得于心，谓之德，故曰经德。其德厚者，其道广；其道广者，其文行。靡辞不足以阐幽，冶辞不足以适治，游辞不足以贡俗，难辞不足以辨理，故叔孙豹谓臧文仲之言立，孔子谓子产之辞不可已也。

无根之辞，近于欺世，不足以明道德，适足以害治化。不止此数端，余可类推。

陈子明三黜礼闱，飘零南都。自比于螬食之果，加以风雨销蚀，遂为道旁弃核，何道而能令枯枝生春、有根出土，由干柯而华实乎？先生曰：尝闻树果者矣，忠信以为之地，严恭以为之垣，礼法以为之樊，深造以培其根本，闲邪以剔其萌蘖，格物以苏其脉络，坚志以俟其畅茂，亲贤以资其灌溉。无沦高语，恐华而不实也；无狃流俗，恐蔓而不长也；无近群小，恐折我枝也；无狎权势，恐逾我垣也。夫然，虽硕果不食可也。饮食起居之常，开言举足之处，何莫非树斯果者耶？

即树果而悟养心之道，凡日用动静、交友接物，无往非卫护、培植之工夫矣。

有作义塾条规以范后人者，先生曰：平生敬宗收族，而又立此规矩以示子孙，虽曰不义，吾不信也。虽然，门内之治，恩常掩义；其恩深者，其义行。如惟以其义也，固有礼文虽可观，而情意实支离者。故作义塾，不如作仁塾；仁塾作，义塾方可久久行，虽于天下可也。

孔子以直为益友之一，以直友难得也。而人之友直，亦便难言。直人难与语色，直人难与亲立，直人难与并行，直人难与随好恶，直人难与同取予，直人难与偕。惟难得而又难友，正其所以益也。

直者有诸心，必发诸口。既无私伏，亦不文饰，所以可贵。若言或逢势，行或迎时，虽致位崇显，君子不以为荣。故直有二美，亦有二疵。以义直，谓之正直；不以义，则为幸直。以道直，谓之谠直；不以道，则为绞直。士君子为学，充其所有配义与道，方能善养其直，又能善用其直，斯为国家有用之人也。

直之可取，人皆知之。直有疵而不可行，人遂归咎于直道难行。阅此方知直之难得，而善用其直，更难得也。

政因时而变，议以时而立。违时而议，不知务者也。贾生建治安于汉文，而七国卒平；董公论《春秋》于武帝，而《六经》遂章。韩退之辟佛氏而正教著，司马君实折新说而王道明，亦犹禹抑洪水于有虞，孟氏息邪说于战国，当其时而务之也。使贾生以息邪说为急，君实以抑洪水为先，虽言之辩如此其富，文之丽如彼其工，于政无益，于世无补，君子以为不知务也。

君子而时，中非其时，即非中也。识时务者为俊杰，此学者时中之务，毋以为趋时而薄之也。

廉也，公也，刚也，所以得民心而获乎上者也。乃其始廉而终污者，虽廉亦谓之污，动于利也；始公而终私者，虽公亦谓之私，怵于名也；始刚而终懦者，虽刚亦谓之懦，狃于血气也。不为利动，不为名役，不为血气驱，始终其志、厥德光明者，其君子乎？

改操任性之官，皆由见利不见义，务名不务实，逞气性，不循道理，末路失足。晚盖之难，可不戒与？

处剧要之地，有奸者、伪者、盗者、求者、货者、诱者、探者、伺者、凌者、挠者日旁午至焉。故君子之道，杜誉以防轻喜，杜谗以防轻信，戒暴以防轻足，戒谒以防轻进，五者备而身正矣。明以驭胥吏，恭以驭寮采上下，实以惠士卒，式以驭刍粟，均以驭商农，严以驭仆隶，密以驭左右，详以稽始终，八者备而政行矣。

均州岁荒，恽牧借库出银，以立则而行粜；定价发粜，以安贫而保富；审籍列户，以给粟而发仓；计口开单，以分日而程月。或给批以来远籴，或准货以易官谷，或出告以速四商。鬻男女者不出境，遗老幼者有所馆，典田宅者必至官，负贩者宽其税则，称贷者薄其利息，无赖妖谗及诸盗窃者，皆使渔猎樵苏而息，于是上官良其策，而郡民实受其惠。均民独无沟壑忧，其究在稽里正之扰，遴忠信公正、崇廉耻重身家者以委之也。

赈荒之策，近世亦多讲究及此。所切要者，稽里正而不厌其烦，所委必忠信公正、崇廉耻重身家者，方有实济。有实心难，立法难，得人更难。

地方有兵盗之事，朝廷下蠲租之诏。有司奉行者，或倍其耗，或文其额，或变其地，专于迎上之求，不知恤下之急。民所以益罢，而兵盗益难治。由此观之，兵食艰难而不信，则为患更大。夫兵犹火也，抽薪则易戢，加膏则愈炽；夫盗犹豕也，豮牙则易制，穷之则为力难。其策上者履廉，其次迪公，其次节用，其次息科求，其次杜请谒，其次信法令，如是而后，徐论攻杀击刺之方可也。

治兵治盗，扬汤何以止沸？釜底全在抽薪。孔门论政，不得已去兵食，不可去信，全信正以全兵食也。

廉也者，为政之体也；明也者，为政之用也；惠也者，为政之效也。故君子有不廉，廉则明矣；廉而不明，非真廉也。君子有不明，明斯惠矣；明而不惠，徒明何益？

书者，君子用以修身也，见诸政；律者，君子用以一民也，归诸礼。今之君子之用书也，志得科第已矣，仕而弗用也。其用律也，计壮威力已矣，原情而弗用也。或曰：以书仕者腐，以律原情者罢。若是，则著书之圣、定律之王，皆过矣。

有任粤臬者，将行，惧其责大而材短，咎其事冗而学寡，忧其多盗而难戢，以问先生。先生曰：吾见迁官者，骄浮于惧，满浮于歉。子是之行，知忧知咎知惧，其心明，而于事也周矣。宪司之听狱也，速判结以为神，空囹圄以为静，遏告讦以为威，习左右以为察，委属吏以为体，纳请谒以为通，久淹禁以为处，法是以不中而民罔措也。既仕者，谈经则谓之狂，用经则谓之腐，是皆不忧其责大而不咎其无学、不惧其多盗也。夫民之为盗，岂得已哉？贫无所依驱之，弱无所扶驱之，直无所伸驱之，曲无所绳驱之，征徭不均驱之。治盗不究其本，犹抱薪而救火也。

事冗而盗多者，均宜防范于平时，更宜内省于自己，毋遽视为迂腐也。

有以悔名斋者，先生为之记曰：君子之志于道也，其求己也，惰悔、锐悔、欺悔、袭悔、迂悔，漫漫尔悔，执执尔悔，沾滞尔悔，粥粥尔悔，自是悔。自画悔，其处人也，亢悔、柔悔、慢悔、谀悔、谲悔、随悔、忮悔、求悔。讦诬于人悔，狎侮于人悔，毁悔、誉悔、同悔、异悔、进悔、退悔。凡事既过而觉悔者吉，事应悔而不悔者凶，已悔而数悔者忧，应悔而惮于悔者吝。

悔字有善有恶，有功有过。悔悟愧悔，所以迁善也；懊悔悔恨，所以滋吝也。推类及此，悔之义始明，工夫切实，不至误用。此即理欲之分、圣狂之介也。

人子之寿亲也，显亲为上，其次悦亲，其次养亲，其次荣亲，其次逸亲。逸亲者，力可能也；荣亲者，贵可能也；养亲者，富可能也；悦亲者，贤可能也，抑有六德焉。成亲之谓孝，善事伯叔之谓义，不御纨绮车马之谓俭，面折人过之谓忠，善诲兄弟之谓慈。上以奉君，下以裕民，旁以宅僚友，近以持身，远以范俗，其道具举，不进于显者，未之有也，总皆所以显其亲也。故力者足以寿亲之体，富者足以寿亲之业，贵者足以寿亲之官，贤者足以寿亲之心，显者足以寿亲之道，其寿亲可大而可久矣。

有将父母茔墓图形随身携带，为《寓思图》者。先生曰：此诚孝子思亲至意，然与其思茔墓，不若思形容；与其思形容，不若思心志；与其思心志，不若思其所遗于我者、所望于我者，而光大之也。苟思其遗于我、望于我者，而光大之，则凡寓形宇内者，皆可思之，使得其所，而无负于亲，岂非学者之志哉？故君子惕思，而后寓思也。

图茔墓而寓思，已见随时不忘亲之意。若并思其心志，及所遗于我、所望于我者，则更有立身行道、显亲扬名之实事，不仅空空寓思矣。

有爱聚百顺、以事君亲一语，而虑其不能恒者。先生曰：忠臣事君，在顺其公，不顺其私，斯谓聚义；孝子事亲，在顺其志，不顺其意，斯谓聚仁。苟不惟公与志之顺，凡百皆顺乎君亲，几何不陷于私意哉？故仁义之学得，而后忠孝之行成。

有居官迎养耄父，苦其跋涉，甫至，又以思老亲、恋乡里而归。其子惧父之不安，而问于先生。先生曰：父母之心，即子之心也。父之心安，则子之心亦安矣。子能思父母之遗体，则必能详听而不贼其耳，审视而不贼其目，修词以不贼其口，慎动以不贼其形，如是而曰不能养其父，吾不信也；子能惧父母之不安，则必能乾乾于日、皇皇于夕，博通乎古、精通乎今，心无懈于思，身无惰于行，若是而不能安其父，吾不信也。子能思父母之事亲，则必能移于事君，尽其职，不辞其烦；执其公，不营其利；当其危，不渝其常。为时良显，光昭先世矣。子能思父母之处乡里，则必能移于处士民，有货而不殖，有德而不私，不长民之奸、虐民之弱，上乐而下安矣。父虽归，而闻此，未有不心安而且乐者也。

体亲心而思尽职，情事最真，道理亦大，与泛言悦亲者不同。居官迎养老亲，不能远至，或至而不乐思归，在在有之。体父母所期望于子者，竭诚尽力而行之，足以慰亲之心，即可安亲之身矣。

君子于君之赐也，一衣一食且荣之，况其敕命乎？君子于亲之事也，一禽一草且慈之，况其行乎？世有二大，君亲尽之矣；道有二枢，言行尽之矣；人有二职，忠孝尽之矣。敬其君者，不敢遗其亲也；爱其亲者，不敢后其君也。故君子学于亲，以事其君也；得于君，以事其亲也。以力养亲者，可以逸亲，不可以悦亲；以色养亲者，可以悦亲，不可以乐亲。今于父之敕命，为龙章宠乐之策，所以耀君言而昭亲行也。

敕命者，君之言，敕命所言，皆亲之行也。祖父敕命，装潢而尊奉之，尊君所以荣亲也。推及尊亲之大义，教孝作忠，两得之矣。

国家取人以言，而用人以行。故言亦行也，行亦言也。诸士说经，能穷德政之要；说史，能达治乱之源；说时务，能明利弊之所在。或发扬万物，何仁也；或辨定取舍，何廉也；或条列筹边，何智也；或忧国恤民，何忠也；或鄙伪轻诈，何允也。试官既信其言而登取之，诸士其行无负所言乎？

自此以下，皆为应举者指点策励。较平时泛论学问，更为切实。于诸士有益，校士者亦可以知所慎重矣。

取士有则，闻见相符而已矣；为士有体，言行相符而已矣。士子绩学抒文以应举，致身而济大川，其素志也。试官将因言以索行，不欲徒闻而无所见也。诸士当思监临官某人，以是督我；提调官某人，问我察我；考试官某同考官某，物色我；提学某，以是验我；即不入院之某官某人，亦以是望我。其有事兹土之镇守大员某某，以是闻而觇我，曰举能其官，惟尔之能；称匪其人，惟尔不任。诸士有违行之言而见取之，是某之不明也；有如行之言而不取之，是不忠也，明与忠不敢不勉。取之而他日行与言违，上负朝廷，下羞诸君，则罪在诸生矣。

自古取士，虽有诸科，究在明当时之务，故其时有曰识时务者为俊杰。应举诸士，固今日之俊杰也，有司已即其言、觇其行而取之矣，不知他日能达时务以应世用否？

士子不讲时务，古今同弊。所宜循名责实，以挽颓风也。

夫所谓时务者，非媚俗以同尘也，非附势以趋荣也，非避危以苟安也，非取便以合乖也，非罔人以谋利也。时有不同，务亦各异。今日之务，焉有不知者？咎在借时务以自文，遂自悔之而不能追也。

观此，方知时务为及时之政治，非趋时之故套也。

试官拔诸士于场屋之中，进之于朝廷之上，为其文能明道、身能行道也。如论仁惟恐不如舜，论忠惟恐不如周公，论圣惟恐不如孔子，试官已心悦而口诵之矣。所望于诸士者，行之无改耳。昔者齐辕固生及公孙子并举于汉，辕生直，公孙子反目视之。辕生曰：公孙子务正学以言，毋曲学以阿世。曲学者，素学本直，濒行则变其故而徇欲也。今观公孙之策，其不合于尧舜周孔者鲜矣，及其行也，以布被谀言入武帝之左腹，乃卖长孺、黜仲舒，使汉治虚耗危乱，皆曲学之罪也，诸士能不怵惕于中乎？

夫求仕时言仁智忠圣，若是切矣。及其既仕，人曰汝尧舜、汝周孔，则赧而不敢当，推而不欲居。甚至依违利害，模棱是非，甘心败检而不顾，终老于位，无毫发有裨于世。且以科举富贵夸耀于人，人犹羡其为稽古之荣，而有老成之目，绝不问其异乎前此之所言矣。故赧而推诿者，本未尝实有也。今亦不敢谓诸士之不实有，然自兹以往，则不可不思勉也。苟他日德有未立，政有未成，则人之称斯录也，不过欺世浮言，试官亦不免于愧负矣。

由科举筮仕者，阅此而反观内省，当亦有不安于心者乎？

同考会试，得何德征卷，料其必忠信正直、爱国爱民之士也，今且十年矣。尽孝于母，辞近密而不顾其荣；尽忠于君，虽犯忌讳而不虞其害；尽力于公，虽逆流俗而不畏其难。予常喜曰：科目可以得士矣。迂疏之见，亦可以知人矣。

此就后日不负所取，而信当年赏识不谬者。

又同考会试，见欧阳子卷，叹其宏博，当冠本房。然文策多本其师王阳明之说，主考方以为病，予曰：是岂可以此而后斯人哉？卒不获前列，一时阅者咸惜之。及欧阳子为司成，遂就良知师说讲授诸生，扩充而广大之，并仰师孟子。并其良能者以率人，取其长而补其短，所成者多矣。

由良知、良能以达于天下，孟子之教也。今兼良能以率人，不但可以救阳明之偏，实可广孔孟之学矣。〇此就当年闱文偏见，后为成均，不执偏以教人，不悖孔孟之教，仍是不负闱文之意。〇前六条，见士子不可显悖应举文章之意；后二条，见试官认真物色取中之意。如此互相劝勉，不虑科举不能得人矣。慨自应举之士，以无根之文弋取名器官爵，止图一时侥幸，罔顾日后愧负。偶有佳篇，似亦娓娓可诵，及入仕途，全不照顾，甚至文中所痛诋而可耻者，显然为之，恬不为怪，亦无人指而摘之。此自有科第以来，历久相沿之弊习。求所为坐言起行者，实难其选。吕新吾曰：交易小民，立片纸凭，一人终其身执所书而责之，不敢二。以所言昭然在纸笔间，人已据之矣。今执卷上数千言，凭满闱之官登之于榜、播之天下，顾显然背之，恬不为怪，以为终其身不复责券耳。又曰：万历丙戌而后，举业文字，有“晦夜浓阴封地穴，闭目蒙被灭灯光”之句，如墓中人说鬼语，又如《楞严》孔雀咒。其名家云，文到人不省得处才中，到自家不省得处才高中，顾曰文章关甚么人心世道，此醉梦语也。国家取士，因文而知其心，因心而知其人，故录其人曰中式，进呈其文曰中式之文。所谓式者，不外文理平通、明顺典实。今以编造蒙晦放恣之辞为式，悖典甚矣。所录取者，既非明顺典实之文，如何得明顺典实之士？宜乎科举不能得人，其弊日甚一日，未可尽咎于法制之不善也。今科举之文，华实兼收，清真雅正，垂为宪典，已有程式。惟在应试士子及校文试官，循名责实，不难力挽颓风。如士子平日，果能恪守孔孟先儒所示为学之方、次第之序，经书论策下实在工夫，求根柢学问，由博学、审问、思辨而笃行，由深造自得，而资深逢源，得之于心、宣之为文，有识见、有议论，务为真实之举业，决非庸腐无用之人矣。既中之后，加以阅历，知所亡而无忘所能，居仁由义以备大人之事。迨于筮仕，凡讲究于芸窗、发抒于试席者，必求见之措施，纵不能一一吻合，而心志念虑、道理是非，不难了然于心。夙昔所痛斥而不可为者，皆有所耻而不为；所跂慕而以为必当为者，则毅然志在必为。此中得人必多，不止如宋太宗所云拔十得五矣。至于试官棘闱校文，原系暗中摸索，不能预知其平日为学为人如何。先就闱中之文潜心甄别，加意物色，孰为空疏之文，孰为切实之文，是非真伪，焉能掩饰？人之邪正能否，亦不难知。试官各存取士必得之实心，自有因文知人之真鉴。孔子曰：不知言，无以知人。可见自古知人，总不外于知言也。况于拔取之后，已见其人，又见其行，随时策励，就事指点，期其克称所举，亦试官以人事君之谊。所取之士，稍有志识者，既虑有玷勋名、贻咎举主，未有不倍加奋勉，以求不负所举者也。吕泾野及吕新吾所论，诚制科取士对证之药，切中沈痼之疾，起衰振敝。风声所树，学校中人人知实学之足重，科举之文不可假托；衡文者人人矢甄拔之实心，冀得有用之真材。以视乡举里选，更觉切实可据，不同采访虚声，直可上继虞廷，考言询事之盛典，言扬行举之休风，何至疵科举为无用，而有纷更变制之议哉？予同年友王罕皆尝曰：每见论科举者，谓欲得真儒，须复乡举里选。然行于今日，果能却请托乎？果能屏贿赂乎？文虽不足定人，而司衡果具只眼，则言为心声，文辞又言之最精者，何尝不可得人也？徒高言乡举里选，其夤缘奔竞，未必不转甚于科举也。总在举业有实功，持衡有真赏而已。

元许衡为祭酒，尝谓诸子此章书义推之自身，今日之事有可用否？无非期能行，不贵徒说也。

读书作文，皆推之自身及时事可用与否，不贵徒说，此即举业实功也。

知性为说约宗旨，不外吾人日用之间事。如洒扫应对，瞻视笑谈，起居食息，升降进退，事使交接，辞受取与。地如宗庙朝廷，市井山林，乡党宗族，几席床笫，径窦险艰，污浊幽隐；人如君臣父子，兄弟夫妇，姻族朋侪，夷狄蛮貊，寇贼仇雠，谗奸权佞；时如瞬息终食，旦夕昼夜，淹留困顿，安乐死亡，皆性之所在也。触事求理，到处观心，随时用功，逢人见道，皆知性也。苟不于日用体贴，而冥目端坐，见性明心，此释氏之寂也；高谈性命，卑视彝伦，忽于言动，昧于措施，此俗儒之陋也。

君子沈潜静定，操存此心，随所应接，必求诸道，尤急者先去我心。圣学先要克己，归宿只是无我。自私自利之心，即立人达人之障，此便是舜跖关头。

不著书立说，不过一己意见之偏、用工之差。若以之著书立说，不但自误，兼以误世，况以意见争门户耶？

《泾野文集钞》终。

寇永修山居日纪

（名慎，字永修。陕西同官人。明万历进士，官至朔州兵备道）

谨按：寇公守苏州，廉干有为。苏官周忠介公忤魏珰被逮，激变苏人，公为主持，保全良善，苏人至今道其事而感颂之。及罢官，家居关中，遭闯贼蹂躏，公宁破家，不为所屈。予莅官至秦，知公生平自幼力学，而仕迹所至，皆有治行。所著《日纪》，悉经济卓论，采而录之，以为学仕者劝。

知在行前，是学问之功。若明觉之知，则贯彻乎行之终始。一息有昧，便于所行有不照顾处。学固有未行而先知者，亦有因行而加察者。行正行其所已知，知即知其所当行，非谓知可以为行也。

为学先知后行，既行仍不废知，乃不至于妄行。此为知行并进之实学。

秀才家要知天地间大道理、古今大事情。至于猥琐元奇，只供口说，虽终身不知无害。

秀才不出户庭，而知天下国家之务，以天下为己任，皆由究心于大道理、大事情。否则小道可观，致远则泥矣。故君子不可小知，而可大受也。

道德根本也，功业枝干也，文章花果也。虽然，道德功业，非文章不传。若二典、三谟、六经、四书不在宇宙间，人安知所谓道德功业耶？故有果，则木至今在；有文章，则德业至今闻。若非谈道阐业，直谓之虚花耳。

无道德功业之文章，谓之虚花，惜不能久耳。世有一种象生花果，剪采为之，花朵毕肖。士人文章不根道理、勦袭浮词者，何以异此？此昔人所以有剪采为花之诮也。

讲学人不必另寻题目，只将四书六经，发明得圣贤之道精尽，有心得，便是真正学问。

学时有心得，即未仕时之经济也。

学者不必别为诡异之行，度越前人，只检点自家身上事。要合得经书，便是切己功夫。

道者，日用事物当然之理。既曰当然之理，又曰事物，乃知离了事物便非道。又曰日用，乃知不关日用便非道。故学者学此日用事物当然之理，讲者讲此日用事物当然之理，乃穷高极远者。与孔孟作对头、探赜索隐者，与宋儒添注脚，在朝不言朝，从政不谈政，他日遗大投艰，索平生所讲者而用之，未必得济，只是日用二字不曾理会耳。

王阳明先生客坐私祝曰：但愿温恭直谅之士来此讲学论道，示以孝友谦和之行，德业相劝，过失相规，以教我子弟，使毋陷于非僻；不愿狂躁惰慢之徒来此博弈饮酒，长傲饰非，导以骄奢淫荡之事，诱以贪财黩货之谋，冥顽无耻，煽鼓惑动，以益我子弟之不肖。由前之说，是谓良士；由后之说，是谓凶人。我子弟苟远良士而近凶人，是谓逆子，戒之戒之。书此以贻我子弟，并以告夫士友之辱临于斯者。噫！吾辈亦当书此于座右。

傅献简公以言事谪知和州通判，杨洙问曰：公以直言斥居此，何为言未尝及御史时事？公曰：前日言职也，岂得已哉？今日为郡守，当宣朝廷美意，而反沾沾言前日之阙政，与诽谤何异？

不言得罪之故，犹是忠爱之心。非矫情，乃大义也。

东坡谪惠州，自言譬如生长此地便了；黄山谷谪宜州，自言做秀才时贫陋。原是如此，皆素患难之意。

素位而行之理，说来如此亲切，迁谪之臣肯作此想，真无入而不自得矣。

荆川云：读书以治经明理为先；次则诸史可以备见古人经纶之迹，与古来成败理乱之几；次则载诸世务，可以应世之用者。此数者，其根本枝叶相辏，皆为有益之书。若只可以资文辞者，则其为说固已末矣。况好文与好诗，亦正在胸中流出。有识见者，与人自别，正不必藉此零星簿子也。

近时读经观史，专为采取诗文材料，全无心得，不能贯通。零星簿子四字，切中其弊。

林平泉云：玩味书籍，若止思索义理，恐亦未为得法。须反求自己，存心行事，以书验之，方有益。

世人见人文章之工丽者，辄称曰有才学，不知才自才、学自学也。才者，性之所赋；学者，己之所积。格物致知以明其理，嘉言善行以存诸心，古今事变以究其道，此学也；施之于文章，达之于经济，则才矣。有才无学，犹巧匠能构室而无斧斤；有学无才，犹篙师便水性而无舟楫。才也学也，相资为用，无愧真儒矣。

只要耐得淡薄，无往不可，所谓足乎己、无待于外。贫贱富贵，均有受用处，均有受苦处，不甚相远。所以古人安命任理，安之则随处皆好。

知富贵亦有受苦处，贫贱亦有受用处，可与言处境之学也。

治道只要有先王一点心，至于制度文为，不必一一复古。有好古者，将一切典章文物，都要反太古之初，而先王精意全不理会。譬之刻木肖人，形貌绝似，无一些精神贯彻，依然是死的。故为政不能因民随时，以寓潜移默化之机，辄纷纷更变，惊世骇俗，绍先复古，是天下之拙夫愚子也。意念虽佳，然终是难通。

养民生，复民性，禁民非，治天下之三要；不欺君，不卖法，不害民，作官持己之三要。

养生复性，必兼禁非，乃非姑息纵恶之政。不欺君，不卖法，必不害民，方见不欺之实事。

为官者切不可厌烦恶事，坐视民之冤抑，一切不理，曰我务省事。则事不能省，而民不得其所者多矣。

厌事必致滋事，耐烦转可不烦，为官者不可不知。

人见轻财乐施，概谓尚义，不知义者宜也，如权衡然。轻重多寡，固自有别，故吝财不施则惠啬，混施无等则恩滥，均为非义。必也在同宗，论服属轻重在外戚，论亲情厚薄在朋友，论交谊浅深，酌等而施，以次而及，斯为义矣。至于人当危急，情极可怜，吾一施而有起死回生之力。不问亲疏，随所急而厚助之，期于必济，此又不以施予之常理拘也。

平时施恩有则，遇急难施助，则又以济事为度，不以亲疏常数拘也。

古人睦族，非止同宗。以族服考之，父族、母族、妻族皆是。昔晏平仲敝车羸马，桓子以为隐君之赐。晏子曰：自臣之贵，父族无不乘车者，母族无不足于衣食者，妻族无冻馁者。齐国之士，待臣举火者，三百余人。

自晏子有此举、为此论，推恩三党，原有差等，可为睦族之法。

陈思进谓顾益卿曰：我辈登第，宗亲交游皆喜动颜色。脱今日不稍为之地，曩喜何为者？

范文正公贵显后，当作此想。所以推恩戚族，有必当尽之情，有不容已之谊。

穷理者，穷这名利何用处，穷这名利与此身孰重，穷这名利可必得否？恐枉费心力。此理书上常说，只是看得不亲切耳，此亦穷理中之一端。

曰穷理，凡理之所在，皆宜穷也。书上常说，人看得不亲切，深中读书弊习。可见读书秘诀，总要看得亲切耳。

洪容斋以乾坤之下六卦皆有坎，乃圣人防患备险之意，余谓屯蒙未出险者也。讼师方履险者也，戒之宜矣，若夫需者安乐之象，乃亦有险焉。盖斧斤鸩毒，多在于衽席杯觞之间；诩诩笑语，未必非关弓下石者也。于此一卦，尤加谨焉。

世事险阻忧患，伏于宴安杯酌间者不少。就需卦而体玩，及此可谓善读《易》矣。

凡人谋事，虽日用至微者，亦须龃龉而难成，或几成而败，既败而复成，然后其成也永久平宁，无复后患。若偶然易成，后必有不如意者。造物微机，不可测度如此。静思之，其忧勤惕励当何如？

恒言好人难做，好事难成，又曰好事多磨折。予为之语曰：实在好事，原不易成，易成者必非好事。做好事者，毋忘惕励之心，并益坚其为善之志可也。

用人资格已定，非特臣子无所容其攀援，即人主亦不得恣其爱憎。故曰上有道揆，下有法守。虽然，亦非定论也。以元昊叛仁宗，因问用人守资格与擢才能孰先。丁文简公言承平无事，则守资格；缓急有大事大疑，则先材能。此又可以救资格一定之弊。

如此方见用人之权衡，又寓激劝之良法。昔人谓循资格所以待中等之材，而不可以待非常之士，与此正可参观。

大臣颦笑，所系不浅。宾客探听于外，仆隶窥伺于内，甚则子孙亲族窥其议论之是非、意旨之好恶，以因缘为奸者藏垢纳瑕。特其一事，凡居要路，皆当豫养沈静，不可轻喜易怒也。

夫民怀敢怒之心，畏不敢犯之法，以待可乘之隙，众心已离，而官司犹恣其虐以甚之，此治道之可忧也。是以明王推自然之心，置同然之腹，不恃其顺我者之迹，而欲得其无怨我者之心。体其意欲而不忍拂，知民之心不尽见之于声色，而有隐而难知者在也。

马人望简括户口，不两旬而毕。留守萧保先怪而问之，人望曰：民产招之无遗，他日必长厚敛之弊，大率十得六七足矣。保先谢曰：公远虑，吾不及也。

有爱民真心，又有忧国远识，方肯虑及他日厚敛。

上虞郭南知常熟县，虞山出软栗，民有献南者，南亟命种者悉拔去，曰：异日必有以此殃害常熟之民者。其为民远虑如此。

居官最忌作俑。无因一时口腹，遗地方永累也。

人情所甚利与人情所大不便者，不可尽防，防必溃，一溃必甚。先王制法，调剂人情，羁之使不至于纵，又不壅之使至于溃。故人情常相安，而礼法不病。

王安石新政难行，而害民误国，皆坐此弊。

治道之衰，起于文法之盛；弊蠹之滋，始于簿书之繁。所谓文法、簿书者，不但经生黔首，懵不见闻，即有司专职，亦未尝一检阅校勘。何者？千宗百架，鼠蠹雨湿，或一事反覆异同，或一时互有可否，后欲遵守，何所适从？徒为积年老猾媒利市权之资耳。其实于事体无裨，弊蠹无损也。呜呼！百家之言不火，而道终不明；后世之文法不省，而世终不治。

世之颓波，明知其当变，狃于众皆为之而不敢动；事之义举，明知其当为，狃于众皆不为而不敢动。惟有学有识者，不徇习以居非，能违俗而任道。

陆象山曰：往时充员敕局，浮食是惭。惟是四方奏请，廷臣面对，有所建置更革，多方看详。或书生贵游，不谙民事，轻于献计，不知一旦施行，片纸之出，兆姓蒙害。每与同事者悉意论驳，朝廷清明，当时寝罢。编摩之事，稽考之勤，顾何足以当大官之膳？或庶几者，仅此可以偿万一耳。老医看病多，故用药不至孟浪杀人，其法虽不无小害，要之择其利多而害少者则为之耳。后人不知，遂欲轻改，滋弊纷纷。此刘元城之言，不可不读也。

象山立论，静镇不扰，足以征其所学矣。

世俗以炎凉为薄恶，然重厚之士，亦不能免此。愚谓势利生死之炎凉不可有，道德名分之炎凉不可无。李适之云：试问门前客，今朝几个来？此势利之炎凉，不可有也。翟公云：一死一生，始见交情。此生死之炎凉，不可有也。孔子云：《韶》尽善，《武》未尽善。盖不论当代之势利，而论古今之道义。此道德之炎凉，不可无也。又与下大夫言，侃侃如也；与上大夫言，訚訚如也。此名分之炎凉，不可无也。今人喜为炎凉者，固是鄙夫，不足挂齿。其有不为炎凉者，又未免如北宫黝之不受于褐宽博，亦不受于万乘之君，此岂君子之正道乎？

炎凉二字之义，即寒暖也。天时不能不寒暖，亦不能常寒常暖，此天道人情之自然，无足异者。每见士当穷厄，为时所轻，辄忿世情炎凉，此皆不知自反，不能随时之故。至于道德名分之炎凉，更为天经地义，不可假借。岂可视为薄恶，而怨天尤人、全不自反自责乎？

人流品格，以君子小人定之，大率有九等。有君子中君子，才全德备，无往不宜者也；有君子，优于德，而短于才者也；有善人，恂雅温朴，仅足自守，识见虽正，而不能自决，躬行虽力，而不能自保；有众人，才德识见俱无足取，与世浮沈，趣利避害，碌碌尘俗中，无自表异；有小人，偏气邪心，惟己私是殖，苟得所欲，亦不害物；有小人中小人，贪残阴很①，恣意所极，而才足以济之，

① 原文为“很”，疑为“狠”之误。

敛怨怙终，无所顾忌；有外似小人之君子，高峻奇绝，不就俗检，放旷出入，不就礼检，然规模宏远，小疵常类，不足以病之；有似君子之小人，老诈浓文，善藏巧借，为天下之大恶，占天下之大名，事幸不败，当世后世皆为所欺，而竟不知者；有君子小人之间，行亦近正而偏，语亦近道而杂，学圆通变近于俗，敦尚古朴则入于腐，宽便姑息，严便猛贽，是人也，有君子之心，有小人之过者也，每至害道。

心术才识，各种人皆有。益见知人不易，而共事之当慎也。

王荆公变法，大抵见于《上神宗》一疏。云本朝累世因循，末俗之流，而无亲友群臣之义。人君朝夕与处，不过宦官女子；出而视事，又不过有司细故。未尝如古大有为之君，与学士大夫讨论先王之法，以措之天下也。一切因任自然之理势，而精神之运有所不加，名实之间有所不察。君子非不见贵，然小人亦得厕其间；正论非不见容，然邪说亦有时而用。以诗赋记诵求天下之士，而无学校养成之法；以利名资历序朝廷之位，而无官司课试之方。监司无点察之人，守将非选择之吏，转徙之亟既难于考绩，游谈之众因得以乱真，交私养望者多得显官，独立营职者或见排沮。故上下偷惰取容而已，虽有能者在职，亦无以异于庸人。农民坏于繇役，未尝特见救恤，又不为之设官以修其水土之利；兵士杂于疲老，未尝申以训练，又不为之择将而久其疆场之权；宿卫则聚卒伍无赖之人，而未有以变五代姑息羁縻之俗；宗室则无教训选举之实，而未有以合先王亲疏隆杀之宜，其于理财，大抵无法，故虽俭约而民不富，虽忧勤而国不强，赖非边警逼迫之时，又无尧汤水旱之变，故天下无事过于百年，虽曰人事，亦天助也。其言非不凿凿中弊，后来事功变乱旧章不出于此。但泥古而戾俗，拗众而信奸，遂成国家不救之祸。国监旧有《荆公文集》板，陆俨山公命典籍厅模印数部，以遗朝士。时学录王玠蹙额言曰：好好世界，如何要将王安石文字通行？怕有做出王安石事业来。公怃然遂止。斯言固不可以官微而废也。

安石此疏，切中神宗时之病。及其当国，所举行者，不外整饬之意，惟不顾人情便与不便，不察时势顺与不顺，一味强民以从己，违众而独行。是言病则是，而用药则非也。医之治病，必须就病者之强弱，应补者补，应泄者泄，未有将病就方，而强以投之。药虽对证，而病人难受，转伤元气，又生他病。若当时肯一体察民情，参采众论，因势而利导，先其易而后其难，未始无一二可行而有益于时也。此种议论，业已祸宋，岂宜传播后人？学术之偏，不可不防其渐。以王学录之言而止，有以哉。

事亲者，养口体不如养志，固也。今父母有子而成科第，可不谓之养志乎？但既得科第之后，亲老或不能随子，十年五年常不相见。即锦衣归省，内有妻孥，外有宾客，出入匆匆，其捧觞上寿、开口而笑者，又能有几日？甚则新庄故宅，父子各居，虽供养不缺，而饮食寒温、滋味咸酸之类，谁复为之检点？此无论养志，亦何曾叫得养口体？农夫贩子，父兄子弟团乐一处，其饔飧无日不相共，其痛痒无刻不相关，即口体之养未全，而养志却无愧者。且寸薪粒米，皆从剜心沥血中来，如此养父母，味虽苦而情则甘。富贵家名曰禄养，而未能必躬必亲，如此养父母，味虽甘而情则苦。呜呼！为人子者，不惟不能养志，并且不能养口体，非其忍心如此，所谓终身由之而不知者也。此段议论，发之陈眉公，余读之不觉泪下霑襟。

父母教子，日求科第，日望居官，半生心血，业已自累。今转因科第居官，而还多受累，在父母口虽不言，能毋心悼乎？为科第居官之子，其亦猛省而时时思所以养口体养志者，庶不为科第罪人、居官之不孝子也。眉公此论，寇公述之，均有关于伦化。

好学是人生一福。有书可读，多良师友，时日多闲，衣食无累，又是好学人一福。杜林好学，家既多书，又外氏张竦父子喜文采，林从受学，此好学人一大福也。邴原有言，一则羡其不孤，一则羡其得学。非真好学，不知此味。

人肯好学，自是有福。若好学而时日可以容吾学，物力可以资吾学，又有良师益友相助为学，岂非大福乎？予自幼百事无能，惟喜读书。托先人荫庇，节衣缩食望我读书，曾有联云：有工夫读书，便是造化；将学术用世，方见文章。至今思之，且幸且愧。

尽有聪慧子弟，而父师专课以时文，竟不知史鉴为何物，所以有攒眉雠书之苦。若教之读史，遇可喜可愕之事，则心力自然发越；贯串治乱得失、人才邪正是非之源流，与财赋兵刑、礼乐制度沿革之本末，则眼力自然高明。以古人印证今人，古方参治今病，则胆力自然稳实；晓畅大局面、大机括、大议论、大文章，则笔力自然宏达。今子弟史学一切废阁，无论纲目廿一史，即一部《通鉴》，乃是万卷书之关津，若未曾过得此关，则他书必无别路可入。或读之而不能解，解之而不竟，竟之而不能彻首彻尾者，皆坐史不熟也。教子弟者宜思之，勿以己之不读，而转误后人也。

子弟读史鉴，足以广目前见识，资后来经济，言之亲切不浮。近世学者，恒以史鉴无关举业，有终身不阅史鉴者。焉得有真学问，好人材？

孔子道不施行，退而讲业洙泗，门弟子笔之于书，为《论语》。其篇第以《学而时习》为首，迨千年而朱子释之，以学为效先觉之所为，以时习为如鸟数飞。夫曰学曰习，岂索之无何有之乡？其人为父子君臣兄弟夫妇朋友，其理为仁义礼智信，其功为格致诚正修齐治平，践之有实地，循之有定序，匹夫匹妇可与知能，而天地圣人万物范围不过、曲成不遗矣。自释氏出，谓人伦物理为假合，山河大地为幻妄，万法惟心，一念证佛，当体便是，动用即乖机锋棒喝，令人恍惚莫省。贤智者喜其简便易从，愚不肖者喜其旷放无检，日沈溺于中而不返。孔子好古敏求，多见多闻，焉不学，而何常师之有？愤忘食，思忘寝，七十而始从心所欲。性道难闻，而文章可闻；利命仁罕言，而诗书礼雅言。颜请四勿，而后如卓立；曾勤三省，而后唯一贯。时习之学，莫尚于此。朱子谓李德远以学释为直截，则孔子学而时习，岂属支离乎？后人朱陆直截支离之辨仿此，而不知直截者，废学习终无所得；支离者，由学习深造自得，而不可谓之支离也。释言觉，朱子言效先觉之所为，学则空，为则实，差毫厘，谬千里。索隐行怪，诐淫邪遁，由此出矣，可不慎哉！

《论语》首言学而时习，所习者何事。此段荟萃《四书》论学之言，以印证时习精义，填实时习事实。圣门之学，千古不易，不但佛老家不能假借，后世冥悟口耳支离之学，亦不能冒托。为学而不宗孔孟也可乎？

《学仕遗规》卷二终。《山居日纪》终。

卷三

陆稼书三鱼堂文集钞

（名陇其，字稼书。浙江平湖人。康熙庚戌进士，官至监察御史，赠内阁学士兼礼部侍郎，谥清献，从祀庙庭）

谨按：学必兼乎知行，理莫备于经书。习举业者，原期其研究乎经书之理，以为推行之地也。倘于经书之理，或浮而不切，或似是而非，义理不明，措施安据？陆稼书先生所著《松阳讲义》、《四书大全》诸书，纯正无疵，理明词畅，举业家奉为正宗，顾犹有疑其善于讲书，而不善于临民者。今阅其《三鱼堂文集》，自论学讲书以及莅民立朝，无非经书之精义，惜位不大显，未足竟其经书之用，而坐言起行，已足征仕学相资、体用一贯。毋谓举业不可以临民治事也。

国家以科目取士，原非谓所取皆贤，意其中或有贤者耳。宋太宗谓岂敢望拔十得五，得一二足矣。士之列于科目者，思太宗之言，岂不汗愧？前辈特由此以进身，而所重初不在此，学者不可不知。

三载宾兴，诸官执事，典礼隆重，多士汇征，额其门曰荐贤为国，曰为国求贤。顾名思义，既已邀荣进于今日，自宜励名实于将来。今不能拔十得五，而止得一二，已觉可耻；更有仕进后毫无建白，犹以科目自夸，而薄其不为科目者，其无耻更甚矣。

科举文字，须在本原上著力，要看作是真实道理、切要工夫。不可看作一时应试之事，徒求之时文中也。

专在时文中讲求举业，所以举业全无根柢，世人所讥为敲门瓦砾者是也。

商文毅公曰：士无以致身科目为荣，而以无负于科目为重，是科目未足喜而可惧也。夫必如何而后，可以无负耶？将闳览博物，以备顾问乎？七略九流之书无所不窥，毕方贰负之奇无所不识，求之科目中，千百而一二也。然昔人犹病之曰，此记诵之学耳。记诵之学，可谓无负乎？将著书修辞，以垂不朽乎？如迁固之史、欧苏之文、长卿子云之赋、太白子美之诗，求之科目中，千百而一二也。然昔人犹病之曰，此辞章之学耳。辞章之学，可谓无负乎？将树功立业，以自表见乎？戡乱如萧曹，守文如房杜，救一时之危，振一时之弊，求之科目中，千百而一二也。然昔人犹病之曰，此功利之学耳。功利之学，可谓无负乎？夫徒有科目，既不足以为荣，加之以记诵辞章，功业赫然，显名于世，而犹未免乎负，此非刻论也，盖士固有其当为者。士所当为者，非他，孔孟程朱之道而已。是道也，闳览博物，而非如世之记诵也；著书修辞，而非如世之辞章也；树功立业，而非如世之功利也。是不待远而求之，即我束发所读之书，其中圣贤之所训诫、先儒之所习其。至精至备，举而措之，则道在是矣。而人往往徒习其言为科目之资，而不能反求之身心、考究于民物，一日得其所欲，则弃之如敝屣。夫是以遇益隆，而行益污；位愈尊，而品愈卑。间有能自异于流俗，则又没溺于记诵辞章功利之间，而不能深求乎圣贤之道。求其无负科目，岂不难哉？

因举业无用于世，愈觉科目有负于国。只知以科目为可喜，而不以科目为可惧，学之弊在此，仕之弊亦在此，可为浩叹。

功令以制义取士，制义首重四书。使天下士子，先浸灌于孔孟之言，以闲其心，以培其德，扩充其器识，变化其气质，斯教化之本，而振兴人材之要术也。天下之读四书者，纷纷莫定矣。荣利禄者，以利禄之见读之，则孔孟之言，莫非利禄也；溺虚无者，以虚无之见读之，则孔孟之言，莫非虚无也。其卑琐无识者，既得其貌，不得其神；而高明之徒，又以申己见而逞私说，此曰吾孔孟也，彼亦曰吾孔孟也。非无锐志学圣贤之人，而不识其实，以为是真孔孟也。始悦其言，继移其行，渐涵浸渍，不可复变，汩没已久，亦且信且疑，而不能自振。于是孔孟之言，不足以成天下之材，适以堕天下之行。盖自汉以来，其发明圣训以维持世道者，固不胜数，而其借以开衅天下者，亦代不乏焉。宋兴，程朱大儒继出，而正学始明，天下之士如去云雾睹日月，始晓然识吾道之真。上非此不以为教，下非此不以为学，学术正而耳目一，是以朝多纯德之彦，野多方正之儒。治化之隆，有由然也。

人材本于学术，治化成于人材，古今不易之理。宋代多材而不能尽其用，治化未臻极盛，论世者往往惜之。

朱子白鹿洞学规，无诚意正心之目，而以处事接物易之。其发明《大学》之意，可谓深切著明矣。盖所谓诚意正心者，亦就处事接物而诚之正之。故传释至善，而以仁敬孝慈信为目。仁敬孝慈信，皆因处事接物而见。圣贤千言万语，欲人之心意范围于义理之中，而义理不离事物。明乎白鹿洞学规之意，而凡阳儒阴释之学，可不待辨而明。夫子告颜渊克己复礼，而以视听言动实之，其即朱子之意也夫？

圣门之学，讲实事，不尚冥悟。诚正必先格致，至善不外仁敬孝慈信，克复不离视听言动。自孔颜思孟，以及周程朱张，渊源一脉，阅此益显然无疑意。

年来与诸生讲书，句句欲引入他身心上去。大段意思，是要针砭学者书自书、我自我之病。

熟读精思、循序渐进，此八个字，朱子教人读书法也，当谨守之，又要思读书要何用。古人教人读书，是欲其将圣贤言语身体力行，非欲其空读也。凡日间一言一动，须自省察曰，此合乎圣贤之言乎？不合乎圣贤之言乎？苟有不合，须痛自改易，如此方是真读书人。至若《左传》一书，其中有好不好两样人在内，读时须要分别。见一好人，须起爱慕的念，我必欲学他；见一不好的人，须起疾恶的念，我断不可学他。如此，方是真读《左传》的人。这便是学圣贤工夫。

读书要句句体察身心，讲书要句句引入身心，自不致有书自书、我自我之病。

近时士气浮夸，不得不稍云裁抑，而士风日趋于下，砥砺廉隅者，百不得一；而刓方为圆者，比比而是。苟可以获利，不知复有礼义也；苟可以进身，不知复有廉耻也。向以激昂为高者，今且以逢迎为高矣；向以虚名为尚者，今以贪鄙为尚矣。

士习如此，学术可知，治道可知。

圣贤之书，劝善戒恶而已。或以义正，或以福诱，而劝同；或以义禁，或以祸怵，而戒同。夫祸福之于善恶，犹影之于形也。君子衡理不衡数，而其教人，未有不兼言祸福者。理足以尊天下之君子而言福，然后足以引天下之中人言祸，然后足以惧天下之不肖。其见于经传者，固已深切而著明矣。君子虽不以欲福而为善，不以畏祸而不为恶，夫子犹曰君子怀刑，是圣贤恒以不肖自防也。此其所以为君子与？

法足以禁显恶，而不足以禁隐匿，惟天之报施终古不易，以济官法所不及，但不能无盈缩迟疾之异、错综参互之变。原始要终，不失累黍，而当时鲜不以为杳渺不可知，盖祸福之自人者，直而彰；自天者，微而变。直而彰者，既有所不及；微而变者，又不能使天下信。则中人以下，将无所畏而靡所不为。仁人君子，能无忧乎？不得已而博考古今，述其福善祸淫之迹，备著其所由，以明天道之必然。家悬一律令于屋漏之中，户置一斧钺于衽席之上，使览者惕然于心，以去其所疑，坚其所畏，虽其言若屑屑焉，而钩深索隐，略显恶而严隐匿，其察物也无遁形，可不谓慎独之助与？宋之季也，而《感应篇》出焉；明之季也，而功过格出焉。是皆仁人君子居下位，不得已而救世之作也。故曰《易》之兴也，其于中古乎？作《易》者，其有忧患乎？

官法有刑赏，气数有祸福，人事有功过，皆所以劝人为善、戒人为恶而已，不必为过高之论，阻人劝惩之机也。

世治则重孝义，世乱则尚游侠。太史公作《史记》，于孝义之士未见表章，而剧孟郭解之徒，顾津津称道之。长轻薄之风，滋骄横之习，何其陋也，此其所以为迁欤？故知孝义游侠之分，则可与论世，可与守身矣。

史之可以为后世师，亦顾其读之何如耳。唐虞三代之书，读之而长伪增浮者有矣。况乎后世之史，邪正错出、是非混淆，学者以无主之中涉猎其间，所见为是者，未必是；所见为非者，未必非。安在其可师哉？中有主矣，读之而是非不谬矣，而见其表不见其里，知其显不知其微，得其成败之迹，而不知其所以成败者，议论侃然，而胶固难通，又安在其可师哉？

读古人之书，原贵有识。故孟子以知人论世为尚友也。

《战国策》一书，大抵皆纵横家言也。其文章之奇，足以悦人耳目；机变之巧，足以坏人心术。子弟识见未定而读之，其不为之渐染者鲜矣。当时惟孟子卓然于波流之中，直以为是妾妇之道，大丈夫之所不为。盖其视秦仪辈，不啻如厚味之中有大毒焉，惟恐学者陷溺其中而不能出也。今之读《战国策》者，亦曾以孟子之道权衡之乎？余惧其毒之中于人也，故取今文士所共读者，指示其得失，使学者知其所以异于《孟子》者，庶几哜其味而不中其毒也。

士子读古文，无不读《国策》者。先生惧学者只知读《国策》之文，而阴为毒所中也，意深哉。

《宋史》有《道学传》，以周程张朱绍千圣之绝学，卓然高出于儒林之上，故创此例以表之。后世儒者，皆述周程张朱之道，但作与述则须有辨。道学未明，创而明之，此作者之事也；道学既明，因而守之，此述者之事也。虽其间辟邪崇正，廓清之功不少，要皆以宋儒所已明者而明之，故于《明史》中去此一目，以示特尊濂洛关闽之意，亦可以止天下之好作而不好述。未尝窥见先儒之原委本末，而急欲自成一家者。

道学、儒林有此分别，亦足为后世学者轻言著作、不肯自居于述者之戒。

以道学二字论之，道者天理之当然，人人所当学也。既为儒者，未有可以不知道学；不知道学，便不可为儒者。自儒林与道学分，而世之儒者以为道学之外，别有一途，虽自外于道，犹不失为儒，遂有俨然自命为儒，诋毁道学而不顾者。不知《宋史》道学之目，不过推尊濂洛诸儒，非谓儒者可与道学分途也。莫若合而一之，使人知道学之外，别无儒者。尊道学于儒林之上，所以定儒之宗；归道学于儒林之内，所以正儒之实。《宋史》《明史》，相为表里，不亦可乎？

道学、儒林合为一传，即此示儒林不可不知道学，道学即是儒林。亦提醒人心，辨明学术之一端也。

《呻吟语》，新吾吕先生省察克治之言。先生视其身，若常在病中，时时呻吟、事事呻吟。察之严，克之勇，自不能已。盖人生具仁义礼智之性，不能无气质之偏；感物而动，则又有物欲之蔽。故大贤以下，鲜有无病者。其能不汩流俗，而卓然为天地伟人，亦在能知其病而已。知其病而呻吟者，治之易；不知其病而不呻吟者，治之难。今人之病多矣，能知病者有几？气质不能变化，物欲不能扫除，意必固我胶于中，声色货利诱于外，岂徒不呻吟而已？方扬扬自得，以为快意，此和扁所以望而却步也。使能呻吟如先生，庶其有瘳乎？

《呻吟语》余曾节录刊之，阅此，益知吕公生平得力。

盖人之幼也，知虑未有所主，则当以格言至论日陈于前，盈耳充腹，久自安习，若固有之。又曰人多以子弟轻俊为可喜，而不知其可忧也。有轻俊之质者，必教以通经，学朱子。尝有取于陆子寿之言，谓子弟教作虚诞之文，皆坏其气质。古人之为子弟虑者如此。今之教子弟者，吾惑焉。方其幼也，既未尝习之于洒扫应对，朱子所辑《小学》一书，常束之高阁，不使寓目。虽日读孔孟之言，不过以为此利禄之阶梯，未尝知其必可行、不可不行也。稍长，教之为文，则挑其机械之心，奖其浮华之习，惟以惊人耳目为能事，不问其虚诞不虚诞、通经学不通经学也。侥倖一第，则便以为学成，不复知人间尚有当读之书，此生尚有当为之事。士习日坏，岂非自童子时始哉？吾每教童子作文，未尝不战战兢兢，惟恐一言之病，中于其心，异日发荣滋长，不可救药。盖人之聪明，当扩充于范围之内，不当扩充于范围之外。

人家子弟生长富厚，不能如创业之人更历事变，不知稼穑之艰难，往往骄溢。为父兄者，亦未如之何。此无他术，惟使多读书，观古今盛衰之故，则知自谦矣，知谦则知自守矣。亦有读书而愈长其傲、愈增其骄者，则以其不知读书之法。视圣贤之书，不过为干禄之具，而不实体之身心，不实验之人情世变，窃其皮肤润色为文章，谓可取富贵如拾芥，不自觉其傲且骄，反不如不读书之人，犹知有所畏惧。此则又君子所深病，非尽读书之咎也。

士习之浮、学术之非，皆自幼而已然。此二条不仅教弟子，教成人亦不外此。此义已见于向所刻《养正遗规》册内，微嫌不甚畅切，故又录此以示戒焉。

人之心譬如田，以良苗植之，则成良苗；以稂莠植之，则成稂莠。嘉言懿行者，人心之良苗也，浸灌于嘉言懿行之中，其心不明且正者鲜矣；浸灌于淫辞诐说之中，其不昏且荡者鲜矣。王何稽阮浸灌于虚无，而成放诞；卢骆王杨浸灌于辞章，而成浮薄。自明季以来，俗衰学驳，偏僻之说、淫艳之词，所以眩人耳目、撼人心志者，杂然并作，如入五都之市，百怪之物具陈。非志定守固，其不舍布帛菽粟，而逐纷华靡丽者几希？取舍一移，日长月益，与之俱化，何所不至哉？故今之学者，不但不读书之弊不可胜言，即读书之弊，亦不可胜言。能于诸子百家中精择而慎收之，不离乎规矩准绳，则可以养其心而为吾道之羽翼矣。

不读书之弊不可胜言，即读书之弊，亦不可胜言。切中后世之人心士习。所云读书偏驳之患，尚不止此数家，可以类推矣。

古之圣人，有以一夫不获为耻，而欲尧舜其君民，虽进必以礼，退必以义，其心一日不忘天下。即终不用于世，犹必删诗书、述仁义，明先王之道，以待后之学者。惟恐大道终不明于世，而斯世之终不得与于道也。其曰穷则独善其身，达则兼善天下，所谓独善者，穷居自守，不能如皋夔稷契之所为耳，非置斯世于度外也。置斯世于度外，而以啸傲林泉为高，是沮溺之流。所谓洁身独善，而非圣贤之独善也。或出或处，或进或退，圣贤之行虽不必同，而怜悯斯世之陷溺，曲尽吾所以振救之心，则无不同也。

圣贤之学，与忘世者不同。言之明切，如犀分水。

王道之与申韩，犹珷玞之与美玉也。王道未尝无刑罚，然非申韩之刑罚也，其体则仁，其用则义。若申韩，则以残酷之心，行残酷之事而已。故谓圣人不废刑罚则可，谓圣人不废申韩则不可。

以残酷之心行刑罚，与以哀矜之心行刑罚，不啻同床各梦。司刑者问心自明，可以知所审处矣。

余才疏政拙，部议罢黜，固分所宜。私心切惧者，世俗不谅。谬以余为过于宽厚，有误催科，此言流传，功名之士遂将以宽厚为殷鉴，其害非细。其实余于催科，较之他邑不大相远。核其民欠，尚少于他邑，特劝谕多而敲扑少，其迹类于纵弛耳。余方自愧，不能尽用德教，而论者乃以为宽厚之误，岂不诬乎？既退归田园，悠悠之口应置勿论，然此乃官场风俗所关，故于知己之前陈之，使知罢黜之故，由于学不至、德不足，而宽厚无罪焉，则庶几耳。至若一身之得失荣辱，虽不能如古人之尘视轩冕，然圣贤义命之学，则固尝闻之，未敢以此咎人也。

去官以此引咎，得情得体。无非爱民婆心，不计一身得失，惟计民生休戚。可以奉为官箴。

黄庭坚常与从弟书曰，十二伯母岭后幽居，今何如？五哥稍完葺庐舍否？五哥才力不在人后，但因困顿，遂潦倒如此。兄弟间稍从容者，便当助其甘旨。吾侪所以衣冠而仕宦者，岂自今日哉？自高曾以来积累偶然冲和之气，在此一枝耳。每过马鞍坟前，思之未尝不汗愧也。

范文正公义田赡族，皆此意而成，非为名也。

禁止冒势，盛德之事，然亲情族谊亦不可伤。莫如就事详讯曲直，直在亲族，则理谕使之消释；曲在亲族，则温语为调解。如是，乃不造孽于疏远，亦不结怨于亲族。

冒势宜禁，有此善全之方，情法两得其平。

罗惟德任宁国，一日谒刘寅，喜动颜色曰：今日一大快事。寅问何事，曰贫宗有十数人，以饥荒远来，所积俸余施散殆尽，诸眷属无阻挠我者，为是畅然耳。

此周济贫族者过来人语，总看得贫族有不可解之分谊，乃有此不容已之周济，难概望诸眷属也。

胡安国子弟或出宴集，虽夜深，不寝以候其归，验其醉否。且问所集何客，所论何事，有益无益。以是为常。

约束子弟中即寓物色劝戒之道，最为真切。

余训课子弟，与他人异。科第仕进，且听之于天。必欲其为圣贤路上人，鼓舞其志气，使知有向上一途。所谓向上者，学求有用。故读书不必欲速，但要极熟。虽是记诵之学，而熟于口、悦于心，然后可就上面讲究。圣贤义理，未有不由博而约者。《左传》中事迹驳杂，读时须分别王伯邪正之辨。注疏、大全，初学虽不能尽看，检其易晓者提出指示之，庶胸中知有泾渭，义理自能融贯。

此举业实在工夫，于近日尤为切要。

傅元鼎曰，古有作劝学诗者，备言书中所有，以歆世俗。曰自有黄金屋，曰自有千钟粟，曰有女颜如玉，曰车马多如簇。此语流传至今，沁人心体，祖父以此望儿孙，师长以此教子弟。若曰果能金多粟富，兼妻妾车马之奉，读书之志愿已遂，能事已毕。一入仕途，凡所施为浊秽邪曲，安有清正之理？

为学求仕，原不必讳。若为车马妻妾而学，则立志已差，异日得志，未有不纵欲败检者。近日自命学者，而仕竟至不可问，亦不以为耻，皆此故也。

有刊刻诗文，挟之以走京师谒显要者，先生曰：所贵儒者卓然自立、安分守己，而不屈曲于人。刻励于中，而不肯炫耀于外，其遇与否，听之命焉。一有屈曲炫耀之心，则君子耻之。昌黎之文照耀今古，而上宰相诸书，先儒犹病其轻进；三闾大夫之骚，上追风雅，识者犹嫌其露才扬己，而况才未如三闾、昌黎者乎？自世教衰微，士不以干进为耻，亦不以朴实为尚。方习举业，甫邀寸进，辄刊刻诗文夸于侪辈；稍不得志，便迫不能待，苟可以进身者，不问其何途而从之，视圣贤安命守义之学，不啻如弁髦。究竟其遇与否，皆有命焉。彼其所为，何曾有毫发之益哉？窃愿有志者以学问励于己，以遇合听于天，以朴实为宝，而以轻佻之习为可鄙。将来所造，有不可限量者矣。

有诸生将游泮及考前列试作，增批精刻，持以送予，予劝之曰：始进之作，未必尽佳。刊刻不易，不如将此刻资购书史、延名师，再加诵读，相期实大声宏，可传者不止此试艺也。将试刻当下给还，诸生感奋而退，继后不复有送者。稼书先生此论，切中弊习，有关学术。

看历朝事，当如身预于中。人主情事如何，在朝孰为君子小人，其处事孰当否？皆令胸次晓然，可以口称指画，则机会熟练，临事必过人矣。凡前古可喜可愕事，皆当蓄之于心，以此发之笔下，则文章不为空言。

如此读史，政事、文章两得其益。

论太极者，不在明天地之太极，而在明人身之太极。明人身之太极，则天地之太极在是矣。先儒之论太极，必从阴阳五行言之者，惟恐人不知此理之原，无物不有，无时不然也。学者不从我身切实求之，岂前贤示人之意哉？夫在天为命，在人则为性；在天为元亨利贞，在人则为仁义礼智。以其有条不紊，则为理；以其为人所共由，则为道；以其纯粹而精，则为至善；以其至极无以复加，则为太极。学者惟于日用之间，时时存养、时时省察，斯太极在焉。其寂然不动，是即太极之阴；静也感而遂通，是即太极之阳；动也分为五常、发为五事、布为五伦，是即太极之阳变阴合，而生水火木金土也。合吾身万念万事，无一非理，是即万物统体一太极也；即吾身一念一事，无之非理，是即一物各具一太极也。不越日用常行之中，而太极之全体，已具于吾身矣。善言太极者，求之远，不若求之近；求之虚而难据，不若求之实而可循。故周子太极图说，虽从阴阳五行言之，终之曰圣人定之以中正仁义，而主静立人极焉。又恐以圣人立极，非学者可骤及也，继之曰君子修之吉。修之为言，择善固执之谓也。朱子解之，推本于敬，以为能敬，然后静虚动直，而太极在我矣。先儒之言，虽穷高极深，而推其旨，不过欲人修其身，以治天下国家耳。

自来讲太极者，率说得高远深奥，学者非不熟读其语，卒难明其义理。今就人之身心上指点，何其显明而切近也。中庸由天命率性，而明道之不可须臾离，其功在于慎独，其效极于位育。至诚由尽性，而至于赞化育参天地；其次则由致曲，而可以动变能化，皆此义也。学者欲明太极之理，慎毋求之远而不求之近，求之深而不求之浅也。

江阴徐子尔瀚，著《四书惜阴录》。其大旨谓圣贤之学随知随行，若知而不行，虽读尽《十三经》《廿一史》，徒敝精通，其光阴可惜也。学者诚以孔孟之言为范围身心之资，勿视为弋取爵禄之具；以程朱之解为指点行道而设，勿专为吟诗作文而设。知人心、道心之辨，必使道心为主，而人心退听；知理义之性、气质之性有殊，必以理义变化其气质，勿徒曰吾姑辨之、姑言之，发为议论，可以悦人耳目而已。

《惜阴录》论学，未知纯杂异同如何。阅先生此序，深切时病，大有益于学术。

《三鱼堂文集》终。

辛复元遗书

（名全，字复元，一字天斋。山西绛州人。明万历贡生）

谨按：辛复元先生经世为学，明末屡荐不起，隐居著述。论学论政，可法可戒，遗书具在。其言虽不见用于当时，或有益于后世。原书附载姜、曹两先生之论，均有关于仕、学，故并采而录之。

会读《论语》者，如游杏坛之上，亲见孔、颜诸人上下议论，藉以长善救失，受益无穷；不会读者，只作一场话说，资记诵而已，博青紫而已。

因博青紫而读《论语》，因读《论语》而志孔、颜诸人之志，学孔、颜诸人之学，藉以长善救失，方不负《论语》，并不负制科取人之意。若作一场话说，与不读《论语》等。此非博青紫之咎，不善读《论语》之咎也。

三省者，曾子就自己受病处，用切近工夫也。人各受病不同，择各受病而对证治之，二省可也，一省可也，四省五省亦无不可。奚必拘于三省，方为学曾子乎？

人各有受病处，知而省之。且日省之，病虽不能尽去，必不至太甚。此曾子随事体察、反身克治工夫。日日能省，日日有益，原不拘定一日三省也。

朱夫子集《小学》，大有功于世教，但亦有非小子当下所切近者。愚意以夫子《弟子章》六事为纲，取古今言入孝者若干条，言出弟者若干条，言谨信者若干条，言爱众亲仁者若干条，言余力学文者若干条，以实六事之意，为《小学》上篇；又取古人孝弟谨信、爱众亲仁、余力学文之善行若干条，以实上篇之意，为《小学》下篇。当亦朱夫子所首肯也，但不知得遂此志否？

《大学》有衍义，《孝经》有衍义，皆采古今嘉言善行以填实之。朱子集《小学》，载嘉言善行，亦此意也。此章教弟子六事，本末兼该，作圣工夫已基于此。以此为纲，采古今言行，以类载入，为弟子衍义更见切实。近代名公著作甚富，惜乎未见此种。

问弟子若依此章用工夫，于举业不相妨否？曰，是为有根本的举业。

以此章为举业工夫，似迂而不切。试思上截六事，即尊德性也；下截学文，即道问学也。孝弟、谨信、亲爱，皆有切实工夫，岂非有根本举业乎？

见贤见不贤，不必深讲。见即闻见之见，贤不贤在众人中固有。即一人之身，亦有贤处不贤处。只要贤便思齐，不贤便内自省。然必平日有工夫，临时方识得贤不贤，方可思齐内省。此工夫于日用间可用，即诵读间亦可用。

此与三人行章参看，总见得无地无师、无人非师，无时无事不可以得师也。说到平日有工夫，方能识得贤不贤，尤为切实周到。

问：周急不继富，不惟道理当然、事体当然，即人情亦当然，而世人往往不周急，偏继富者何？曰：望富之有厚报也，故争添锦上之花；料急者亦终如此也，故不投井上之索，甚至从而下石矣。宁思彼既上青云矣，我再趋时扶之，是谓无耻；彼既堕深渊矣，我忍袖手视之，是为不仁，此俗态也、私心也，浇薄之风也，真小人所为。故惟君子周急不继富也，盖君子识见志趋，原不苟同流俗。予夺权衡，一一依乎道义；益寡裒多，补天地之有憾；裁成辅相，付物情之自然。立丈夫之骨，不长钱虏之骄；体拯念之思，而起沟中之瘠。财，膻途也，至此足见圣贤之真作用、真经济。噫！安得人皆君子，与之砥颓波、挽薄俗也。

君子周急而不继富，推论及此，实有关于人心风俗，不仅用财之有道矣。

自家道理明白，正当讲学，使人皆知，不然便是自私；自家道理不明，愈当讲学，向人求知，不然便是自弃。古人志于道、据于德、依于仁，然后游于艺，艺特游之而已；今人志于艺、据于艺、依于艺，道德仁，曾不一游焉。学术人才，所以皆不如古也。

今之举业家所攻制艺，原非游于艺之艺。道德仁皆可于制艺中见之，所谓文以载道是也。故学者用功于制艺，即所以用功于道德仁。自学者将制艺视为游艺之艺，其用功也，亦同于游艺之游，遂至穷年占毕，惟知求工于文艺。虽亦尝为道德仁之语，究非实求有得于道德仁，亦无所谓志据依的工夫也。此段云志于艺、据于艺、依于艺，而于道德仁不一游数语，可谓唤醒今之徒求工制艺者。然其为举业家指点切实工夫，固即此而在矣。

暴虎冯河，不惟不可行三军，用之于行，必遗忧于朝廷生民；用之于藏，必流祸于士风名教。汉末党锢诸贤，其左鉴也。

勇往直前之概，不用于正而用于邪，任气质而不任道义。此道术之不明，而所学者非也。

孔、颜之乐，不是高洁，不是旷达，不是潇洒。盖天理上受用，名教中乐事也。

可兴，可观，可群，可怨，可事父，可事君，其理在诗；能兴，能观，能群，能怨，能事父，能事君，其功在人。

《诗》可以兴人，《礼》可以立人，《乐》可以成人。惟自兴自立自成人，方觉经学有益也。

所谓以我读经，其有益也；经之功，其无益也。经不任咎，书原不负人，人自负书尔。

著医书者，因病立方；读医书者，择方医病，决不肯视医方为空言无用也。圣贤经书，其益人万倍于医书。世人肯如读医书者读之，方不为侮圣人之言。

读圣贤书，不如读医书之有益，岂不可惜？

问：何如可使学者皆为己而不为人，为古而不为今？曰：上惟风，下惟草。在上者以古学教人取人，则为己者固为己，为人者亦转而为己也。不然，为人者益为人，即为己者，亦转而为人也。虽然，真为己者，自然不为世转，如此几人。

教人取人，皆有责焉。教人工夫在平日，其功大；取人机权在临时，其效速。

远虑非是空自愁苦，又非是多设机谋。是从天理路上，寻个经久妥当的法子。

问：仕、学相资，学在先，仕在后，宜曰学而优则仕，仕而优则学。今先说仕而后说学，何也？曰：此章不止是说仕、学相资，盖见当时世道之坏，其病全在已仕者不肯留心学问，止图有利于己，不思利及民物也；未仕者空谈学问，不肯矢志经纶。故已仕者不免俗吏规模，未仕者止是曲儒体态。世道民生，仰赖何人？故先对已仕者言仕而优则学，令已仕者不以俗吏终也；又对未仕者言学而优则仕，令未仕者不以曲儒终也。论仕、学次第，宜先说学，后说仕；论关系大小，已仕之学最吃紧，未仕者次之。故先说已仕者，后说未仕者，此有关世教大议论，岂止于仕、学相资也？

予向以子夏先言仕、后言学，见得已仕尚不可废学，则未仕者岂可不先优于学，无非仕、学相资之义，曾于《课士直解》中著论及之。今云已仕者多不务学，不学之俗吏知有己不知有民，无裨治理，故先望已仕者以学，毋终安于俗吏也。至于今日之学者，即将来之仕者，故望其学优而仕也。夫已仕者更不可不学，不止于仕、学相资之义矣。

国家制科之意，盖谓经术关乎心术，文运系乎世运。文理精当，有言足征有德；文词荒谬，无文足卜无为。士欲经世理物，不由此途，终无进身之阶，经理之志何由得展？使伊、周、孔、孟生今，亦必就此途矣。况所作文辞，无非发挥《经》《传》，果能存心养性、穷理致知，日用饮食何非摄心之资，况举业乎？使司马温公不由此途，则旋乾转坤之功，自何而建？薛文清不由此途，则继往开来之志，何由而彰？故学者惟患此心之不真，不患科目之为累。此心果真，由保举而仕，时也；即由科目而仕，亦时也。河津涑水，曷尝不由科目？濂溪伊川，曷尝专由科目？是科目保举进身之迹，不能不殊；经邦济世之心，何尝不一。君子时而已矣，何必拘于迹哉？

一部《论语》，皆圣贤之言。即圣贤之言，可知圣贤之为人。知圣贤为人，自家之所以为人者可知。不然，孤负圣贤，是孤负自己。

《论语》二十篇中，不是法语，便是巽语。原欲吾人改之绎之，同为贤人君子，可以修己治人，参赞化育。若云只作记诵词章材料，正是悦而不绎、从而不改，与侮圣人之言何异？圣人将奈之何？

人自束发受书，无不读《论语》者，无不能记诵《论语》者，可见非不悦不从也。乃于己全无所得，于世亦无适用，岂非不绎不改乎？夫子此章，已将后世口耳记诵之习道破，所以有吾末如之何之叹。

孟夫子在当时，皆以为迂阔而远于事情。想见以为迂阔而远于事情者，决向不迂阔而远于事情处做也。至今观之，其所成就结局，千古难掩。

以孟子所言为迂阔而不行，则所行者皆所谓不迂阔而近情言，所以为战国之时也。

孟夫子品跻贤圣，俎豆宫墙，言布天壤，在在传诵。当时得一展布，必有可观，惜无人能见及此、肯信及此，竟使之徒托诸空言而已也。后世倘有见及此、信及此者，即其遗言，措诸实事，亦必有可观。不然，徒崇祀其人、传诵其言，买椟还珠，究竟何益？

或谓后世较孟子之时更不同矣，安可一一板执其言，而力行乎？予曰：譬之菽粟，不论古今，食之皆可疗饥；譬之布帛，无论古今，衣之皆可御寒。

今之学者，动谓古人之言迂阔无当，焉能行于今日？故以读书为无用于世也。阅菽粟布帛之喻，可以悟矣。

人之所以异于禽兽者几希，仁义是也。庶民去之，沦于禽兽；君子存之，所以为人。《孟子》七篇，只是欲人存之为君子，而不愧于人，恐人去之而自沦于禽兽，故直指性善示人。其所以知言养气，而不动心者，在此；其所以知天事天，而立命者，在此；其所以辅世长民，而为五百年之名世者，在此。故揖让则称尧舜，征伐则称汤武，愿学则在孔子，下视桓文为假，管晏为卑。列国之主，皆为御人于国门之外，或日月攘鸡；列国之臣，皆为乞墦登垄，皆妾妇，皆穿窬。杨墨讲仁义而差者，则诋为禽兽，告子则斥为揠苗，仲子则视为蚯蚓。惟有此胸襟，方有此眼界，有此谈吐，真巍巍然一大丈夫哉，故韩子谓其功不在禹下。

从来人心之坏，酿成人世之坏。从人世之坏处救，是扬汤止沸；从人心之坏上救，是灶底抽薪。噫！此惟可与知者道也。

圣贤未尝不重廉，但廉而有益于人伦世道，廉可为也；廉而无益于人伦世道，廉不可为也。孟夫子正恐陈仲子以廉自多，无益于人伦世道耳。

未有廉而无益于人伦世道者。其无益于人伦世道者，非礼之礼、非义之义，不学故耳。

读书须体贴到自己身心上，方有益。如人素不厚重、不忠信，交损友，吝改过，一读《君子不重则不威》章，便能厚重忠信，择交改过，方是善读书者。若依旧不厚重、不忠信，交损友，吝改过，毫无身心之益，与不学者何以异也？

章章句句皆如此读，有法有戒，读书焉得无益？

近世谓居高位、享大爵，为显亲之孝，不知《孝经》明言立身行道，方是扬名显亲，并无爵位之说。不然，何古今有爵位者多，而以孝称者寡也？

居高位、享大爵，其势其力，可以广行孝道。何以不愧于孝者不概见，更有因此而多不孝之行，反不如食贫居贱者之无愧于孝？此有位者益可愧也。

出言必须切身心、关世教，不然，不如无言。

异端有理障之说，俗儒有和之者。不知既名为理，便彻天彻地、彻古彻今，安得更有障乎？

不好学以明其理，故理亦有障。六言而有六蔽，皆理障也。

莫为人情，丧了天理；莫为一时，坏了终身。

此指私情言。若情之公者，即天理也，何害之有？

子贡问政，子曰：足食足兵，民信之矣。此节夫子不是全令人丢过兵食，专言民信，若经生曲儒之见也。正见兵食未足之先，必有民信，方可使兵食之足；兵食既足之日，必有民信，方可保兵食之足。民信二字，正为兵食万全之计。盖必如此，兵食方为有用。视区区不知经济本源，曰议饷，曰议兵，时事无分毫之救者，相去真天渊矣。议饷议兵，原是救乱要紧急著，而民信尤足食足兵中要紧急著。不然，人人丧心，即遍地黄金、人人甲胄，亦无救于危乱也。在上者身心洁净，可以为民信之本。然止自家洁净，亦不济事，必须尽诚以开导之，多方以培植之，随机以鼓舞之，然后民皆可信，而兵食方有用也。

足食足兵，而继曰民信之矣。三句原不平列，可见兵食未足之先，已少不得民信。民信原贯乎兵食之始终，非兵食既足之后，方去讲民信也。而所以致民之信者，又有本焉，此中便有仕、学相资之理在。

子路曰：子行三军，则谁与？此是圣人谈学，即是圣人谈兵，从来兵法之妙，无出于此。方寇之凶悍如虎、奸险如河，一味勇敢担当，不顾成败，不可；一味退怯，无救于成败，亦不可。须是从担当中而运以小心，从小心中生出谋略。毕竟要擒虎而不为虎所咥，要渡河而不为河所溺，此方是圣贤心思、豪杰作用。好谋而成，须是采众人之谋，而主以一己之谋；师心自用，不采人长，必有祸患。众言淆乱，不能主张，朝令夕更，亦有祸患。

临事好谋二句，圣门论学，即圣门谈兵。古来行兵致胜，均不外此，不止为暴虎冯河者药石也。从担当中运以小心，从小心中生出谋略，至言哉。

子曰：以不教民战，是谓弃之。善人教民七年，亦可以即戎矣。夫军士数日一操，似教矣，然止教以武艺，何尝教以知谋？凡尊君亲上、和众立功、不欺扰百姓道理，何绝口不一及也？宜将忠义廉知道理，及《武经》《百将传阵图》等书，每操前一日为之讲说，浅近明切，使人人点首会心；次日方再操演，则道理明、心志定。得一知将，胜得百勇将也。或疑武夫暴悍，难尽绳以礼义，不知礼义者，御世之缰辔也。人各有良，导以礼义，未必不入、未必无补，未必不从此而立功业。不然，缰辔一去，彼将何所不至哉？其所以爱我百姓者在此，爱我三军者亦在此。

操兵者，训练也。夫曰训，所以讲明朝廷养兵卫民、御侮安攘之道；又曰练，所以练习技艺武勇、步伐止齐之节。训须苦口婆心，练非虚文故套，不然，何以云教民七年，方可即戎？何以云不教而战，是谓弃之也？操兵者，先要将兵看得与民一体相关，更须司民之官、管兵之将，看得兵民一体相关。庶地方得兵之益，不受兵之扰。

孟子曰：天时不如地利，地利不如人和。又曰城郭不完，兵甲不多，非国之灾也；田野不辟，货财不聚，非国之害也。上无礼，下无学，贼民兴，丧无日矣。孟子之言，今日对证药石，不是教民不完城郭、不多兵甲、不辟田野、不聚货财，空讲上之礼、下之学，以成人和。正是言有此上之礼、下之学，而成人和，方可从此完城郭、多甲兵、辟田野、聚货财。如城郭完、兵甲多、田野辟、货财聚，更可以守，不然，离了上之礼、下之学，人心不和，虽城郭甲兵、田野货财一时俱备，未必不为盗资，又况万万不能备乎？

看得城郭兵甲、田野货财，与上之礼、下之学相济而不偏废，庶几有备无患。有天时地利而无人和，不足济事，亦非人和，则天时地利皆可不用也。孟子两如字，正须善会，观此更晓然矣。

《吴起兵法》曰：教百姓而亲万民，有四不和。不和于国，不可以出军；不和于军，不可以出阵；不和于阵，不可以进战；不和于战，不可以决胜。夫吴起狙诈之徒也，犹知人和之重如此。若夫上下不和、文武不和、军民不和、贫富不和，人人另是一心，各人自讨便宜，即有饷，饷不足以养兵；即有兵，兵不足以救乱，何以平寇而奏廓清之功？问：何如可以得上下之和？曰：在上者休尅落一分军饷，休妄干一件非为。念三军劳苦饥寒，真如慈母之于赤子；鼓三军忠义知勇，真如严师之于后生。恩中有威，威中有恩，自然可得众心。在下者休欺哄上人，休违犯军令，休将月粮浪荡，却嫌费用不足；休将平民枉杀，假作自己功绩。立功真实向前，关赏又相忍让，自然可得上心，如此则上下之心自和。问：何如可以得文武之和？曰：旧习重文轻武，文士因而慢武，武夫因而怨文。其实文不可视武为血气无知，武不可视文为浮华无补。当知文谋武勇，均有益于国家，均有济于时事。如一人之身，耳目口体各相为用，如此则文武之心可和。问：何如可以得军民之和？曰：民靠军护，军靠民养。为民者，当思军士不顾性命，为我防护身家，虽他有些作践，不免小有苦楚，比贼来便宜尚多，何苦因而仇怨，因而罢市？为军者，当知今日百姓外遭寇患、内迫粮差，人人苦楚、处处伤残，设军原要安民，不使害民，我若强打强夺，使民怕我如狼如虎，与贼有何分别，何苦使人日日咒骂？如是，则军民之心可和。问：何如可使贫富之和？曰：富人当知流贼之来，全为富人，非为贫人。都是贫人，贼决不来，何苦悭吝？事事观望贫人、推委贫人、偏苦贫人，即稍割有余以救时事，比贼抢杀毕竟便宜。贫人当知自家生来命穷，人富与我何干，贼来一概混杀。贫人也有身家，即一切劳苦，原是各人自护性命，不是偏救富人，何苦糊涂，妄与他人为仇？如是，则贫富之心可和。上下和、文武和、军民和、贫富和，守必固、战必胜、功必取，可以奏扫除廓清之功矣。

兵荒之际，人各一心，惟有准情酌理、开诚晓谕，劝戒文官武将、军民士庶，贫者富者有所感动，各尽其道、同归于和。若恃刑章法纪，必无济也。

王阳明巡抚江西，置二匣于行台前，榜曰：求通民情，愿闻己过。一时上下之情流通，奸匪皆无所容。先生无我如此，此大知也，大仁也。如地方有愚顽滋事，上之德意不能下逮，下之冤抑无由上诉者，愿法阳明先生，锄去自家尊倨体态，广张告示。凡民间疾苦、军情机务，诸人愿条陈者，俱许条陈，公门不得拦阻。择其善者行之，勿露何人条陈，使言者以空言而受实祸；言不可从，姑置之，合众人之聪明识见，以为一己聪明识见。则不患知谋不过人，而生民困苦不可救，地方滋事不可平也。

求通民情、愿闻己过二语，人亦知慕而效之，乃群言杂进，心无主宰，于事未必有济。阳明有学有问，心虚识达，有执两用中之权，无偏听生奸之弊。合众人之聪明以为聪明，上下之情流通不滞，远至迩安，所以为有用之道学也。噫！人可不务学哉？

王阳明平宸濠，不事夸张、不动声色，论者以为阳明讲学而平宸濠，其实乃由平日于孔子所云临事而惧、好谋而成二语有心得、有妙用，非空空讲学即能建此肤功也。后人不肯信学，又不肯去讲学，其智宁高于阳明、孔子乎？可知讲兵机要务，非是口头之乎也者伎俩。如讲之乎者也之文词虚套，何贵讲，亦何暇讲哉？古人投戈讲艺、息马论道，非是崇文，正是修武备中极要紧事。世界之坏，先由人心不正、道理不明，若在上者道理明白，自知所以爱下；在下者道理明白，自知所以忠上。富民道理明白，自然仗义输财；贫者道理明白，自然向前效力；军士道理明白，自然不违犯军令、作践百姓。故曰君子学道则爱人，小人学道则易使也。可见提醒人心，真如菽粟布帛，一人不可少，一日不可少。

山东盗起，德州集兵，王心斋先生过此，其州守问曰：兵贵勇，某儒生，奈怯何？王曰：某请为公譬之，家尝畜鸡母，其所畏者，鸢也。一日引其雏之野，鸢忽至，即奋翼相斗，竟不知鸢之可畏，何也？爱雏之心，真而切耳。公，民之父母；州之民，皆公赤子也。倘不忍赤子之迫于盗，不忍坐视，将奋翼相斗者，愈于鸡母也。州守听其言，严为备御，州境安堵，盖真能爱民如子。治国如家，自然不肯虚应故事、苟且塞责。绝难事体，遇善处者，自有好谋略出来，何也？心真切故也。今日且先求一片真切爱百姓的心，才讲智谋勇功。

人但知地方有一智勇谋略之官，可以御寇；而不知有一真切爱民之官，虽无智略，亦可以御寇。盖真心切于救民，民亦倍增感奋，同心协力，众志成城，此亦御寇之一道。鸡雏之喻，有味哉。

贾琮为交阯刺史，初，交阯屯兵叛，执刺史及合浦太守。琮到部讯其反状，咸言赋敛过重，百姓空单，京师遥远，告冤无所，民不聊生，故聚为盗贼。琮即移书告示，使安其资业，招抚荒散，蠲复徭役，诛斩渠帅为大害者，简选良吏，使守诸县。岁间荡定，百姓以安，巷路为之歌曰：贾父来晚，使我先反。欧阳元任芜湖县，多疑狱，久不决。元察其情，皆为平反。豪石不法，元痛绳之。贡赋征发及时，民乐趋事，教化大行。改武冈县尹，时赤水太清诸獠聚众相攻杀，官曹相顾失色，计无从出，元即日单骑从二人，径抵其地。至则死伤满野，战斗未已。獠人熟元名，弃兵仗罗拜马首，曰：我曹非不畏法，缘诉某事于县，县官不为直，反以徭役横敛，掊尅之情有弗堪，忿而就死耳，不意烦我清廉官自来。元喻以祸福，归为理其讼，獠人遂安。夫二公定乱方略如此。地方有如是有司，自然无盗。即有之，亦不难扑灭也。纵不能全救，亦决救得一半。

地方滋事抗官，率由官司处置不善，有以招之，或激之使然也。贾、欧二公，到部讯得其情，为之去其苦患，许以平反，在俗吏必以为近于玩纵，不知扬汤止沸，不如釜底抽薪。以峻法绳之，而法难加众，不如开诚晓谕，使知国法。择其首恶一二加以惩治，余概免究，使反侧予自安。此非不学无术者所能办也。

附姜凤阿语录

（名宝，字凤阿。江南丹徒人。明嘉靖进士，
官至福建督学副使）

贤人君子，或不得于位，则当退而与乡之后进同志之士，时时讲明学术，以正人心，挽颓俗于一乡，庶几可推于天下，不可谓山林无事业也。

洙泗之间，相与授受，其为邦为政之问答，未尝不留心世务。而兵农礼乐，皆圣门有用之实才，故由、求、点、赤所自许者如是，而圣人亦果如是以许之。要知古人学问，种种是实，故其所许与其见许于师门者，不谋而同如此。下此如范文正公，自做秀才时，已忧先天下；而胡安定教授苏、湖，亦分门讲肄，使各专一长，以见于世。盖其所以为学为教，尚皆有古人之意在也。后之驰骋于觚翰、呫毕于口耳者，非词人，即学究耳，要之皆无用于世。

为学留心世务，衡才必求实济，论志不尚空言，立教期于经世。圣门师弟授受，历历可考。学者每视为迂阔而不切于时，难与言矣。

士大夫之患，大概在于习世态、废古道，靡然成风。先达诸公，不以道义引进后辈；后辈之士，不以道义推崇。先达诸公至于侪辈中，亦不以道义相切磨，而徒为一应含糊，逊避慢不可否之说，以免身患，而取世资。有能谈及身心经济者，不以为迂腐而不适于实用，则以为轻躁而未及于老成。缘是实学愈无人讲授，世道愈无人担当，有心者所以致慨也。

士人志向不高，由义利不明；义利不明，由教不立耳。晰义利于隐微，扩性体于广大，积之以久，摩之以渐，率之以诚，或者士心稍向高明，风俗亦渐还淳朴矣。

明义理以整儒风，端士习以厚民俗。其事以渐摩而入，其效以积久而成。泛论似迂，细按最切。

士子童稚时，便习闻势利语于其家庭父子间；及长而游学，从事于师友也，亦只是习为势利事尔。中间有一人不为势利语、不喜势利事者，众反指为迂而笑之。譬则一国之人狂，有一不狂者，众反目以为狂也。

士子为学，若为营求势利，则朝夕孜孜，亲师取友，皆势利也；若为求志达道，则朝夕孜孜，亲师取友，皆道义也。同床异梦，学术邪正，皆判于此。明冯恭定公谓举业一途，止须转念，不须易业，诚确论也。

讲学者多谈高虚，而略本实。试思道在彝伦日用，治己治人，初无二理，故身心性命通之于经济世务，同条共贯。视学闽中，拟仿苏湖教授法，以经义治事，分门课督，未有成效，至今犹滋耿仄。然闽人士，未尝不是其说于既去也。

就经义中讲求治事之理，于治事时推广经义之用。体、用一原，显而易见。信而有征，犹以为迂阔难行，则积习之难反也。

附曹真予荐举业书

（名于汴，字真予。山西安邑人。明万历进士，官至左都御史）

国家建学任官，制度宏远。其制不可阙，其意不可湮也。存其制而失其意，天下转疵其制。愿治者思其初意，还其初制，循名责实，转衰而盛之善物也。

建官设学，原系兴学造士。古制今失其意，而徒存其制，所以士学不能如古。循名责实，是在司教者。

学宫屋比，衿韦之士不可胜计，若曰三代之学以明伦也，君子之学以致道也；官联棋布，簪笏之臣亦不可胜计，若曰君立官以为民也，君子之仕以行义也。初意如是，第今之从学、从政者可惑焉。总角之子，甫入乡塾，授以《孝经》，似当讲唯诺疾徐之节矣。然其家谓此子业儒，门户攸资，其父负戴于路，子可不问。其师诱之勤习，动称华膴，蒙泉不亦浊乎？是入小学之日，即乱《小学》之日也。

既进胶庠，对越孔孟，所宜专明新之工夫，别义利之轻重，躬学躬习，躬说躬乐。试则敷其所得于文，仕则达其所文于政耳。顾止求帖括，日工雕绘，袒裼而玩齐明之句，离亲而诵《远游》之章，书自书、人自人，曾不思国家何赖于我，而穷年作《养且薪槱》之录也。是入大学之日，即乱《大学》之日也。

及其致身科名，邑里交庆，而或乃谓栋楹宜拓，食奉宜华；址并乡邻，利吞都市；狰狞仆从，嗫嚅公庭；贺者在闾，诅者盈衢。渠方夸诩，谓兀兀积学，竟抵于成矣。夫学之成也，谓道明德立，岂徒温饱豪华之成乎？是学成之日，即学败之日也。

入小学之日，即乱《小学》之日；入《大学》之日，即或乱《大学》之日。学成之日，即学败之日。言之透切，可慨可惜。

昔人学古，将以入官。学已虚浮，仕将安藉？自非抱明颖之资，葆浑朴之禀，操刀而辄善割，居今而思跂古，用能巍树匡时之勋，光映《名臣》之录，稍不检饬，风靡波荡，盖亦不鲜矣。

每见初通仕籍，问土地之肥瘠，访弥缝之世套，罕有感主恩之难报，惧民隐之难瘳者。而又吏胥逢以故习，家人憎其独洁，则谓汶汶之荣享也，桓桓之逞臆也，容容之固位也，炫炫之博称也，闪闪之趁时也。讵以四境为家，而不广百年难保之家？以万姓为子，而不私满籯不守之子？丑莫丑于厚获，悔莫悔于负时，其乖谬远矣。

有良牧焉，听断明，讼谳息；催科善，逋负充；酬应周，远迩悦。贤声勃起，何于家给人足？礼备乐和，仁渐义摩，逊之为未遑，阙然若异任。岂簿书期会，遽为尽职，是似近而犹远也？其或阨于下僚，沈于冷署，长日咄咄，罔可事事，抱关亦有常业，乘田要在茁长，岂可仅拥虚器，锁局养时？则居卑而忝于职也。

卑者以一身为廉，而尊者以众理为理。若不问其职细职巨、职纲职纪、职近职远，自廉自理而已，则居尊而暗其体也。诸如此类，治胡以兴？岂国家建学任官之初意哉？

学已虚浮，仕将安藉？居卑而忝于职，居尊而暗其体，均由所学之日非也。

学以适用，孔门弟子频频问政。故论士则不辱君命，不达于政者，无取诵诗。近世名贤，亦曰做秀才时，以天下为己任。今时制科，亦有策论，经世之学，胡可不讲？稽古筹今，须预图于知尔之前。

如此立志向、用工夫，则举业皆有用之学，筮任皆有本之治矣。

后生小子，生而聪明，若不令其读圣经四书，而读异学之书，误视天地品物，尽属幻形，别认一个灵明，指作本来面目。一中此毒，后虽读五经四书，终不相入，不信子臣弟友，庸言庸行。即是性命，而强捏无声无臭、不睹不闻、何思何虑、不识不知等语，作为性命本体，且证以圣门所云性与天道不可得闻，中人以下未可语上，民可使由不可使知，以合于异教所云。下乘、中乘之上，自有上乘不可思议之宗，而人人良知良能，共知共见，易知易能，当知当能之正学乱矣。

异教惑人，每引四书中孔孟之语为证，学者往往信之。予于性与天道诸章，曾为考究，证之先儒议论，毋使谈空说幻者有所藉口，此段先得我心。

李大兰槃。编《经史便蒙》，参以金仁山之《纲鉴前编》，朱子、商文毅之《通鉴纲目》，而会归于《国朝统纪》，上下数千年间，辑为成书，使初学读之，即知如此为盛时，如彼为乱世，如此为正学大道，如此为异术邪道。不为高奇迂腐之论，而为制科举业平常达道。得志，可以泽加于民；不得志，可以修身见于世之学也。

《经史便蒙》，其书未见。观曹真予序意，有裨举业，诚有用之书也。

《遗书》终。

葛中恬省心微言

（名锡璠，号中恬。江南昆山人。明万历进士，
仕至按察使，卒赠太常卿）

谨按：葛中恬先生邃于心学，所著有《正言》《危言》《戒言》《慧言》，总名曰《省心微言》，为近世学者求于言而不求于心者，痛下针砭。语语切于日用，耐人咀嚼。其子端调先生幼承庭训，浸淫古籍，所刻者皆经世之书，海内称为葛板，传诵久矣。予于其嗣孙葛播书案头得卒读之，卷帙甚富，不能备录，录其切于学者、仕者，以志向慕焉。

《书》曰：必有容，德乃大；必有忍，乃有济。古今事，未有不成于容忍，而败于不容忍者。一毫之拂，即勃然而怒；一事之违，即愤然而发，是无涵养薄福之人也。是故大丈夫当容人，而不可为人容；当制欲，而不可为欲制。

大器必由规矩准绳。

有规矩，有准绳，大器方有用。大业本于小心，事功

本于学术也。

扬饱帆于大江，跃骏马于险道，瞬息百里，天下之至快也，反思则忧；处不倾之地，乘独后之马，乐莫大焉。

轻言戏谑最害事，盖言不妄发，故言出而人信之。轻言戏谑，后虽有诚实之言，人亦弗之信矣。

常存不如人之心，则有进。

处人之难处者，正不必厉声色，与之辨是非、较长短，惟谨于自修，愈谦愈约，久将自服。

觉人诈而不形于言，有余味。

诈已觉，则我不受其诈，原可不言。语本薛文清公，令人愈思愈觉有味。

不可乘喜而多言，不可乘快而易事。

处事最当熟思缓处。熟思则得其情，缓处则得其当。

读史最能益人神智。事之成败，皆识者先见之，后果不爽。此等处，殊开人见识。

史书所载，皆前事之已验者。读史者不肯视为空谈故事，则识见广，而法戒昭矣。

葛端调永怀堂日录

（名鼒，字端调，葛太常子。明崇祯举人）

三十后看书，当使眼光如铁锥著物，著即贯，贯即不脱，方为有用。与少时博览观花者大异矣。

人自三十以后，阅历世事，看书倍觉亲切。所以眼光如铁锥著物，著即贯，贯即不脱，此书方为我用。予向以居官后读书，远胜于诸生时。书生读书，喜其词华；及居官以后，乃服其义理之精切，可以坐言起行，正谓此也。而世儒方以过此便难读书，毋怪终其身不知读书之益也，可惜可叹。

处今之时，读有用之书，讲经济之学，斯为实材，但不可俗耳。若风云月露之词章，无济于时。天生贤智，正须补救世艰，若只以词章自娱，世道将何恃耶？

世儒不效法四书，其出口入耳之时，不过为涉猎进取计，初未尝于身心上体贴一番，安能长而冀其被于行？愚谓欲人才之成，国家须立小学于郡邑，选士之深通有道者训之。先与朱子《小学》读，待其志趋既定、知识渐开，然后与以《大学》《中庸》《论语》《孟子》，后乃渐通五经，后乃渐看史。必四十方许临民闻政，如此，则士之进者必为国桢。其中道而退者，亦不失为良民，或农或工或为商，皆尝有《小学》一段工夫在前，则人人被诗书之泽，而善人多、风俗美也。

先儒以《小学》为做人榜样，故人人宜读，人人皆有益。不止为学者、仕者言也。

人不可不博学，特博学是本分事，非可夸诩。若徒以玩物丧志，一切拒绝，而独守我之所谓心性者，不知心性又何物也？史册成败，细微曲折，不见于此册，或见于彼册，非穷搜，安能一贯耶？善乎孟夫子之言，博学而详说之，将以反说约也。盖不博学，安能详说？不详说，安能反约？亦何取乎博学？善学者，试参之。

受小辱而不怒，斯可当大任而不惊；安小屈而不争，乃可当大艰而不避。成者一日之事，所以成者，非一日之力也。

康斋先生日记中，最谨暴怒，此最难事，故先生屡言之。年力方壮，国事待理，吾辈思为他日有用人物，宜培养其精力气骨，毋使为宴安逸乐、悠忽无事所消磨耳。

要成大事，切不可爱小便宜；要成大德，切不可怕小迂腐。

圣门言政，无见小利，无欲速。此为得之。

夫学也者，务知之也；知之者，欲其能之也。何谓能？实而被诸躬，纯而见诸事也。既能，则又贵乎守，即所谓允执也。中者，极也，心与事之权衡也。今人非不务知之，知之亦未尝不到，而小有利害，便即迁就，而负才智者择利趋捷，不遗余力，廉耻丧尽。即有中人，莫克自立矣。盖当其读书著文之时，惟办一取科第之念，及其得之艰苦，幸而弋获，则浑是一团患失之意。日前所知，反为入官之戒、保全之术，愈进愈深。夫子所谓苟患失之，无所不至，不难举天下之苍生，以徇一己之禄爵者。噫！岂非知而不行，而知反为行之贼哉？故治乱本于士心，人材成于教养。学之不明，是可忧也。

学原兼知能，倘所学者非，则知能适足为患，仕更不可问矣。阅此能不悚然？

荆公免役钱，实不易之良法。苏子谓但当量入为出，不至多取于民，足矣。温公必欲同青苗等法一并罢之，过矣。

免役法相沿至今，凡不能不资民力者，莫善于此。量出为入四字，仁人之言、至公之论，官肯筹及，便是慈惠循良之吏。最忌立论过高，侵扰无穷。

小处常宽，则省大费。

凡与人家喜庆宴会，说话尤宜谨慎，如祝寿、远行之类。人情讳忌，不可不知。

将奇气尽数融去，只守一味中和；将躁心细细克除，只守一味镇静。处处自反，刻刻自守，件件恕人。

富贵副功业，韩魏国乃无惭昼锦之堂；功业即文章，欧文忠岂独擅丝纶之誉？

以东汉末季之昏浊，而名节独风励于千秋，《光明》章安尊经之效，不洵然与？以南渡主和之悖乱，而理学独大明于当日，艺太真仁，养士之恩莫可谖也。

有跨驾古人之心，而无卑易今人之习，可与言铸品矣。范文正公划粥作四块时，正以天下为己任之立基处。而其活人手段，亦于不为宰相、必为良医之言验之。其后功在国家、恩流九族，俱非偶然之遭际也。

有明世宗末年，王弇州以诗文之学鼓动声利，于世界无分毫之益，而于人心之害甚深；后来复有娄东张天如，以文字动天下，一时轻华之士趋之如骛，至于州县权执文衡局，而人心又一坏。只一东乡艾千子，断断与陈卧子等争，而孤不得辅，然于世道人心，盖已补救不小，亦东廓南皋诸先生之流风余泽也。白鹿之高踪，宁不远绍朱子哉？

所学已靡，自误终身而已。倘有著述，天下人骛于其名，靡然从之，则为害滋大。所论极为切中。

汉季之宦官，犹知畏天子，则节义之风犹盛也；唐季之宦官，挟天子而弄之，则节义之风衰也。世运变于权奸，权奸实观于世运，制治可不知所先乎？

以圣贤之言为真，其人必非志于利禄。若视为泛泛口头语，其心必无与于民物者也。故临文而欲人之遵守传注，以束缚性灵。正欲使之日依圣贤，体之于身、验之于心，时时检束，不轶于彀率之外耳。己之灵性，果能与道符、与圣合，则虽横说竖说，信手拈来，皆有会也。

议论须与身心时势有关系。

士知泛览史传以纪事迹、考沿革，而不知博观前人之言论，以定一是，则遇事揆度，当不能划然于心，而出言亦不能了然于口手之际。师心者无远谋，志狭者罔巨断，此向来空疏之病，近亦知患之矣。

驭下者不足其衣食，而责以勤顺，未能也；不禁其浪费，而求其完足，未能也；不择其愿朴，而责以节用，未能也。此在身教。

知任地、不知任人，非生之众也；知任人、不知择人，非食之寡也。使农胜商、谷胜金，则几矣。至于文绣之刺，非为之疾；筐篋之守，非用之舒。尤不可不知。

义命二字，要认得分明。义则自然当尽，命亦不可诿之不可知。要见人生有听命之胸襟，又有立命之工夫。不系乎智谋巧拙，则心安而理得。

守义尽其在我，非空空委之于命也。

司马温公幼时患记诵不如人，群居讲习，众兄弟既成诵，独下帷绝编，迨能倍诵乃止。用力多者收功远，其所精诵，终身不忘也。公尝言书不可不成诵，或在马上、或中夜不寐时咏其文思，其义所得多矣。

端调先生，父子兄弟定为读书课程，互相问难，抽读经史，故能贯通群籍。与司马温公精诵，同一苦心。予壮时辄思效法，今性灵衰钝，偶一涉猎，掩卷茫然。然于向所未解者，行止坐卧，中心默诵，亦复粗有所得，益悔前此读之不熟也。今已无及矣，用以告世之性能熟读者，毋谓强记无益也。

人皆云制举盛而正学衰，制举非不渊源正学也。士之所习而溺于制举，遂并制举之渊源而忘之矣。

古之君子隐居求志，今日之幼学，原即他日之壮行。行义达道，后日之壮行，正见当年之幼学。故处不徒处，处为有用真儒；出不徒出，出为有学名臣。

以浅言出妙义，以至理入人情。是非从违，昭然在目。其引人于理义，如饮江河，随量而满；如行药市，随病而疗，有功世道人心。可以辅翼六经、孔孟诸书矣。

此魏叔子《文集》序言，深入显出，耐人咀嚼。与葛氏《省心微言》之旨吻合，故并录焉。

《省心微言永怀堂目录》终。

刁蒙吉潜室札记

（名包，字蒙吉，号用六。直隶祁州人。前明天启举人，耄而好学，著书自娱）

谨按：学者读书，首重四书经史，毋论习举业与否，均不外此。所争者，用功实与不实耳。有一番实功，即有一番心得。祁州刁蒙吉先生，幼习举业，潜心经书，兼肆力于诸儒语录。乡荐之后，力学不倦，识见益广，体验益切，曾著《四书翊注》，余未之见。阅其《札记》，独有心解。所选斯文正统，皆经世之文。其文不能载，录其评语，亦足知其所学，可以坐言起行。毋谓举业之学，无关世用也。

孩提之童，无不知爱其亲，此良知也。然舜之父母，应何如爱？闵子之父母，应何如爱？申生、伯奇之父母，应何如爱？此四人者，良知非不同，而或为圣人之孝，或为贤人之孝，或不圣不贤，而杀身以贼孝，何也？及其长也，无不知敬其兄，此良知也。然周公之兄弟，应何如敬？司马牛之兄弟，应何如敬？公子伋、公子寿之兄弟，应何如敬？此四人者，良知非不同，而或为圣人之友，或为贤人之友，或不圣不贤，而杀身以贼友，何也？舜与周公，皆明于庶物者也；闵子、司马牛，则得圣贤为师友，娴格物之训者也；若申生、伯奇、公子伋、公子寿，则无师无友而不学，未尝格致以穷其理者也。格致不格致，相去远矣。

同此爱亲敬长之良知，而处之有善有不善，可见人不可以不学。格致穷理即学也，圣如大舜，尚须明庶物而察人伦，况其他乎？

圣贤之书，原为天下后世谋身心也。而天下后世读圣贤书者，只取以资其笔舌，于身心全无干涉，辜负垂训立教之意多矣。

四书者，人之布帛菽粟，不可一日无也。考亭注四书，欲使字字句句皆可见诸行也。今之学者，类言遵朱矣，遵之训诂而为文，非遵之以步趋而为人也。有能信其为布帛而衣被之，信其为菽粟而饮食之者乎？

遵之训诂而为文，非遵之步趋而为人二语，道破读四书者之弊习。

自古言治道者，莫备于《书》。窃意不迩声色、不殖货利两言，其源本也；好问则裕、自用则小两言，其枢要也。明乎四言而力行之，其于治道也何有？

几善恶都从念头上见得，念头才动，便须查考。某是善，即引伸之使日长；某是恶，即遏绝之使日消。所谓知几之学也。

允执厥中一言，万世心学之宗，亦万世经学之宗也。如《易》只是要刚柔得中，《书》只是要政事得中，《诗》只是要性情得中，《礼》只是要名分得中，《春秋》只是要赏罚得中。中之一字，便该尽五经大义矣。

二氏专言空，吾儒亦岂讳言空？但吾儒所空者，欲也；二氏所空者，理也。空其欲，则人欲净尽，而天理盎然，现前性命，皆归实地；空其理，则枯槁寂灭，生意索然，空而顽矣。然则天理流行，活活泼泼，如何可空？

孔子于《易·系辞》曰穷理，于《大学》曰格物。程朱释格物曰穷理，以夫子之言，发明夫子之言，故确不可易也。博而言之，万物有万物之理；约而言之，一物有一物之理。无巨细，无精粗，皆有理，则皆在所当格也。

此二段所言格物致知穷理，明白切近。格致之功至实，求之空虚，则堕于冥悟；格致之功尚浅，求之过深，又预侵诚正工夫矣。

鲁论云：古之学者为己，今之学者为人。余下一转语云：古之学者为人，今之学者为己。

古人之学，成己所以成物。今人不求有得于己，只求见知于人，算不得为己之学。

古之学也道，今之学也艺；古之学也义，今之学也利。

学之源头差错，学之流弊无穷。辨之不可不早也。

孟子云：学问之道无他，求其放心而已矣。余下一转语云：求放心之道无他，学问而已矣。

二说互参，其理愈明，其功夫更切实。

吉凶决诸《易》，政事取诸《书》，性情陶诸《诗》，从违决诸《礼》，是非决诸《春秋》。

闻人之誉而喜，喜则骄溢生；闻人之毁而怒，怒则报复起。凡心客气，此内断无人品。闻人之誉而愧，愧则自强；闻人之毁而惧，惧则自反。平心直道，就中都是工夫。

人以恶言加我，我为弗闻也者而置之，人非而我是也。岂曰人胜而我负乎？若反之，则平分其过矣。

语云：道高毁来，德修谤兴。此在旁观则可，若夫当局者，不然。爽然内省，自怨自艾，曰：毁来还是道不高，谤兴还是德不修。

孔子而后千余年，《大学》《中庸》杂在《戴记》中；两论七篇，混入子书内，学者但作文字观耳。二程汇辑订正，列为四书；朱子缵承二程之志，为之集注。使天下万世，资之如菽粟，资之如布帛。此程朱之功，所以上追孔孟也。非然者，虽有菽粟，与稊稗同，谁知其可食？虽有布帛，与芦苇同，谁知其可衣？今且人人食之衣之，复不从此求温饱矣。然在童子，不过资之以补诸生；在诸生，不过资之以举孝廉；在孝廉，不过资之以跻南宫。此富贵之温饱，非道德之温饱也。日食菽粟，而不知其味也；日衣布帛，而不知其暖也。枉读四书，辜负圣贤矣。

薛文清心得全在《读书录》，玩《录》中说读书处，津津有味。眼里看的，口里念的，心里想的，当身践履的，那一时一刻不凝注在书上？所以才成了个大儒。

口里念的四句，已得时习二字精髓，津津有味，即不亦悦乎之境也。所以《读书录》所言平正切实，可以上继圣学，下垂世教。

薛文清论为学，于口耳文辞谆谆致戒焉。窃谓学绝道丧，即求口耳文辞之士，亦不易得。若遇其人，且相率而从事焉。俟耳目博洽，文辞华赡，然后进求之，游泳乎其中，神明乎其外，亦可以免于先生之戒矣。

圣门之学，由博返约，能多识，然后能一贯。讲良知之学，必至废学识而趋冥悟，此说足救其弊。

古之学者，穷理尽性以至于命，天爵修而人爵在其中矣；今之学者，读书作文以求官，终其身役役人爵，又乌知天爵为何物哉？

读书作文以得官，亦制科取人本义。惟得官之后，顿负所学，甚至学时所见以为不可行者，后亦悍然为之而不顾。科举之文，竟如敲门之瓦。此孟子所谓得人爵而弃天爵，终亦必亡者也。

上负君父，下负乡里，云如之何？显愧诗书，幽愧鬼神，云如之何？

恐负君父，士君子犹有为此语者。至于负乡里、愧诗书、愧鬼神，则鲜念及矣。

程子云：吾学虽有所受，天理二字，却是自家体贴出来。我辈深思而熟玩之，语上语下，都用得著。与深人言，道德性命之说，毕括于此；与浅人言，使为善者有所恃，为恶者有所惧。其裨于心术隐微也多矣。

致知之说，昉于孔子；良知之说，昉于孟子。阳明于孔孟之说，引而伸之，足矣，乃处处牵合到良知上，其痛快醒发处固多，其穿凿附会处亦不少。

冯恭节曰：孟子以良知达之天下，若便于己，不便于人；行于此，难行于彼。安得为良？学古训而有获，监成宪而无衍，天下通行之道。朱子所以为教也，倘尚虚无，轻笃行，崇参悟而略见闻，训诂章句已非本实，而争异传注以为高；经纶康济漫无讲求，而侈谈圆通以文过学阳明者，其弊必至此。圣人著书，一言一药，博学于文，约之以礼。譬药之有补有泻也，在人视脉色而用之，阳明专于泻而元气转虚，朱子补泻兼施，为药中王道。如之何其废之？

阳明之学，得之象山。朱子所熟闻深知，而不敢以为教。若曰天下有高明者，自能得引而不发之蕴，必以敬修维持之；其不能者，持循规矩，犹得寡过。朱子非知不及阳明也，其虑深于阳明也。

持平之论，救学之弊，比王丰川所论更警切矣。

邵尧夫详论圣人体用，究其极，一归于理。人知邵子之妙于数，而不知其精于理。即理而数在焉，非有二也。程子尝问知数为知天，抑知理为知天？邵曰还是知理为知天。斯其所以为邵子也。

学者皆以邵学专主数，不知言数原不外乎理也。

王阳明欲复古《大学》，尝笔诸书。高文襄《问辨录》亦然。又有所谓改本者，穿凿割裂，均非孔门立言之意。

《大学》有纲领，有条目，有十传，循是而熟读之，体玩而力行之，有终身用之不能尽者。顾乃割截穿凿，移前那后，其词旨究未尝有异。古本改本，纷纷聚讼，甚无取也。

《大学》之书，增减一字不得，而衍其义至数百万言，遂使读者惟恐其尽。可见古人精蕴，不穷不竭；我辈心思，愈引愈长。匪独《大学》也，六经四书，离却他便没道理，执却他亦非道理。读书者，何处不当作如是观？

有《大学》，因有《衍义》，引而伸之，由要以致其详也；有《衍义》，因有《衍义补》，附而益之，由本以广其末也。详要贯通，无遗义矣。邱之纯粹不逮西山，然《衍义补》援古证今，垂世立教，可与《衍义》并传，未可以优劣论也。

朱子曰：读书者，先读《大学》以定其规模。愚则曰：

先读《大学》序，以端其祈向。

率性是本体，尽性是工夫。孺子入井而怵惕恻隐，此率性也；扩而充之，以至于保四海，此尽性也。孩提知爱，稍长知敬，此率性也；满孝弟之量，通乎神明，溥乎四海，此尽性也。不忍觳觫之牛，不屑呼蹴之食，此率性也；推不忍之心以爱百姓，推不屑之心以不受万钟，此尽性也。率性无工夫，尽性有工夫。尽性即尽其所率之性，由工夫以合本体者也。冯恭定与涂镜原书，推究及此。故言本体而不言工夫，则荒于嬉；言工夫不言本体，则流于假。两两比勘，使人人知有工夫则为圣贤，无工夫则为众人。此讲学之有功于世道人心也。

无工夫，则空虚冥悟，归于无用。然不原本体而流于假，则权谋诈术悖乎道，而学更不可问矣。〇冯书云，恻隐之心，仁之端也。恻隐乃率性之道，而仁乃天命之性。益见孔孟所言命也，性也，道也。二而一，微而显者也。

《大学》之明德，所止之至善，不待外求，识其在我，而敬以存之亦可矣。其必要读书者，则以天地阴阳事物之理，修身事亲齐家及治国平天下之道，与凡圣贤之言行、古今之得失、礼乐之名数、食货之源流、兵刑之法制，是亦吾分内事。有不可得而略者，若非考诸载籍之文，沈潜参伍以求其故，则亦无以明夫明德体用之全，而止于至善精微之极也。自圣学失传，为士者所求于书，不越乎记诵训诂文词之间，以钓声名、干禄利而已。是以天下之书愈多而理愈昧，学者之事愈勤而心愈放。词章愈丽，议论愈高，而其德业事功，愈无以逮乎古人，非书之过也。读者不知学之有本，而无以为之地也。

学校之中，推原古人教学之意，为之储经史以博其问辨之趣。建阁以致其奉守之严，俾知为学之本，不待外求。操存持守，方寸之间，清明纯一，以为读书之地。而后宏其规、密其度，循其先后本末之序，以大玩乎经史之藏。于天下之理，尽其纤悉，一以贯之。异时所以措诸事业者，亦将有本而无穷矣。

此朱子《福州经史阁记》也。尊德性，道问学，一以贯之矣。天下学校，皆有经史阁，为诸生举业所资，循名责实，均有切实工夫。阁内经史不为虚设，便是真举业。见之事功，必有可观。

《道命录》云：行义以达其道者，圣贤在上者之事也；学以致其道者，圣贤在下者之事也。舍道则非学，不学则悖道。故学道爱人，圣师以为训；昌明道学，先贤以自任。未尝歧为二也。后世藉道学名目指斥君子，而君子之徒，亦未尝深知所谓道、所谓学也，往往从而讳言之。是可叹也。

自古小人，巧立题目，排斥正人，然后可以惟吾所欲为。汉唐以来，多蹈斯辙。真西山上殿札子，特地说破，俾人知软熟诡随之中，原无人品；而世所目为伪学、为矫情、为沽誉者，反足以撑持国是、表正官联，厝国家于治安也。否泰为消长之关，而消长尤为否泰之本。治乱之机，端不越此。

宋代有贤臣而无明君，以有贤臣而不用，其所用又非贤臣，以致坏事。此人材消长，关乎否泰也。

广川董仲舒。笃信圣人，步趋不失尺寸，而规模狭小，其圣门之子夏乎？河汾王仲淹。之教，不减西河，子夏。而俨然以孔子自居，其圣门之有若乎？昌黎韩愈。多学而识，由文章见性道。《送穷文》《上宰相书》，何其不受命也？其圣门之子贡乎？若扬太元，扬雄。则无足比数矣。

董、扬、王、韩优劣，朱子有定论。冯恭定为之畅其说，已见四子之学术醇疵矣。今与孔门诸子较，语有分寸，更见三子皆圣门之学，不同扬子云之有悖圣道也。

道不待学而有，而非学无以复其有，非学无以保其有，非学无以共其有。

明善复初工夫，修己治人事业。数语道尽。

夫道须学，学须讲，有不啻饥之须食、寒之须衣者。而讲学罹世訾，非尽世之尤也。不学之士，患在不讲；讲学之士，患在不副。或亦艳为美称，担簦聊聚，朝朝问路，岁岁不越，关臂露背而谈九容，挥玉麈而称俭素，于我乎何有？故孔门之训，无行不与。夫惟相与以行，则学为实学、讲为实讲，而万世宗之无斁也。

道德中自有功名，功名中自有富贵。富贵中无功名，未尝不可以建功立名；功名中无道德，未尝不可以行道遍德。

可相成，亦可相反。辨志者幸分别观之，知所戒勉也。

官场义利之介，辨析不可不明，趋向不可或苟。

教化行，然后风俗美。朱子不言教化而言纪纲者，教化本诸躬行。纲纪者，由躬行而施诸政事者也。贤否不明，功罪不审，空言教化得乎？教化言其体，纲纪言其用，风俗言其效，其实一而已矣。

才生于天，成于人。自教化不行，上无以树之风声，下无以示之模范，故有绝世之才而或惑于功利，或诬于词章，或溺于虚无，与无才等。甚至恃才播恶，贻害生民，流毒后世，反不若迂疏无才者之苟安无患。天之生才既不偶，无以长养成就之，有心者能无怜才之思，有政教师儒之责，不可无振兴鼓舞之事也。

昔人有言，朝廷之上，七分君子三分小人，则治；七分小人三分君子，则乱。此非兼收并蓄，为调停之说也。盖君子道长之时，虽小人亦有饬躬励行，以希富贵者，况怙恶不悛，则立见罢斥矣；当小人道长之时，虽君子亦有改节易行，以就功名者，况守道不贰，则群相攻击矣。君子小人，固无两立之理。语曰：稂莠不去，嘉禾不生。用人者尚其辨别佥壬，如农夫之务去草焉。勿使滋蔓难图，则幸矣。

《原道》《佛骨表》，只此两文，足以槩韩文公生平矣。厥后尹京兆，六军相戒曰：是尚欲焚佛骨者，何可犯也？夺三军之气，续千圣之灯，文果有用，岂在多乎？释氏之徒，尚藉口大颠一事诬公。非特诬公也，诬朱、诬程并诬孔，使天下后世交口谀佛而后已。何其惑也！

昔人吊文山诗云：诸葛未亡犹是汉，伯夷虽死不从周。又云：子房本为韩雠出，诸葛安知汉祚移。以诸葛喻文山，以伯夷、子房配诸葛，至哉言乎！

一时快意可略也，前辈影梓之多，后人是非之公，可畏也；一人之私情可略也，天下指视之严，史氏纪载之实，可畏也；一身之极荣、极贵、极富可略也，每日光阴易去，不可复补，百年岁月无多，来者未必可追，可畏也。且用舍之间，士风所系。扶持正人，则善类庆而士风以振；奖进邪人，则善类沮而士风以颓。窃恐有奔趋富贵、营心利禄者，相见之际，非称功颂德之辞，则乞怜求官之语，未有以直谅之言达于德听。尝读王云风上杨太宰书，以古人功业望执事云云，明目张胆，不少忌讳。英伟之风，忠义之气，见乎辞矣。

有听言用人之责者，宜将此议存胸臆中也。

矜伐生于气盈，贪恋生于气歉。生于气之盈歉，成于器量之广狭，总由富贵得失之念太重耳。

绝世才学，当不起自是二字。

薛文清居沅，僻远无师友相接，惧有过而不自知，于堂后列古圣贤书，亭池有竹梅兰菊荷五者。读书之后，友竹之劲直中虚，以端其曲而开其塞；友梅之清白绝俗，以涤其垢而励其介；友兰菊之芬芳，以洁余行；友荷莲之中立，以端余志。与五物结为良友，而求正于书；为五友诗，以固其交。文清为理学名臣，故其言要而不烦，质而不华，读之可以治心，可以养气，可以合道器而一以贯之。不然，内无所得，虽日对五物，几何不觌面而失良友哉？

士大夫多有花木池鱼之乐，薛文清诵遗书以求其义，言行未当；质之书以去其非，而趋于是；复取亭池五友，以辅其不及。偶尔观玩，触目警心，以山水之乐，写仁知之情，未许为玩物丧志者藉口也。

有取法狄文惠公，为《望云图》以寓思亲之意者。方正学曰：人子行行，触目思亲，岂特见白云为然哉？于山川之似吾乡也，则思吾亲之所在焉；于室庐之似吾居也，则思吾亲之所息焉。遇斑白者于道，则恻然而悲，若见吾亲焉。闻姓名之同，声音之类，年寿之相若，皆吾思之所存。

此其思亲之最真者。

嘉辰令节焉，则思亲；祁寒甚暑焉，则思亲。车马则思不得御吾亲以游，美衣珍食接于四体，则思不得进吾亲以为养。鸟兽之飞行，群居族处，则叹吾之弗若也，奚独于云而后思哉？

此其思亲之最切者。

其有益之思，则曰吾身非吾之所有，吾亲所生也。吾亲而上，祖宗之所托也，出言则思恐其悖于理，举措则思不使违乎义，居官则思尽其职，交友则思尽其诚。事无巨细难易，必审思而后为。其居也，若亲临之；其游也，若亲视之。如此之思，则能慎其身以保其名，不惟不辱乎亲，亦可以显其亲，而无忝子道矣。

此则思亲之最大而有益者也。触景触物、触事触人，莫不兴膝下之思，过于岵屺之诗远甚。先儒以狄文惠公补天浴日手段，自一片白云中来，可知当日文惠望云时，原有忠君为国之意，毋视为空空思亲已也。

秦并诸侯，尽变先王之法，严刑酷烈，生民涂炭。曹参访诸盖公，求黄老之说，一以清净无为为治。彼以其猛，我以其宽；彼以其扰，我以其静。一矫而反之。以苦于多事之民，一旦得见无事之治，是犹出烈炽之中，而沃以清冷之水，故民安其治而歌之。然犹有惜于参者，时虽厌于有为，而事之不可不为者，君子不容以概不为也。参惟恐一事之为，未能益民，而先以扰民，乃至一无所事，终其身惟萧何之法是守。抑不知何之佐高帝也，倥偬于马上之治。当时制度，大抵袭秦之旧而已，先王良法美意之变于秦者，未闻其能修什一于千百也。况时至孝惠，秦灰已冷，楚坑已平，牝鸡之声未闻，屠牛之锋未挫，可以有为之日也。使参能与帝有为，三代之治，未必不可挽而上也。奈何一意矫秦，遂至酣歌废事，卒使汉家之治，因循杂霸而已？呜呼！参但知清凉之药，足以调扰乱之民，而不知王道之菽粟，所以养民生者，不可一日无。此所以但能瘳秦民之疾苦，而终不能复元气于三代之时之民。汉之所以为汉者，以此；汉之所以止于汉者，亦以此。此谢文肃论曹参如此。观易解彖无所往，其来复吉，谓天下之难既解，则修明先王之道，其吉宜也。萧曹以刀笔吏起家，当解之时，不为鼎之治，刀笔之外，几曾更进一步耶？所以然者，两公质美未学，不能讲求先王礼乐之隆，故汉治安于杂霸也。不有文肃此论，后世学者，狃于清净宁一之歌，且将侈萧曹为上治矣。李百药为王通门人，自负能诗，曰上陈曹刘、下述沈谢，四声八病，刚柔清浊，音若壎篪，而师不答，以问薛收。收曰：吾师平日论诗，上明三纲，下达五常，征存亡，辨得失。小人歌之以贡①其俗，君子赋之以见其志，圣人采之以观其变。今子言诗，工则工矣，其有合于《三百篇》遗章与否？则诗之工，诗之衰也。由此观之，谓诗有别材、有别趣可也；谓诗不关书、不关理，失之远矣。

文中子论诗，期合于《三百篇》遗意。此种诗，便关人心风俗，非有学有识者，不能作也。

《潜室札记》终。

李二曲论学汇语

（名颙，字中孚。陕西鄠县人。父卒于兵，养母终身）

谨按：李二曲以关中布衣讲学明道，一时南北士大夫

① 原文为“贡”，疑为“责”之误。

相从者，皆有著论。而知必真知，行必真行。有真工夫，乃见真体用。诚洙泗之渊源，而孔孟之实学也。门人王丰川，即其口授集为《四书反身录》，语尤切实。故与《论学语》并录之，以为学仕规范焉。

教化始于学校，人材亦储于学校。学校中师生讲究举业，不外货利，言及修己治人，则以为迂，而犹以为学举业、求功名也。却不知举业功名四字，皆已错认了。所谓举业者，即圣贤之举业也；功名者，有功于一方，有功于天下万世，学问事业，天下赖之、后世传之，不求名而名自随，如形之必有影，有是功，即有是名也。而今童子进学中举登第，只知肥身家、保妻子，谓之富贵则可，谓之功名则未也。

因举业之无用于世，功名之有名无实，遂将此四字看坏，薄举业而不为，以功名为货利，因噎废食。有关学术不浅。

为学不外致知力行、成己成物、穷达不离、事变如一，时至事起，功自建、名自立，故求功名者，须以仁义道德为本，社稷生灵为念；富贵者，一时之遇合也，若所求专在富贵，所学既非，本心先亡，反受富贵之累。

所学者正，则功名富贵，亦足以经世而济物；不然，功名之玷，即富贵亦孽耳。

为学工夫，不必另觅下手之处。只要平心内省，自觅受病所在。知有某病，自医某病，此便是入门下手处。若另定一个入门下手，便不对证矣。

人之病痛各别，或在声色，或在货利，或在名高。一切胜心、妒心、悭心、吝心、人我心、是非心，种种受病，不一而足。须是自克自治、自复其元，苟所病不除，即终日讲究，只成画饼；谈尽药方，仍旧是个病人。

敏于行，益讷于言，所以为君子。世之学者，往往辨论有余，实体不足。诚能以四书中所言真实力行，即终身无议论、无著述，亦不害其为君子。否则论辨虽精，撰著虽富，非欺世之巧言，则道听之途说，皆学人所当痛戒也。

敏行讷言，亦近时喜著述、尚辨论者对证之药也。

六经皆我注脚，是陆子之口过也；满街都是圣人，是王文成之口过也。紫阳言言平实，大中至正，下学上达，宛然洙泗家法；陆王矫枉救弊，其言犹药中大黄、巴豆，疏人胸中积滞，实未可概施之虚怯之人也。

后世士大夫欲兴起文教，命题课士，名曰观风。此举有司岂无汲汲皇皇，加意学校者？不过会课改文，供馔给赏而已。穷理致知、成德达材，出之迷途、归于实用，则全不在念。噫！弊也久矣。

尊闻行知，推己及物，立人达人，安上全下，此实学也。为上为德，为下为民，以此随人开发，转相觉导。由一二人以至千万人，由一方以至多方，实学昌明，士习丕变。人心正，风俗厚，人材出，便是为天地立心、生民立命。

儒者之学，明体适用之学也。秦汉以来，此学不明，醇厚者溺于章句，俊爽者流于浮靡。洛闽诸儒，慨然以明体适用为倡，乃有道学、儒学之别。其实道学即儒学，非于儒学之外，别有所谓道学也。

儒学明晦，不止系士风盛衰，实关生民休戚、世运否泰。儒学明，则士所习者明体达用之正业，处也有守，出也有为，生民蒙其利济，世运宁有不泰者乎？儒学晦，则士之所攻者辞章记诵之末技，处也无守，出也无为，生民无所利赖，世运宁有不否者乎？

孔子谓攻乎异端，斯害也已。孔子时佛教未入中国，虽有老子，其说未行，欲指何者为异端？盖异字与同字为对，虽同师尧舜、同学孔孟，而工夫路径与尧舜孔孟相悖，即异端也。吾辈同读儒书，同以儒自命，不审与儒者全体大用之实，果同乎否耶？此处须切己体察，慎勿终其身沈溺于异端，而犹居之不疑，曰我儒也，我儒也。

问：近日学者，渐知从事儒学，顾功名之念，终是未忘，奈何？曰：朋友中果如矢志功名，此正世道之庆、吾儒之光，何以为病乎？但恐所志不在功名耳。因问其故，曰：功被一方，则不待求名一方，一方自然传其名；功被天下，则不待求名天下，天下自然传其名；功被万世，则不待求名万世，万世自然传其名。若只登科取第，谓之有利于己则可，谓之有功于人则不可；谓有贵显之名则可，谓有事业之名则不可。

竟将富贵二字，看作功名，即此可见不求实事、惟务虚名之弊习也。其实不但功名二字原不易称，即富贵利达，而能利济民物，乂安万民，主持风教。此实在之功名，而富贵利达之不可多得者，不必以此为讳也。

学者惟以事业为功名，志学之始，便以王道为心、生灵为念，故朝夕所从事者，在于明治体、识时务，及其成就，自尔功建名立；若志学之始，便以逢时为心、悦人为念，故朝夕所从事者，在于缀浮词、较工拙，及其成就，究竟无功可名。呜呼！自功名二字之义不明，士生其间，不知枉用了许多精神。人材不振，治道不古，未必不由于此。

此论为学术辨别邪正，即为仕途挽回治道。

然则登科取第，非耶？曰：人能登科取第，正好借此以立功名，何可非也？但不当逐末舍本，而肯留心于事业，则善矣。

有愧科第者，有玷科第者，有因科第而登显贵、建功立业，为科第光者，科第中不一其人。世之艳羡科第、菲薄科第，亦在乎其人之自取耳。

有问近来屏去闲书，朝夕惟经书是读，亦觉微有所得。愧笔力非其所长，不能见之论著、有所发明。先生曰：读书患无心得，若实有所得，则居安资深，左宜右有，见于四体、施于事业，即此便是发明。纵终其身无一字论著，亦不害其为真读书人也。

真读书人，原不必定有著述。偶一著述，必有根柢，必有发明，与后世务虚名而夸著作者不同。

六经四书，儒者明体达用之学也。读之者，果明体乎？果适用乎？夫读书而不思明体达用，研究虽深，论著虽富，欲何为乎？不过夸精斗奥、炫耀流俗而已矣。如此读书，虽谓之未见六经面、弗识四书字可也。

问：为学须是无所不知否？曰：无所不知固好，然须先知其在己者。何谓在己者？即天之所以与我，此仁义之根、道德之枢，经纶参赞之本也。故讲习讨论、涵养省察，无非有事于此。舍此而他求，是犹茫然于自己家珍，而偏详夫邻里器用，此之谓不知务。

然则家珍既知之后，其他可遂不知乎？君子谓学贵博、不贵杂，洞修己治人之机，达开物成务之略，如古之伊傅周召，宋之韩范富马，推其有足以辅世泽民，其流风余韵，犹师范来哲于无穷，此博学也；名物象数，无赜不探，典故源流，纤微必察，如晋之张华陆澄，明之升庵弇山，叩之而不竭，测之而益深，见闻虽富，致远则乖，此杂学也。自博、杂之辨不明，士之缁故纸、泛穷索者，便侈然以博学自命，人亦翕然以博学归之。殊不知役有用之精神，亲无用之琐务，内不足以明道存心，外不足以经世宰物，亦只徒劳而已矣。

自孔子以博文约礼之训，上接虞廷精一之传，千载而下，渊源相承。惟朱子为得其宗，生平自励励人，以居敬、穷理为主。穷理即孔门之博文，居敬即孔门之约礼，内外本末，一齐俱到，此正学也，故尊朱即所以尊孔。然今人亦知辟象山、尊朱子，及考其所谓尊，不过训诂而已矣，文义而已矣。其于朱子内外本末之兼诣，主敬禔躬之实修，吾不知其何如也。况下学循序之功，象山若疏于朱，而其为学，先立乎其大，峻义利之防，亦自有不可得而没者。今之尊朱者，能如是乎？不能如是，而徒以区区语言文字之末辟陆尊朱，多见其不知量也。

陆子之学有长处，亦有偏处，节其偏而取其长，皆孔孟之学也。李二曲、王丰川皆有此执中持平之论。

穷理而不居敬，则闻见虽多，而究无以成性存道，便是俗学；居敬而不穷理，则空疏无用，而究不足以经世宰物，便是腐儒。故必主敬以穷理，使心常惺惺，方能精义入神，随博随约，融会贯通，不至支离外驰。德业与学业并进，知行合一，其在斯乎？

学者疑体、用之有二致，恐徒求诸文为之末，而不本诸诚明之体。无天德，那有王道？唐虞之际无书可读，皋夔稷契不害其为王佐，齐治均平之效，卓乎非后世章句书生所能及也。顾今时非同古时，今人不及古人，以孔子生知之圣，犹韦编三绝，问礼于柱下，访官名于郯子，垂老不废研讨。朱子谓盈天地间，千条万绪，是多少人事；圣人天成地位，千节万目，是多少工夫。惟当开拓心胸，大作基址，须万理明彻于胸中，将此心放在天地间一例看，然后可以语孔孟之乐；须明古今法度，通之于当今而无不宜，然后为全儒，而可以语治平事业；须运用酬酢，如探囊中而不匮，然后为资之深，取之左右逢其源，而真为己物。若惧蹈诵诗三百之失，而谓至诚自能动物，体立自然用行，则空疏杜撰，犹无星之戥、无寸之尺，临时应物，安能中窾，会协机宜乎？此不学无术，寇忠愍之所以见惜于张忠定也。

明学术以匡时，不必别立宗旨，惟首在表章四书。顾四书家传户诵，童而习之，解者积案充栋，本自显明，何待表章？噫！正惟家传户诵、人人共习，而所习之得失，实世道生民、治乱安危善恶之关。有心世道者，诚就其所习，挽其积弊、起其痼疾，令其反诸身、见诸行，是乃所谓表章也。

居官政务有暇，阅《实政录》《衍义补》《资治通鉴》，可以敷求典制、濬发神智，其受益当日异而月不同。每日思此生一过，再有此生否？少壮一过，能再少壮否？思则惕，惕则不容不及时勉图树立，以随俗浮沈、碌碌无所表见为可耻。从来官宦林立，有彪炳天壤、垂芳无穷者；有泯没无闻、与草木同朽者。此非关区区爵位之崇卑，特在乎能树立不能树立耳。

世儒卑者汨利，高者饬名，其名愈高，则心劳日拙，丧其本真愈甚。惟见理愈透，为己之心愈切，力黜浮名，勉敦实学。实学在我，纵终身不见知于人，亦不害其为真儒、真君子也。

孔曾思孟，立言垂训以成四书，程朱相继发明表章，非徒令人习之口耳也，盖欲读者体诸身、见诸行，充之为天德，达之为王道，有补于世也。以下《反身录》。

国家颁四书于学宫，以之取士，原因文以征行，期得实体力践、有体有用之彦，有补于世也。果能体诸身、见诸行，充之为天德，达之为王道，有补于世乎？否则诵读虽勤，阐发虽精，而入耳出口，假途干进，于世无补。夫岂圣贤立言之初心，国家取士之本意？

孔子诸贤，兵农礼乐，大以成大、小以成小，平居各有以自信。今吾人平居，其所自信者何在？兵耶，农耶，礼乐耶？抑超然于世务之外，潇洒自得，志在石隐耶？如志非石隐，便应将经世事宜，实实体究，务求有用，一旦见知于世，庶有以自效，使斯世见儒者作用，斯民被儒者膏泽，方不枉读书一场。若只寻章摘句，以文字求知，章句之外，凡生民之休戚、兵赋之机宜、礼乐之修废、风化之淳漓，漠不关心，一登仕途，所学非所用、所用非所学，无惑乎国家不得收养士之效，生民不得蒙至治之泽也。

经世之业，平居学之有素，一当事任，犹多不能悉中窾会、尽协机宜。殷浩以苍生自负，房琯以将略知名，一出犹成败局，况平居谙练不及二人乎？故当盘错应仓猝，全在平居所学有素，非区区恃聪明、旋安排者之所能几也。若体未立而骤及用世之业，犹未立而先学走，鲜有不仆。故必先自治而后治人，能治心方能治天下国家。

子张以闻为达，志在声闻动人，此务外徇名者之病矣。夫子所示，一补一消，因其病而药之也。后世学者，其病殆有甚于子张者。自幼至长，所习者皆务外徇名之业，便已种下务名种子，毕精竭力，惟名是务。居恒读至子张问达章，其于闻与达之分辨之，不为不晰，未尝不以子张为务外；讲及色取行违，未尝不斥其伪而痛诋之，而自己心思言动，偏色取务外，偏行违不疑，偏欲声闻动人。果惕然知返，敛华就实否？忠诚朴悫而直否？惟义是好否？处人察言观色，因人而返己否？涉世卑以自牧，内不忽而外不亢否？行皆由衷，不事矫饰，时疑时省，不自以为是否？苟为不然，纵砥节砺行，藉以立名，名誉虽博，非为己之学也。就子张之问，细玩夫子之答，可以知所趋向矣。

读书有此对勘，更见体验亲切。

书称在知人，在安民。惟知人，方能安民；能爱人，方能安民。若明不足以知人，所用之人，一有不当，本欲泽民而反以残民，则其爱也，适以成害。即不残不害，而才不胜任，旷官废事，不能承流宣化，民不被泽，亦何以溥其爱乎？舜于众人之中，识拔皋陶；汤于众人之中，识拔伊尹。皋、伊既贤，其转相汲引之人，列于庶位者，莫不皆贤。众正盈朝，残民害众之徒，不惟无以逞其残，而且革心易虑，咸与维新。汉唐宋明诸君，中间虽有英贤，称知人善任，然其所知所任，不过随世以就功名之人，其大贤良如皋陶、伊尹，时固未有其人，即有亦非所能知。故一时所与共事者，忠佞相参、治杂王霸，而欲仁覆黔黎、世跻雍熙，难矣。

事贤友仁，原藉以陶淑身心、夹辅德业，苟非贤而事，呈卷送课，以图知遇；非仁而友，诗酒作缘，以广声气。其人品学术可知，而为所事友者，亦可知矣。

苟图富贵，便是鄙夫。此非生来如此，当为学之始。所学者梯荣取贵之术，及登仕版，止就耽荣固宠患得患失，不依阿，即逢迎，情所必至，无足怪者。故学术不可不慎也。

读圣贤书，而不能以之自律，惟藉以市名罔利，与登垄断何异？陷其身，为贱丈夫而不知也。

就垄断罔利上看，真无解于贱丈夫矣。

言及羿奡俱不得其死，则徒恃权力者，不觉骨悚心灰。岂惟羿奡不得其死，历观前代权奸，如汉之窦宪、董卓，唐之李辅国、元载，宋之贾似道、韩侂胄，明之石亨、严嵩，当其权力方张，作威作福，势焰非不薰灼，一时趋附者从风而靡，称功颂德，举国如狂。其有安分自守者，鲜不目为迂。迨祸机一发，终归夷灭，奸党之株连不已。即或幸脱，人所羞齿。回视平日安分自守者，果孰得孰失，孰荣孰辱哉？故人之立身涉世，勿苟图目前，要虑及日后结局之善不善，全在平日好尚之正不正耳。尚德、尚力，试自择于斯二者。

学为己者，潜体密诣，惟恐己心未澄、己性未尽、己身未修、己德未成，己以外自不驰骛。迨身修德成，己立己达，宇宙内事，皆己分内事，立人达人，莫非为己学。在为人者，不但攻记诵、组词翰，是为人，即谈道德、说仁义，亦无非无人。此理学、俗学、君子、儒小人、儒上达下达之所由分也。

学至博识之后，方可融会贯通，则愈博愈觉有用。苟所识弗博，虽欲贯无由贯。刘文靖谓邱文庄博而寡要，虽有散钱，惜无钱绳贯钱；文庄闻而笑曰，刘子贤虽有钱绳，却无散钱可贯。斯言固戏，实切中学人徒博而不约，及空疏而不博之通弊。

由博返约工夫，多识一贯境地。阅此可以晓然矣。

因民所利而利之，真有父母斯民之心，始能如是。否即明知其可以利民，亦若罔闻。若是者，岂胜道哉？

非真有父母斯民之心，不能知其何为利民之事。即知其可以利民，亦不肯因也。故居官者，皆知其为不费之惠，而无如其心不在民何也。

汲黯所云，内多欲而外施仁义，不仅深中汉武之病，实为天下后世学士大夫之通病。当其志学之初，非不浮慕往哲，欲做正人君子，然大半越做越假，多做不成，只缘利心未清，而内多欲也。虽有时黾勉为义，而宾义主利，终是有为而为，为术愈工，则为病愈深，越是遮盖周密，到要紧时，不觉本态尽露，大丧生平隐微之所。自以为利者，究竟反成大不利。

天启初，边事告急，远迩震恐。冯少墟先生时为副院，慨然曰：此学术不明之祸也。率同志士绅，立会讲学。或笑之曰：方今兵饷不足，不讲兵饷而讲学，何也？先生曰：试看今日疆土之亡，果兵饷不足乎？抑人心不固乎？大家争先逃走，以百万兵饷，抱头鼠窜，弃之如遗，只是少此一点忠义之心耳。欲要提省此忠义之心，不知当操何术？由先生斯说观之，益知讲学不在之乎者也，而在讲明大义、激发良心也。

在当时原是不急之务、迂阔之谈，而端本澄源、釜底抽薪，莫切于此。圣门宁去兵去食，而不可去信，即此义也。

夫人幼而学之，壮而行之，所学筹其所行，所行本于所学，所学不外乎仁义，则所行不杂于势利。乃有学昧通方，误竭心力，或专骛辞章，或误耽虚寂，于修己治人之道、经世宰物之务，反茫不之究。一当事任，空疏鲜实，所学非所用、所用非所学，树立无闻，可耻孰甚？须是力矫斯弊，务为有用之学，凡治体所关，一一练习有素，所学必求可行，所行不负所学，致君泽民，有补于世，此方是幼学壮行。

孟子幼学壮行之论，即孔子求志达道之义。由今日言之，即仕、学相资之实理，坐言起行之实事也。

设为庠序、学校以教之，今庠序未尝不设，学校各处皆有，而教安在哉？立身行己之道、济世安民之务，未尝肄业及之。即应举文章，亦只剿袭程文，未见实在工夫。如果实在讲求，自必有益，此中未尝无人才也。

举业一途，原有实在工夫，未尝不可以征实学而得人才也。

胡安定教授湖庠，当词艺成风之际，独以明体适用为倡。诸生被其教者，莫不成德达才，可为世用。曹月川为霍庠学正，以躬行为教，言动步趋，皆有准绳。海刚峰教谕南平，著论云：抱关击柝，皆有常职，教官一职，人材所由造。自教职之义不明，人多以为贫而仕当之。故居此官者，率多龌龊，不举其职，士习蛊而吏治偷，所从来矣。于是以师道自任，严课程、勤训迪，士习丕变。张绿汀教谕华阴，教法严而造就有等。约束诸生，不得衣服华美，不得出入酒肆，不得轻履公门，不得宴饮用伎。收摄坊戒，纤细必备，士风为之改观。使居是任者，咸若四先生，庠序有教，明伦堂方不虚设，善人何患不多，人才何患不盛？

学问二字，人多误认，往往以闻见、记诵为学问。以闻见博、记诵广为有学问，故有闻见博、记诵广而仁义弗由、德业未成者。求诸耳目，而不求诸身心故也。

修天爵以要人爵，有为而为，固君子之所深耻。然中人以下，果肯有为而为，仁义忠信，乐善不倦，则立身犹有本末。既得人爵，必瞻前虑后，略顾名义，不至十分决裂，犹胜于起初便不修天爵者多矣。昔人所谓好名而勉于为善，岂不胜于不好名而肆于为恶乎？然则孟子谓亦终必亡者，何也？既得人爵，而弃其天爵，利令智昏，变其故态，坏法乱纪，不亡何待？即侥幸克终，不亡于其身，亦必贻患于其子孙。

荒政无奇策，皆不过权宜补救于什一，仅足以救民之死，不足以赡民之生。故圣贤言治，皆以平日行王道为要。但今日时势，古昔作用必不能同，如孟子言王道之始在重农事、明禁戒；王道之成，在制田里、教树畜、兴学校。今欲行王道，惟重农、兴学二事，其余则今昔异宜。古法既不能尽行，而王道又不可以苟且粗略而成，吾人读书论世，正须从此究出一段不乖于古、不悖于古的大经大法。他日得位行道，不必尽摹古法，而亦足使民养生送死，亦足使老者衣帛食肉，不饥不寒，然后为通时变、善读书也。不然，不达其意，而徒古法之泥，纵于前人之言解得明、说得当，究成何济？

如此方可谓善读书，可谓实在读书也。

四书，传心明理之书也。人人有是心，心心具是理。人多昧理以疚心，圣贤为之立言启迪，相继发明。譬适迷途，幸获南车，宜循所指。斯迈斯征，乃跬步未移，徒资口吻，终日读所指、讲所指，藻绘其辞以阐所指，而心与指违。行辄背驰，欲肆而理泯，而心之为心，愈不可问。是自负其心，并负圣贤立言启迪之苦心也。

一士问四书疑义，先生谓之曰：吾子是行至此致疑乎？抑徒夸精奥，以资讲说乎？夫《大学》之要，在格致诚正修，试切己自勘，物果格乎，知果致乎？果意诚心正，修身以立本乎？《中庸》之要，在戒慎恐惧，涵养于未发之前，子臣弟友，尽道于日用之际。试切己自勘，果静存动察，惟独之是慎乎？果于子臣弟友，尽道无歉乎？《论语》之要，在时时学习，试切己自勘，果明善乎？果复初乎？果存理克欲，视听言动之复礼乎？言果一一忠信，行果一一笃敬，三畏九思之咸事乎？《孟子》之要，在知言养气，试反己自勘，言果知乎？气果养乎？放心果收乎？不择纯驳，惟资见闻，恐非知言之谓也；不惩忿窒欲，集义自反，恐非养气之谓也。才辨方甲，即以猎荣誉为务；多材多艺，只以增其胜心；日凿日丧，放犹不足言也。四书之设，果欲吾曹之若是乎？虽欲不谓之孔曾思孟之罪人，不可也。

读四书者，常作此想，虽不能一一无愧身心，必有所益，不同随口读过也。

思无邪之旨，非孔子拈出以示人，不几使《三百篇》之诗，将与后世徐庾沈宋之诗同类而并观也哉？

六经皆古圣贤救世之言，凡一字一句，无非为后人身心性命而设。今人只当文字读去，不体认古人立言命意之旨，所以白首穷经，究无益于身心性命也。即如诗之为教，原是教人法其所宜法，而戒其所宜戒，为善去恶，思不至于有邪，故曰诗以道性情。若徒诵其篇章之多，善无所劝，恶无所惩，则是养性情者，反有以累性情矣。

冯异战胜有功，他将皆争自言功，异独屏身树下，寂无所言。曹彬平江南，辟地数千里，使在他将，必露布以闻，盛叙战绩。彬惟进表通报于朝曰，奉敕勾当江南公事回。此皆不自矜伐，与孟之反可谓异世而同风矣。武夫且然，矧学者乎？故道德经济、文章气节，或四者有一，或兼有其长，而胸中道德文章、经济气节之见，苟一毫消镕未尽，便是伐。上蔡先生省克数年，去得一矜字，程子称其切问近思之学者，此也。

矜伐二字，最难消镕。古今圣贤豪杰，有学难，有量更难；立功难，居功更难。皆矜与伐之为累也。

问：舜有臣五人而天下治，后世师济盈廷，而天下治日常少、乱日常多，何也？曰：五人德为天德，才为王佐，视天下犹一家，万物犹一体，王事犹家事，各効其长，同心共济于上。其所引用布于中外者，莫非贤能，舜又以恭己临之，故世登上理。俗臻雍熙，后世既无五人之德之才，又多自私自利之心，其所汲引，贤者不用、用者不贤，举措失宜，人无劝惩，故虽济济盈廷，究竟无益于国、无裨于民，十分整齐，不过小休而已。

学之为学，原尽其性分之当然，职分之所不容已耳。

犹饥之于食、寒之于衣，当衣食而衣食，非欲成食之、衣之之名，而后衣食也。自成名之说出，天下后世，类多惟名是图，为性分、职分而学者，百无一二；为成名而学者，盖十人而九也。于是学寻章摘句，以科第成名；学诗学文，以风雅成名。学多材多艺，成名于一时；学著书立说，成名于后世。地无南北，人无穷达，莫不各勉所学、各图成名，而于性分、职分当务之急，终其身反多茫然。噫！弊也久矣。

聪明人诗文字画诸事皆能，但不能为人耳。能为人，则惟理是循，无为其所不为，无欲其所不欲，俯仰无愧，不负乎为人之实，诗文字画，愈以人重。不然，诗文字画纵极精妙，亦不过为诗人、文人而已。昔人谓大丈夫一号为文人，斯无足观，有味乎其言之也。

吾人于四书，童而习之，白首不废，读则读矣，只是上口不上身。诚反而上身，使身为道德仁义之身、圣贤君子之身，何快如之！吕新吾云：圣贤千言万语，说的是我心头佳语，立的是我身上良方，举而措之，无往不效。而今把一部经书，当作圣贤留遗下富贵的本子，终日诵读，只为身家。譬如僧道替人念消灾禳祸的经忏一般，念的绝不与我相干，只是赚些经钱食米来养活此身，把圣贤垂世立教之意，辜负尽了。斯言切中吾人通病，所宜猛省。

上口不上身，切中古今读书通病，吕语尤为警切。此段未载《呻吟语》，故予节录，亦未及之，亟录于此。

《论学汇语》终。

王丰川存省录

（名心敬，字尔缉，号丰川。陕西鄠县人。为诸生，从李二曲先生讲学秦中，本朝征修《明史》，以母病辞）

谨按：王丰川先生，为关中学者。未尝一日居官，而书牍所言，民生之利弊、治道之纯疵，无不切中，可以见之施行，真有得于仕、学一贯之道者矣。尤愤讲学家尊朱则攻陆王，尊陆王则攻朱，各立门户，学术多歧。为之分剖折衷，取陆王之长，而补救其所偏，总归有用之实学。节录之，为言学、言仕者示之的焉。

所贵实学者，谓其内而实足资乎成己，外而实足资乎成物。孔门《大学》，只在明德新民、明体达用的实务上著脚，其中岂谓不用讲说、不须著述、不须论辨？但所讲说、著述、论辨，俱在这明体达用，始为根本实学。若外明体达用，而腾口讲说、竞情著述、徒尚论辨，即所讲说著述论辨，俱为浮文虚事矣。

讲实学者，皆云不用讲说、不须著述、不须论辨，若知遵《大学》以明新为纲领，事事从明体达用上用功，凡讲说、著述、论辨，无非成己成物之实学矣。

人性本善，不假人力而善，然亦岂能不假人力，而自不失其善，并能充满其善乎？陆王立论，意在张皇本体本善，未免于尽性复性工夫，容有脱疏，殊与六经四子本旨有异。苟不善学，虚见不实之弊，所不能免。然鉴此而不知工夫所以全本体，或舍本体而言工夫，支离驰骛，又所不免。必如《中庸》尊德性而道问学，然后为中正圆满也。

不体玩尊德性、道问学的解，所以议论偏执，遵朱遵陆，辩驳不已。予思此语，似预知后世学术之歧，而示之的矣。

坐间有诋王文成为禅者，先生曰：王文成天姿极高，见解明爽，其直截易简处，极可取。但以此为讲学宗旨，则流弊不少；若目为禅，恐亦未可。夫禅自是出世之学，文成自是经世之学。明世宗许为有用道学，彼推之以为直接曾孟者，固属过实之誉；若斥之以为吾道之异端，亦失真之毁也。

王阳明学成而有用于世，岂可目之为禅？但所论致良知而外，不复用力，未免过于直捷。以此为讲学宗旨，恐学者希冥悟而耽虚寂，将流于禅耳。此持平得中之论也。

此理固在吾心，而吾心未明，岂能一一悉达其蕴、尽满其量？《曲礼》等书所载仪节，皆古之圣贤，从此心精义入神之后，以利用安身之道书之简策，而诏示天下后世者也。故必须多闻多识，即古人尽性之言行；解发吾心未见之端绪，即以证吾心已见之端绪。然后心量克尽，与圣合符，是讲求古来仪节，正《礼记》所谓博闻强识之事。其于开发本心、印证本性，深有赖焉。此《中庸》明善之功，不废博学审问，而曾子以为辅仁有藉于会友也。

古今义理、圣贤垂世之经书，何一非人所当学者？《中庸》博学、审问、慎思、明辨、笃行，而皆曰弗措，圣门之学可知矣。

谓讲求仪节，在知其要领，求明此心之天理。初非执定古本，据为应事之准则可。若谓但致吾心之良知，全无事于讲求古人仪节，彼不学不问之人，尚不知心作何状，如何为尽？且不知吾心，原与古圣贤之心同一体量，而古圣贤一切尽心之节目，原无非我心自有而宜尽之条理。纵此心不杂于人欲之私，而以茫无证会之心，师心自用，其能于吾心悉达其蕴、尽满其量，如古《曲礼》等书所载之仪节周详美备乎？

孟子道性善，言必称尧舜。正以人性之善，原与尧舜同，而尧舜则千古能尽性之人，千古人尽性之准则也。欲尽心而复性，正须实学尧舜，故书曰：学于古训乃有获，获固获吾心之理。然不于古训是学，亦将何所，则效而有获乎？阳明主张即心即理之说，并其开发印证吾心之实功而废之，是亦未免惩噎而废食，无怪乎后世讥其多师心也。

有毁丰川为陆王之学者，先生闻之，曰：此乃誉我而失实耳。自宋以来，濂洛关闽，靡不有尧舜君民之志，然皆以未能得志行道，致有多议论而少成功之讥。象山义门之风，冠绝千古；荆门之政，备见躬行。阳明初为主事，即疏参刘瑾，及勘事福建，以无责任、无兵粮之客臣，忘身忘家，而荡灭宸濠滔天之寇，至于平江西两广积年猾盗，皆能不动声色。伟勋为前此诸儒所未有，既足刷道学迂阔无当之羞，并足征吾儒体立用行之效。使在孔门，即不得列德行之科，亦当于言语、文学、政事三科中高占一班。如我迂疏庸腐，常愧不及二先生万一，今曰原是陆王之学，是深誉我也。但象山之学，畸重立本，而我平日必言本末兼该；阳明之学，单提良知，而我平日则必言知行一贯。未尝不于陆王采取其长，正未尝不于陆王补救其偏，故于陆王，不惟不敢为世儒之排斥，实于陆王有心节取焉。

陆王如在圣门弟子之列，亦为孔子所嘉与。但不能无所偏胜，人之学之不能无弊耳。丰川先生节取而补救之，实有功于学者。

近世学者，自己于明善诚身之要，不曾实讲一句、实行一步，专以讥评先儒，为徒资口舌之具文。又并不肯于朱子之书细心体认、精求原委，于朱子之教身体力行，而专以攻讥陆王，为尊崇朱子之借资。无论其学术落于徒尚口耳，大失朱子平日穷理尽性之教，其立心先已不可对朱子矣。我于朱子，不徒尊所闻，而必行所知；于陆王，未尝不取其重本之得，亦未尝不救其偏内之失。殊不敢为世儒之口辟陆王，便为功在尊朱也。故生平于朱陆学术之辨、自己取舍之间，平心质理，不敢昧心作一字含糊模棱之言。彼徒见我之不排陆王，兼取其立大本、致良知之旨，而未察我所以补救之本意，则以为学陆王之学耳。

无遗王道之天德，无外天德之王道，无废功夫之本体，无离本体之功夫。

看去似乎浑沦，细按却甚切实。

救弊不妨各从其所急，立宗却不可流于偏著。流于偏著，则即药仍为病根。入门亦不妨各从其性之所近，归宿却不可不底于中正。一失中正，则成举一废百，流弊且中于世道人心。杨墨初间亦是学仁义的心，教人亦是教人学仁学义，只以立宗偏著，归宿不知中正，遂成异端，流祸当世。吾辈所宜鉴戒。

学求有得于道耳，其所从入得力处，质性所近，不能尽同。若以之立宗主，使天下人皆由于此，则不能无偏胜之弊。惟圣门言学，知行并进、穷理尽性，千古不易。其余不能无偏，均不可以立宗主也。予尝谓王阳明之学，足以匡时立功，而不可以立宗垂世，意盖指此。

莫徒张皇尊德性，亦莫徒偏重道问学。实实在在有道问学的密工夫，乃算得真能尊德性；真真切切在尊德性上著主意，乃算得真能道问学。见不透这底里，尊德性必流元虚，道问学必堕支离，其流弊正均尔。

此事不是说得是便已。近时举业家视为迂阔者，既不识这事是何事，即一二讲学宿儒，亦只以著书立说当之，又不惟其理之当，而只以意见争门户。呜呼！弊矣。

学道，是学所以行也，不行而徒尚口舌，抑末矣。而言不精不当，则道之蠹也。

古今论读书之法，自以朱子为极精详、极平实，以反身体认为要，以穷经致用为实。徒恃诵读，而不知反身，贾竖负贩之学也；徒明诸心，而不能见之行，画饼充饥之学也。虽多，亦奚以为？

朱子论读书，无非挽回后世俗学之弊习。此段议论，颠扑不破。

读书宜以五经四子书为主，这是千万世道法之宗。然经旨简奥，学者未易猝明，却宜先讲明四子书作根基，庶几经旨可类推而明。然四子书虽有朱子集注，未尝逐节逐句发挥，初学入门，势不能不资于时下讲义，而讲义却不皆知道之人所为，多是因文衍义，故其意味淡薄，发不尽孔曾思孟原旨。依此而欲明四子精义，亦至难也。故必先就周程张朱，及吕蓝田、李延平、张南轩、真西山诸人之书，味其旨归，以会归于邹鲁，然后四子书可渐入其门庭，即五经可次第读耳。

近时讲义，大抵因文衍义，其中有似是而非者，讲义日多、书理日晦，不止于意味淡薄已也。窃以为欲端文风、养人材，宜从讲贯书理始。

有问操心之道，先生曰：小心而不流于惧，静心而不溺于虚，空心而不溺于寂，勤心而不流于急，仁心而不流于姑息，义心而不流于刻薄，勇心而不流于刚暴，希圣、希贤之心而不入于好高喜胜。志在上人，则可与言操心。

学问求放心，其义如此。

释氏以出世还虚为宗，吾儒以立体致用为宗。若吾儒止于训诂词章，则失其宗矣。不知吾儒之明德新民，原自虚灵不昧，原自伦物不遗。但日日从身心意，知家国天下间；时时用格致之实功，即时时尽诚正、修齐、治平实事。一切训诂，尽归于此；一切词章，尽归于此。即全体大用，一以贯之矣。

三纲领、八条目，凡为学者，皆不能外。后世学者，因其为大人之学，未免看得高远，不甚切近，学术所以日非也。此段足以醒世。

名非君子之所避讳，却非君子之所急求。盖夫子之所疾乎无称、无述者，谓其无一善之实可称述耳，非教其急急于名，如杜征南辈也。且古之君子，其见理明、居心正，方且以名胜为己耻、趋名为己羞，又何暇舍本实而自骛虚名乎？故其著书立说，一身而必为天下万世之虑。不知者，若似为留天下后世之名，不知君子，亦只自尽其明道觉世之责、修辞立诚之业，初非以此为足自表见，如杜征南之欲留名天下后世也。故正谊明道之学，只以自尽其实为当耳。

急于求名，与疾没世而名不称，迹似同而心实异，此中有为己、为人之分，不可不知。

颜子终身陋巷，只是无人用颜子耳。观为邦之问，颜子岂无意当世者？然不独颜子为然，古来惟忘情世道之士，乃以洁身为高。若圣贤君子，天地为心，民物在抱，特不忍轻身苟仕耳。行道济时之念，固未尝恝置于心也。

士人不利于时，辄借口曰无志仕进，以此鸣高。而闻者犹以清流目之，无论其人本非忘情爵禄之人。即果如此，而人人忘情爵禄，于世道何益？圣门诸弟子，未闻以不仕为高。颜子且然，余可知矣。

明时邹、冯二先生，讲学京师，戒不言政事职掌，鹿太常以为无用之学。先生曰：太常之言，虽若近似，而不切于当日事情。当日时事日非，朝廷之上，大小臣工往往不为国谋，而竞于营私树党，国事浸不可问。两先生目击心伤，而其权不在焉，不得已，为此挽回万一之计。盖未尝不知空言无补于实事，而其心则以为，苟能提掇得斯人良心醒时，自当心乎国、心乎民，各举其职，而渐革前此之陋习，得一人即可实济一分国事。且使知之者众，则善人日多，而时事尚可挽回。此二先生不得已之苦衷也。至于职掌政事，此是身当此官、身任此职者所当图维之事，且众中有难以公言者，况在座不必皆同僚，六曹九卿，俱各有人；长官佐贰，咸在其内。但论公理，苟有人心者，自当即公理之是非，以明处置自己职事之是非。二公前日但泛论其理，正是切于论其事也。若直指某曹行事之是非，实议某卿用人之得失，无论以户而议礼议兵，为邻于讥弹触忌，即长官言下僚之美恶，亦伤于激怒沽怨。光禄公称大理之美善，且类于阿党，涉嫌其于国事，未必有济。而朋党挤排之祸，且立至矣。

官场各有职掌，遇事讲论，所以尽职也。事过则已，乃于公会复论前事，有如聚讼，必起争端。所云指切职掌，不如泛论道理，更于时事有益。

问：今之举业家，迂视理学，果其理不相贯通乎？先生曰：何尝不相贯通，但如今学者分作两事看、分作两途做也久矣。试看今时举业家习尚的讲义制艺，与《大学》三纲领、八条目的旨趣同异何如？今时举业家学术心行，与明德新民、止至善的学术心行之公私邪正何如？则异同不辨而自明矣。末俗务名无实，皆非国家设科立制本心也。善学者，能一一返本还原，循名责实，将六经四子，无非天德王道之大原；策论表判，亦皆经世华国之实用。即举业而明体适用之全学，俱在于是，何尝不相贯通乎？

可为今日举业者指南针。有以举业为有弊，而思易之者，皆由未明贯通之义耳。

有谓学问到时，独乐其乐，势利功名，俱可不用。先生曰：谓学问到时，势利功名，不能染著则可；谓势利功名俱不用，却不可。盖势者，道之所藉以行，而利则义之和，功则德之施，名则德之著。又名所以立教也，古之圣贤，何尝不贵乎此？特其到尽性至命地位，视一切势利功名，特利用安身、行义达道之藉资。未得时，不至患得；

已得时，不至患失。如世俗汩没，势利功名者逐物而丧其本心，为势利功名中人耳。若谓可以不用，是将事与理、情与性看作两样，不惟视圣贤远于人情，抑且视吾道为佛老辈出世空宗，亦非立体致用之学也。泽被当世，谓之功；以功著称，谓之名。功名乃美善一边事，若欲四项并列，则易富贵二字或可耳。

此亦后世学者因噎废食之谬论。于功名二字，竟看作不可沾染之事。义利界限未明，亦学术之弊也。

治理以培植人才为要，而培植人才，以讲明学术为急。国家以经义取士，原以四子六经者，二帝三王、周公孔孟诸圣贤所发天德王道之精蕴、修身治人之准绳，欲士子幼而学，即壮而行。修己者准诸此，治人者亦准诸此。今日士子，果反心自问，读六经四子书，皆能实见圣贤立言垂训之微旨，其发挥经义也，果实能一一不悖于经义本旨否？自入学鼓箧，以至他日莅官临民也，果能修己而即不悖经旨修己之实义，治民而即不悖经旨治民之实义否？又昔之命题，止于《孝经》，而今复增性理，原以性理者，羽翼六经四子，古今书籍中载道之一大渊薮也。今士子皆习论以应主司矣，果能实晰《孝经》之义，周程张朱之旨否？以表取士者，盖陈谢陈贺，皆当官所有事，欲士子今日娴之，他日用时，不至失于格式，庶几所谓黼黻文章耳。并及于判，则定谳折狱，当官之重事，欲临事时，不至失于权衡，须伏处时实加讲究耳。今士子皆习表习判，果他日能不至失于格式权衡否？至于策，则上辨千古道术、治术之异同源流，下究当世典章制度之利弊得失，而必多之五题以限人者，欲博观其敷奏之识见，以备他日明试之措施耳。士子习策，果实能衷古而尽当、适今而悉协否？如皆得其实也，则不负朝廷取士之本旨，不负圣贤期望之至意，处可以为真儒，出可以为良臣，无负所学。总之此一举业也，今日为学虚实之辨，即他年事业污隆之辨。若能即研习举业之中，实下尊闻行知、身体力践之功，将举世同此诵读、同此讲求，而明体达用、求志达道之学在此，坐言起行之效亦在此矣。

三场取士之制，无一不从崇尚实学、拔取真材起见。行之既久，士子工于揣摩，不务实学。主司暗中物色，亦有幸获者，遂群以揣摩为实学。而上以实事求，下以虚名应矣。倘能就此所言顾名思义，用切实工夫，何虑实学无人，而科举之不得真材也？

论诗先性情而后风韵，其要义先识解而后性情。如《三百篇》，诗也而成经者，其见大识高，见解皆拈第一义。下逮晋宋，陶谢并称；迄于晋唐，李杜齐名。究之谢终让陶之旷逸清超，李必逊杜以爱国忠君，此千载公论，岂非陶杜者识趣独高乎？由此而推诗赋之渊源意旨，大概可知也。

论诗以风韵为主久矣，讲及性情，犹不失《三百篇》遗意。今以识解为主，则诗之关于学术人才不浅，益见诗赋原非风云月露之技，所以列之于经也。

读儒书者，有辟禅之说，有染禅之说，又有本不习禅，而不知不觉已染于禅之说。殊不知禅之立心，以出世为归。其出世也，总在于见性之空。故必空山河大地、伦物富贵，并其身心空之，不留毫发于胸臆，以碍其性之本然，而后世可得而出，是崇虚出世之学也。若吾儒，则无论身心不可得而空，即伦物无一可空，富贵亦在所不空，天地山河虽欲空之，而裁成辅相，不可以他诿。亦正有不可空者，是经世崇实之学也。陆王之学，无一语不本于心性，正无一语不归于经世。苟有识者，细加参究，自无不可以得其梗概，而顾以禅诬陆王，亦所见之不审，而立论之太偏也。

知禅学、儒学不可混同，则知陆王是儒非禅，不可混拟。而不善学陆王者，其流弊易染于禅，亦正不可不虑也。

世道人心，之所以重赖乎理学，而理学之所以独重于宇宙者，岂非以其真道德发为真事功，足为天心民命之攸系乎？是故道德虽不专倚事功为高下，而正以征诸事功定真伪。故皋陶曰：亦行有九德。亦言其人有德，乃言曰，载采采，而成周官人。始教之以三物，即实取之以三物。下至两汉之征求贤良，亦尚取孝友、力田行、谊著闻之人，盖道德不可见，验道德者，必以征诸事功之为实而有据也。

是真理学，必有真事功。理学由于所习，事功征于所遇。既遇矣，而又无事功，必非真理学也。不然，世何赖乎？有理学，人亦何必重理学耶？

晋之弊也，倡于一二辈之空谈名理，既且流为清谈，清谈之弊不可止，而祸遂不可穷极；汉唐之弊也，始于二三人之矜尚气谊，既且流为朋党，朋党之弊不可止，而害遂中于国家。今日私居议论之人，即他日公庭持论之人也。有如各护所见、极诋议论，在草野不过争闲气，一登朝左，百僚之众，人不可强同，必至各分党与、互相攻击，其流弊且不可言，宋明之事可鉴也。

学术之关于世运也如此，讲学之不可不慎也如此。

海内清宴太平，盛世持盈保泰，端赖深识特立之彦。士大夫读礼家居，移孝作忠，一饭不忘君亲，与其以一人蹇蹇王家，不如合群贤以共济上理。輶车未出，正悉心物色正人、引诱正士，鼓励同志之气，以倡百职事忠荩之日也。君恩难报，素志难酬，古纯臣王佐，无论登朝家食，无不有忠君报国实事，岂必驰驱皇路，然后云匪懈夙夜哉？

士大夫家居，虽无治理之权，未尝不可筹及治理。总视乎此念之公私，与所见之远近如何耳。

昔孔奋为姑臧，宋均长辰阳，皆能变荒风为善俗，流芳青史。其在粤东，则昌黎以诗书变潮风，至今潮人俎豆，比于孔子。大君子经济作用，正于他人不得意处见手眼，况地僻事简，仕优而学，益究传世大业，以宏不朽盛事，尤所谓十万金买不就此善地者。君子居之，何陋之有？

谪居者矢此愿力，做此工夫，苦境无非善地。所谓素位而行，无入而不自得，何怨尤之有？

天之变异、时之灾害，有未可以人意测者。顾在盛时，灾不为害，良以平日余一余三，培养之方既周，临事议蠲议赈，救济之法复详也；衰世则培养救济之政不备，一番灾害，便损百姓一番元气。虽不可以灾祥论盛衰，而在官家存心，则不可诿为时数之适然而听之。当以灾祲之降，天心所以警圣明为正论耳。

蔡忠惠公知福州日，上元令民一家悬灯七盏。处士陈烈作大灯长丈余，大书云：富家一盏灯，太仓一粒粟；贫家一盏灯，父子相对哭。风流太守知不知？犹恐笙歌无妙曲。忠惠见之，还舆罢灯。君子不多烈之能言，而多忠惠之能使烈言，且虚衷受善也。吾于忠惠，歌山榛隰苓之什矣。

地方官每以建盖亭台、游山玩水，致饰太平景象，究属务虚名而损实惠也。忠惠且然，况其余乎？

有问乡中无明师良友，恐学未易成者。先生曰：五经四子，及宋明诸先儒语录，皆经历过路程本子也。诚能依这上边一字一句身体力行，久之专精生明，自有豁然贯通之日。况邻迩之间，安在无可师资之人？

以经书为路程本子，知一尺便行一尺，决不空读。

有问某素志进修，奈上有父母、下有妻子，而家计贫困，不能无阻者。先生曰：孔门如颜子、原宪、曾子、子路，皆上有父母、下有妻子，何尝以贫阻其进修？且古来成大德业，如舜、说、管、鬲诸圣贤，正皆从贫困艰难中进修得力，岂以贫自阻耶？况人当得意时，却易沈溺；遇贫窘困乏，则绝无世味纷华之可溺。这一点真性，始得透露，从动心忍性煅炼出来的识力，更精更实。是贫不惟无阻于进修，正有资于进修也。

法不可变，亦有不可不变者。衣服饮食之于人也，夏葛而冬裘，渴饮饥食者，适也。故未寒而裘，未饥而食者，谓之先时；冬而犹葛，饥而仍饮，谓之后时。先时者躁，后时者愚，躁者无成功，愚者多后患。君子观天道、相时宜，适吾适而已。是故法弊则变，否则守；时穷则变，否则因。是故利不百，不变法，时既至，亦不畏难也。无可乘之时，不苟创；非可循之法，亦不苟因也。是故论政者观其时，相时者观其政。不是之求，而拘拘执可不可为说者，非躁则愚，皆非事实知本之论也。甘龙、杜挚执以为法不可变，商君执以为法必宜变，先儒各主其说，以为是非。以余论之，意皆可用，惜也执可不可为说，而不知据时与政之可不可为说也。是故由甘、杜之意善用之，则为守成之文景；不善用之，则未必不为因循不振之元成。由商君之意善用之，则为霸强之齐桓、秦孝；

不善用之，则未必不为自用之苻坚、祸宋之神宗。且夫尧舜禅而四凶著，尧用之而舜则诛，则因之中有革；汤武革而三重之道递相因，则革之中有因。审此而王者因革损益之故，亦大略可睹矣，此君子经权时宜之论所不容已也。吾儒首重者，道德也，事功特因其遇耳。然非实征诸事功，即道德且为虚器，高之而元虚清静之旨可以托之，卑之而著述意见之偏可以托之。吾道且败坏于虚浮、腐朽之两途，而无定论矣。

阳明之言，时与朱子异同，此学者意见不合之常。朱子学本程门，而于游谢时翻其案，龟山其渊源所自，而以涉禅，明言之而不讳，不特此也。即所深信之二程，亦时遇不满其说处，必欲直伸己见而后已。今之易注，与全集所载班班也。盖理是宇宙公理，故诸儒每当会心处，有必伸己见之意。阳明之言是，朱子而在，必然虚衷而受；即不是，亦必与之据理明辨。何有乎从百世后诟厉其意见不同，以为尊崇，使吾道竟成一党同伐异之局乎？

国家表章朱子，刊布全书，其意原见后世之学。卑者既止于章句训诂，高者每流于意见异论，故取朱子平正笃实之学，大加扬抆，合天下奉为善学孔孟之依据。岂谓但学朱子诸儒，先与朱子议论之不同者可悉废，又令排拒之耶？

道学一脉，孔孟以来，自隋王文中始开其端。至宋濂洛关闽诸先生，乃宏其绪。然皆有德无遇，无所施为，至后人有迂腐之讥，论世者亦不免议论多而成功少之疑。然非诸先生力有不逮，限于遇耳。阳明立不世奇功，刷吾道深耻，令孔门政事一科，实征于千载之下。今摈之为禅，排诸吾道之外，转恐舍吾儒真实作用，将令依附二氏虚寂之见者，得托附其中；而经生俗士、掇拾章句者，且侈然自以为有功吾道，窃入孔孟功臣之列。其弊可胜言哉？

孔子为东鲁之儒，即周程张朱，亦只通经旨，能实践此理之醇儒耳，外经岂更有道？外道岂复有经？故士之通经以明道，亦只是深信此经，而实体之身心耳。汉儒多经师，既不通其旨，又未蹈之身。自周程诸大儒起，乃知奉经为穷理之本原，践经为律身之矩矱，真若六经字字为吾儒设。而经非虚语，吾儒时时处处宜律经为行；而外经不可为儒，即中间忌妒挤排，无所不至。而卒之朝野贤愚，无不知其脉络之正当、践履之笃实，必如是乃不愧孔孟之徒，且觉汉之经师，真是啜经糟粕、拾经唾余，胥无当于先圣贤垂经设教本旨，不可与道学同日语也。何者？训诂不足以尽经旨，口谈不足敌躬行也。大抵读经济书，须穷探古人经画措置本意，融通于心，即于日用伦物中取其义旨，反上身来，从身之所履经起。久之人情事变，乃可原理描情，措置不差，则古人之书，尽为我用，而书不徒读矣。不然，徒记古人往迹故事，学古而不能有获，何能收穷经致用之益？纵再合《文献通考》《经世八编》等书，博涉而强记之，徒资口谈、供笔墨之用耳，曾何益于实用乎？

学者能静念圣贤以经书教人，是为何意？国家以科目取士，是为何意？而我如今孜孜亹亹，欲登科取第，却是何等主见？到这里打算得头项分明、是非别白，便当有奋然自立之志，生于不能自已之中。

近世儒者，不将圣贤言语为切己可行之事，必于上面求新奇可喜之论，自谓能通《左传》、能通《史记》，将孔孟置在一壁。仁义礼智，这是源头，如搜转亦快也。

源头上无功夫，所诵《左传》《史记》，只糟粕耳，何益？

一日市中哄而诟，甲曰尔无天理，乙曰尔无天理，甲曰尔欺心，乙曰尔欺心。王阳明先生闻之，呼弟子曰：听之夫夫谆谆讲学也。弟子曰：诟也，焉学？曰：汝不闻乎曰天理，曰欺心？非讲学而何？曰：既学矣，焉诟？曰：夫夫也，惟知责诸人，不知反诸己故也。

王阳明看得天下人皆可与言学，天下事无非是学，指点醒豁。故立论稍偏，实有益于世也。

天下一切人、一切事，大概苟且做，寻不着真正题目。便认了题目，尝不着真正滋味。所以不见实效。

认得真题目，方得真滋味，方有真工夫，自有真效验。不止读书，而读书更切实。

范太傅自从仕，未尝释卷。或问之，曰：昔有异人与吾言，他日当大任，苟如其言。无学问，何以处之？徐武功入翰林，不事诗文，凡军旅行役、水利之类，无不讲求。或曰：公职在文字，事此何为？公曰：此皆儒者事也。使朝廷有事用我，虽欲学，无及矣。

二公皆及时勉学之意，看得学字紧要，于仕方为切实，毋视为驰情禄仕也。

张荆州教人以圣贤言语见之行事，因行事复求之圣贤语言。吕东莱以此为善读书、务实学者。

此知行并进，即学即仕之实功也。

《存省录》终。

魏冰叔易堂文集钞

（名禧，字冰叔。江西宁都人）

谨按：为学原不专为作文。惟有学之文，考古宜今，言皆有物，足以明道而经世，以视缀缉为文、雕琢成章者，固有虚实之不同也。宁都三魏兄弟互相师友，以文章自命，而识见广远、吐属雅驯，尤以冰叔为最。所著《日录》，予已刊于《训俗遗规》；《左传经世》，久已行世。今阅集中所论古今事变、政治纯疵，句句平实，有裨学问事功，采录于此，以见有学之文皆归实用，非等迂阔空谈也。

古者建学造士，立庙以祭先圣先师于其堂，又于庙旁作学舍、居生徒，相与诵习讲课，其制至今称盛，特虑为学者仅存其名，于古者教士之良法美意，一无所与。士之志不在于学也久矣，然且崇其庙貌、严其祭祀，有志之士未尝不咨嗟慨慕。以上求乎建学造士之义，则所以存千百于什一者，犹有其具也。

睹庙貌而有尊师之意，对圣贤而兴勉学之心，古今同此人情。学校之典，所以重也。

自福田利益之说入于人心，学士大夫率藉径孔孟，弋取富贵。其后得志则营货利，不得志则惧罪幸祸，趋而之禅。井里细民相观劝，成风俗。求所谓力学之上，不忘古者立学教士之意，则固难其人也。

士子入孔孟之门，尊孔孟为师，乃藉径而弋富贵，巧趋避而入于禅。细民为其诱惑，以成风俗。此孔门之罪人，学校之蠹也。

孔圣以学之不讲为忧，兑之大象曰：君子以朋友讲习。自宋之小人以伪学诬君子，始有讲学之禁。尝考讲学之人，有不尽出于君子者；而攻讲学之人，则未有不出于小人。自宋以来，可见矣。

汉唐之党祸，君子与小人相攻也。至洛蜀之党分，而君子与君子相攻矣。洛蜀之争，是君子之讲学与君子之不讲学相攻也。至朱陆之党分、近日程朱阳明之说异，而君子之讲学与讲学者相攻矣。朋党之祸，千古一辙，不有君子，其流祸又何所底也？《易》曰：殊途而同归。为学者，各有所得力之处，要归于圣人之道而已矣。

伪学之禁，原始于小人欲害君子。迨至学有异同，则君子与君子相攻，乃有所谓党。惟一归于道学，无异同争，党自息。

是故弊有所必救，则殷周损益，虽圣人之制，可以改其未善；理有所合，则诸子百家之言，未尝不可以发明圣人之经。若执一自用，是此非彼，始以相长之义，而成相胜之气，以径路之殊，成门户之异，则君子而偏私胶固，与小人之怙势专利者何异？顾哓哓然曰：吾讲圣人之学者也。是之楚而北其辙也。

游侠不学之士，常以好义乱国，有学君子以好义庇民，未可同日语也。世之盛也，上洁己励治以利其下，下尽职以供其上，上下相安，盗贼不作；其衰也，大吏贪纵逞威以督其下，小吏朘削百姓自奉以奉上，细民无所依倚，饥寒流离，迫为盗贼，或势不自立，胁从为乱徒。当是时，千家之乡、百室之聚，苟有巨室魁士好义轻财利、能缓急一方者，则穷民饥寒有所资，大兵大寇有所恃，不肯失身遽为盗贼，或畏威怀德，不敢为非。故乡邑有好义之士，足以补朝廷之治、救卿相有司之失，有功于地方民生者不少。

乡里有轻财好义之家，不惟足以济穷困于乡里，实可以止祸乱于未萌。

做大事人，要三资具备，曰识，曰力，曰才。无识不足料变，无力不足持久，无才不足御棼。或曰：亿而多中，可谓识乎？曰：凡利害是非，画然处不难辨，难在两端俱是处辨得出。亿中者费几许踌躇，若利害争呼吸间，安能得耶？故识字尤为第一紧要。造识之道，曰见闻，曰揣摩，曰阅历。见闻者，读古人书，听老成人语，及博闻四方之故是也。辟如剪花，花样多，剪得快；辟如医药，药方多，医得稳。揣摩者，无是事，不妨作未然之想；事已往，不妨作更端之忧。在己者，拟而后言、议而后动是也；在人者，不徇古今是非利害之迹，必实推求其所以然，使洞然于前后中边之理，或事已是而有更是者，或事已非而有未尽非者也。阅历者，所谓局外之人，不知局内之事；局内之人，不知局中之情是也。天下事变，不特无常法可守，并有非常理可推。故见闻揣摩之功五，阅历之功十也。

曰见闻，又曰揣摩，又曰阅历，深得孔子多闻择善而从。多见而识之，以免于不知而作之意，所以为知之次，而识可造也。

我不识何等为君子，但看日间每事肯吃亏的便是；我不识何等为小人，但看日间每事好便宜的便是。

以此观人最切，亦最确，随处可以见得。

观人行事，须在大处；观人立心，须在小处。人大节无亏，小失不足复论。而欺世盗名之人，每于轻易忽略处，露出全副心术。合而察之，人无遁情矣。

朋友中有性多猜忌者，此非可以辨说解也，在积诚以感之；有性多坚僻者，此非可以谏诤入也，在修身以示之。故朋友有隐过，或藉事以自责，或援事以责人，或取他人之过类是者，而反覆疵议之；或取他人之善反是者，而再三称说之。阴移人于性情之间，而人不觉其改之之难，此责善之上术也。

听人说事理，即我所已知，只当静听，不可搀口，接了去说。总是要显己长，妒心名心，一并发出耳。

予向喜仁术二字，初谓是理中当有此番委曲，久之理上多了几许安排，又久之理外生出各种诈伪，便把仁字放空，却将术字做了把柄。故日用应事，须十分真切，仁字方不为术所掩。

术字原是不好的字面，孟子说仁术，无非因齐王有易牛之心，劝其委曲以全其仁，所谓引之于当道耳。若将术字认作行仁正论，恐易走入权术诈伪一路。此条可谓善解孟子矣。

凡刑杀之事，仁者见之，愈生其仁；忍者见之，愈生其忍。故君子远庖厨，亦恐有习惯成自然之意在。

同一刑杀也，一则见而愈生其仁，一则见而愈生其忍，相习而发于不觉耳。愈见术不可不慎。

世之不奉佛者，辄饕餮杀物命，供口舌之欲。其泊然蔬食者，未有不自佞佛始者，然或诵佛于西堂，屠宰于东厨，甚至剥人财、陷害人，而兢兢蔬食，以为佛在是。是皆道术不明，世儒之多惑也。

为诸生讲弟子入则孝书，因谓吾辈读书一世，便读此节不完，盖孝弟、谨信、爱众、亲仁、学文，每事能到极处，即圣人不过此。然使不依此做去，便成了不孝不弟、行事放荡、言语虚花、待人残刻、乐交邪友、目不亲诗书之人，即是一个不成人的了，当三省于斯言。

此章原是圣门蒙养、作圣根基，若一一反此，则求为凡人而不可得。可补注疏所未及。

予少禀戆直，多效忠告于人，而颇自好其文，凡书牍，必录于稿。吾友彭躬庵曰：人有听言而过已改者，子文幸传于世，则其过与之俱传。子不忍没一篇好文字，而忍令朋友已改之过，千载常新乎？予愧服汗下。此语与古人焚谏草，更是不同。

规过之文，非不可存。但过已改矣，不存其文，更见厚谊。朋友且然，况君父乎？此焚谏草所以为忠也。

学有真伪，从来不免。尝叹昔之伪者，将他人平生得力处，说向自己，可谓厚颜不惭；今之伪者，将自己受病处，痛骂他人，可谓良心尽丧。夫既知此为己身之病，而不肯医，反指为他人之病，且观貌切脉、制方和药，以医他人之病。此病虽岐伯复生，亦无如何矣。

护短饰非、矜己薄人，惟读书人为甚，所学者非也。

世上无有不宜读书之人，贤者固益其贤，下愚读之，纵不能益，决不至损。或谓人有读破万卷、不辨一事者，此读书无用处也。余谓此人脱令不读书，遂能辨事否？然有两种人，却不可读书。一种机巧之人，原有小慧，又参以古人智术，则机械变诈，百出不穷，不至害人杀身，断不罢手；一种刚愎之人，既自以为是，加之学问，藉六艺以文奸言，肆无忌惮，必至一言不受、一非不改，误事杀身，终身无长进日子矣。

人好谀恶直者，明责之则以为面辱，隐讽之则以为讥刺，不中实则以妄言激怒，中实则以切骨衔恨。先事而言，不曰迂阔，则曰预以小人度己；事后而言，不曰无益，则曰幸败以耻我。转见得谏者有许多无道理处，只是终身不容人开口而已。所谓有言逆心，必求诸非道者也。

拒谏饰非者，恶也。不拒谏而尝自拒谏，不饰非而尝自饰非者，尤恶之恶也。果于自信有故，而持之益坚，即拒谏饰非也。易堂邱邦士，素不闻其毁一人，而以此规予，予至今心服而不敢忘云。

士大夫无人不知拒谏饰非之为病，而卒不免者，皆果于自信，而持之益坚也。

掩过与护过不同。掩过者，辟如盗物不承，尚有惧王法、畏公议意在，良心未泯也。护过者，如慈母之护骄子，惟恐人之伤之。辟如盗物，本是偷窃无耻，却说出许多道理来，既似不算偷窃，又似该得偷窃，不惟无罪，且当有功，将此过加上十层铁步障矣。此真坏一己之心术，而乱天下之学术者也。

年少而质美者，能自浣濯于俗，以实致于学，必当谨于所习、慎于所交。凡君子者，有益于人者也，人贵与君子交，以其益我也。君子而无益于人，交君子而不自取益，则与世俗人无异。孔子曰友直友谅，《记》曰审问之、慎思之，《易》曰积小以高大。此学所以益也。

谨所习以慎于交，皆学也。年少质美者，尤易取益。

杨子曰：贵者富之荣也，富者贵之辱也。予则曰：富者贵之路，贵者富之门。

富为贵之路，贵为富之门，难言治道矣。

考核人才，绳以六曹之职，如学兵者考其韬略，学刑者考其律例，最为切实不浮。然天下之才，有未必能专精一曹，而独能明于国家兴除之大故、强弱之大势，断非常之事，定卒然之变。其精强于六曹者，至此或束手而无措。若必以专才绳之，则此等人皆遗弃矣。故循名责实，亦有时而失人。司用人之柄者，不可不知也。余制科策，分六曹策士，而有通论国势治体之题，意盖以此。

或问：用人不可拘资格，是矣。今如贡士、举人、进士一体，则谁肯为其难者？而国家何以示甄别鼓舞乎？曰：差等其出身，之官而不限其所至。既官之后，以称职为升迁，积累至卿相，不当复问出身矣。

初用时，不得不循资格；既用，则视其所能，与其所成就。此循名责实、鼓舞群材之善策也。

人有一病根，定发无数枝叶。如病在鄙吝，便有许多鄙吝事。论人者，须将他许多鄙吝事，只算一件病。不然，便觉其人随事是病，别有好处，亦抹煞矣。且人有一大长，便足胜生平之短者。至于用人，则别有大恶不掩小善之时。但险毒嫉妒之人，纵不得已而用，只宜一时一事，倘任之重、用之久，则利一而害百矣。

予尝论为国者须恤贫民，尤须养富民。或谓贫民粗悍，身家轻而犯法易，乃足畏；富民自保不暇，又力脆弱，岂能作乱？予曰：一家之富，役者百千人，养者亦百千人，故国家养富民，富民养贫民，贫民得养，则不为乱。是以贫民贫国，非真贫；富民贫国，乃真贫。国真贫，则事不可为矣。唐僖宗时，度支请借富民及胡商财，敕借其半。盐铁转运使高骈上言天下盗贼蜂起，皆出于饥寒，独富民胡商未耳，乃止。今天下之为官者，既不恤贫民，又专剥削富民，抑何其不思之甚乎？

古今弊政有十反。重垦令而田益荒，行保甲而盗益横，讲乡约而不孝不弟益多，举俊秀而子弟益弃诗书，行乡饮酒礼而父老益卑贱，蠲灾荒之租而下益费，精庠序之选而士益伪，黜公府旧役，使良家子代之以除其害，而民益困，纠墨吏而官益贪，惩蠹胥而吏益毒。门人问故，曰：一言以蔽之，上下交征，利而已矣。佃民田者费一，佃官田者费三，令下而不应，则以法勒其邻农，而近官之民田，不敢耕矣，是谓重垦令而田益荒。一家失盗，十家并坐株连，囚系敲扑取货。故不闻官，则一家之害止于被盗；闻官，则十家之害甚于被盗矣。于是见盗而不敢指，盗亦自知为官吏之资也，公行而无忌，是谓行保甲而盗益横。以为不孝不弟也，罪其子弟矣，又罪其父兄之失教，非行货不得释也。家有逆子，而父不敢闻于人。子未惩而父先得祸，则姑听而任之，是谓讲乡约而不孝不弟益多。诏举俊秀，则下产以上，能识字者被蚕食，于是易业工商，窜为胥徒，是谓举俊秀而子弟益弃诗书。登宾席者，破费多金，一时师生幸为肥身报怨之具。于是温饱市人年近五十者，闻将举盛典，则设计逃避，有司或差役拘唤，诬以隐匿，至有礼请甫临，而扰索破家者。是谓行乡饮酒礼，而父老益卑贱。议上灾伤，计亩科费，急于正供，幸而赐免，追征已尽，是谓蠲租而下益费。减弟子员额以求真才也，则高值而多鬻，是谓精庠序之选而士益伪。良家子畏近官府，破家求免充役，免甲则签乙，乙以下递免，而老吏积胥居然用事。故代役之令一下，则奸胥愈饱，良民愈贫，是谓除害而民益困。墨吏有纠，蠹胥有惩，人皆营货利而求开释，于是官胥之富者贫矣，贫复求富，则思以一月之得，偿其一岁之失，若饥者之望饱，而食于民者更甚。是谓纠墨吏而官益贪，惩奸胥而吏益毒。

十者皆宜民善政。官司一有利欲之心，便成害民虐政。此官司之过，非政之弊也。

文章不朽，全在道理上说得正、见得大，方是世间不可少之文。余览古今文集，若一连三四篇中，不见一紧要关系语，便知此人只在文士窠臼中作生活者。然要拣正大道理说，又有二病。一是古圣贤通同好语，掇拾敷衍，令人一见生厌；一是真正切要好语，却与吾生平为人南辕北向，了不相涉。即不必言清行浊，立意欺世盗名，亦未免为识者鄙笑矣。

为文当先留心史鉴，熟识古今治乱之故，则文虽不合古法，而昌言伟论，亦足信今传后，此经世为文合一之功也。论古文须如快刀切物，迎刃而解，又如利锥攻坚木，左右钻研，如不得入，则引证古事。引古得力，则议论不烦，而事理已畅，此作文要法也。

如此作文，方不同于迂腐无用，亦非剿袭浮谈，此叔子之文所以可取也。

圣贤之学，适用为本，故言理不征事，则迂疏；古人之言，不征后世之得失，则言审且精者不得见。今以为不可毫发有所损益，则是古人所一言者，吾从而再言；所短言者，吾从而长言。言虽毫发逮圣人，无益，况必不逮耶？

国家黜杂学、尊孔孟，勒四书五经为科目，天下士子，无论将来由科举不由科举，无不读四书五经者。既读四书五经，莫不知仁义道德之为重，然才略迂疏，见讥当世，盖自童年至老死，惟务涉猎，全无实在工夫。于是身登甲第，年期耄耋，不识古今传国之世次，不知当世州郡之名、兵马钱谷之数者。而其才俊者，则于入官之始而后学，此人才之不如古也。

登科第者，熟复此段，当亦愧而思奋矣。

制义中，原有关于经济者也，然往往以制义施于论则腐，论施于策则迂，策施于奏议则疏，何者？言理者易伪，而核事者难欺。此法之久而滋弊也，然不能舍四书五经而别求之也。以四书五经正其趋、立其本，加以策论，考究古今人物治乱，广其识见、尽其才智，以适于用、以救其弊，则制义即是经济矣。

庐山之麓，有老儒杜了翁者，或劝之从阳明先生讲道，了翁曰：吾闻圣人之道在《论语》，某于其中言忠信行笃敬六字，敏求之四十余年，未之有得，又恶乎讲哉？或曰：道岂言行可尽耶？了翁曰：吾闻言行，君子之枢机，荣辱之主也。又闻言行，君子之所以动天地也。若外言行而讲道，某不愿闻也。他日阳明先生闻之，叹曰：不可谓深山穷谷，无真读书之人。以下从别集采附。

吴因之论文，有题之皮肤，有题之筋骨。吾舍其皮肤，而操其筋骨，故片言而有余，不然费尽心力，只成一篇训诂耳。所谓筋骨，是题之所以然处。总之贵议论，而不贵铺排；贵抉其所以然，而不贵赘其所当然。当然者，传其形；所以然者，传其神。铺排者，铢积寸累而无味；议论者，挈领提纲而了了。故一言可当千百言，反言可当正言，无言可当有言。以意言之，为至实；以机言之，为至虚。至善用虚，而所谓精深者、澹宕者，皆举之矣。

文贵体认书理。茅鹿门论作文要诀，首在认题。杜仲台曰：文无他诀，惟贵体认。谓设以身处其地、处其时，而体认其理也。理之体认既真，则先圣先贤之言，乃吾身真实固有之理。由是发为文章，庶句句皆真诠实谛。

为文以意为主，以气为辅，以辞采章句为兵卫。善学者，每拈一题，必先将题之前后来去、实理虚神、轻重详略，审觑既明，然后闭目静思，此题当如何安顿？如何出落？题中之肯綮、题外之神情，了然心目、立定主意，然后下笔，则章法结构、位置剪裁，庶得允协。苟不先立主意，止以词采点缀，言愈多、理愈晦，文愈浮矣。陈椒峰曰：吾辈作文，苟无关于世教，可以不作。虽遇极闲冷题，犹得藉以发吾胸中所欲言，况题位本与世教相关乎？

会做文章者，从题目里做出文章来，又能从文章里做出题目来；会做事业者，从学问里做出事业来，又从事业里做出文章来。

果得题目真髓，文章发挥尽致、有典有则，是从文章做出题目也；有事业，则文章足以寿世、信今垂后，是从事业做出文章也。

他山石云：今之操不律者，掊击古人，吹毛索瘢；而宏奖今人，动多溢美。大臣则人人皋夔，台省则人人龙比，将帅则人人刘岳，布衣则人人巢许，文士则人人班扬，诗客则人人李杜。投赠之篇，黄金为政；谀墓之作，白骨含羞。此为文章之玷不少。

士君子诗赋碑铭，皆文章也。视为应酬交际常套，瞒昧本心、取悦于人，风斯下矣。乃于举业之文，亦不喜作根心之谈，务为希誉取悦之计。斯文尚可问乎？士习尚可问乎？

《学仕遗规》卷三终。《易堂文集钞》终。

卷四

王文山寻乐斋偶钞

（名云建，号文山。浙江钱塘人。雍正丙午举人，
官国子监学录）

谨按：有志言学者，皆云寻孔颜乐处。夫乐岂可寻乎？有意寻乐，非放达之怡情，则山水之娱目，此乐皆自外而至，非真乐也。颜子有真乐，故不因箪瓢陋巷而改，非乐箪瓢陋巷也；孔子疏水曲肱，而乐亦在其中，非乐疏水曲肱也。以视外至之乐，因一时之境遇为欣戚，以一己之顺逆为忧喜，理欲之分，即圣狂之别也。愚向疑乐不可寻，因寻而后乐，率非真乐。圣贤寻乐工夫，决不如此。钱塘王文山先生著《寻乐斋偶钞》，其历序孔门寻乐工夫，皆不在于境遇，而在返躬内省以求自得，乃为寻乐真诠，故言之切近如此。考其生平，自讲学授徒及于筮仕，勤勤恳恳，近里著己，期无愧于圣贤、有济于民物。宦京未久，未历外任，而于民生治道、仕学一贯之理，罔不洞中

窾要。予正虑世之学者，区学、仕为两途，寻乐于外，而不寻乐于内，举业文章，竟同敲门之瓦；登科筮仕，徒为牟利捷径。学非所学，仕非所仕，故录此为有志寻乐者定所趋焉。

魏环溪先生寻孔颜乐处，解云：孔子之乐处不能得，得二语，曰不怨天，不尤人。从何寻？曰下学。颜之乐处不能得，得二语，曰不迁怒，不贰过。从何寻？曰克己。思之乐处不能得，得二语，曰不援上，不陵下。从何寻？曰居易。孟之乐处不能得，得二语，曰仰不愧，俯不怍。从何寻？曰集义。愚拟补曰：曾之乐处不能得，得二语，曰毋自欺，必自慊。从何寻？曰慎独。

曰下学，曰克己，曰居易，曰集义，自常情视之，皆圣贤刻苦工夫，未皆可乐，而实为寻乐真诣。揭出曾子寻乐，在于慎独，尤为亲切。

曹月川云：孔颜之乐者，仁也。非是乐这仁，仁中自有其乐耳。孔子安仁，而乐在其中；颜子不违仁，而不改其乐。安仁者，天然自有之仁；而乐在其中者，天然自有之乐也。不违仁者，守之之仁；而不改其乐者，守之之乐也。语曰仁者不忧，不忧非乐而何？周程朱子不直说破，欲学者自得之。

鹿江村云：人在世间，谁不求乐？而常得忧。周茂叔寻孔颜乐地，不是逍遥闲旷底生活。吾人心中有趣，才得乐。而趣从何生？从不愧不怍而生；愧怍何由出？从自尽本分而出。如不发愤做起，只一味随俗浮沉，则本来之面目不开，世俗之缠缚渐固，因无用力处，遂无得意处，毕世戚戚，那有出头日子？孔颜疏水曲肱、箪瓢陋巷，一曰乐在其中，一曰不改其乐，彼原自有霸柄，万物皆备一章，乐之本体工夫皆尽矣。○按：反身而诚则仁，此乐之本体；强恕求诚，此寻乐底工夫。

寻乐，寻字最易为逍遥闲旷者藉口。握定强恕求诚，为寻乐工夫下手处，方见切实境地，不同浮慕。

杨龟山云：学者学圣贤之所为也。欲为圣贤之所为，须是闻圣贤所得之道。若只要博通古今，为文章作忠信愿悫，不为非义之士。古来如此等人不少，如东汉处士、逸民与名节之士，有闻当世者多矣，责以圣贤之道，略无相似，何也？以彼于道，初无所闻故也。今学者平居，则曰吾当为古人之所为；才有事，便措置不得。盖其所学，以博通古今为文章，或志于忠信愿悫，不为非义而已，而不知闻道故应如此。由我观之，学而不闻道，犹不学也。此段语，有关学者不小。

人而不学，则驰骛于名利，牵扰于身家，终日憧憧，而有愧乎其为人；学而不闻道，则浮沉于诗章，修饰乎小节，终身没没，而有愧乎其为学。

道原兼人己、合内外，故人不可不学，学不可不明道。立则俱立，成不独成，学在此，仕亦在此。不仅文章，节义之偏长，迥异名利身家之俗学，不可不辨。

常能把捉此心，使语不妄发，甚难。

《周易》一书，卦爻之吉者，每寓戒厉之辞；卦爻之凶者，必示以趋吉之路。

《内则》云：父母既没，将为善，思贻父母令名，必果；将为不善，思贻父母羞辱，必不果。此数语，为抱终天之恨者，指示一门路。

忠孝无二理，孝子修身以事亲，忠臣尽职以事君，皆终身守之而不变。仁以为任，死而后已，曾子所以为大孝也；鞠躬尽瘁，死而后已，武侯所以为大忠也。

昔人有《心相》《宅相》三十六善之目，近见刻此者，多杂以二氏之说，因略订《宅相》五十则，俾保家之士，奉以自镜焉。阍人谦婉。无妇女恶犬当门。墙宇完治。庭除洒扫。座黏格言先训。主人见客，无骄容谄态。不议朝政闺阃及人过失。能受人规谏。坐久不闻妇女声。子弟恂恂雅饬。故旧穷亲往来。家长约束有法。不听细人煽惑语。阖家朴俭，无鲜衣怒马习气。寝兴以时。有恒产恒业。不侵占公私地。早输国课。私负早完。睦邻里。不干谒贵势、关说公事。不讦讼。受人凌侮，以理化诲。不与匪人交游。不假借行埠优伶，及投充人名号。如用本宅灯笼牌子旗号类。三姑六婆不入门。星相巫术人不入门。无帮闲食客。不畜美妾俊仆。无吹弹讴唱声。妇女不入庙烧香。敬神祇不妄行亵祀。祭祀祖先以时以礼。婚嫁不贪富贵，及沿用僭侈俗礼。丧不用浮屠法。早葬先人，不迷惑风水。宴客无侈费，及长夜呼呶。亲友急事，能量力助恤。家无赌具，纸牌、骰子、双陆、骨牌、围象棋类。戏具。如放风鸢、斗蟋蟀、笼禽、踢毬鐾类。不藏禁书。如《推背图》《东明历》类。不宝难得之物。不存小说淫词、春宫画见即焚毁。不炫名刊己诗文。不妄受人馈送。交易不爱便宜。不用低色银。出入斗斛戥秤画一。体恤下人甘苦。不刻削佃户。无故不杀生。

五十则，皆居室日用之常所最易忽视者。循而行之，即修身齐家之要道也。《宅相》莫善于此矣。

圣人以群居终日，言不及义为大戒。今士大夫相聚，非谈朝政新闻，即讲应酬俗事，甚或戏谑诙谐，雌黄人物，侈述鬼神怪幻之事。其能论文说诗、留心世务经济者，便什不得一。至身心民物四字，几绝口无人道。有志于学者，可不思所以正救之邪？

大概相习而不知其非，一为提醒，真觉通身汗下，有裨于学仕者不浅。

一日失足，终身莫救也，宜痛戒之。

圣贤经传之语，人自少记诵，未能铭心刻骨；里巷狭邪之谈，稗官妄诞之说，一寓耳目，便辄不忘。非礼勿视听之戒，可不时时严省乎？

载籍繁且杂矣，有益于人者，有损于人者。读有益之书，或未必有益；读有损之书，往往即为所损而不觉。若复沉溺于此，则为损害竟无底止，可不戒乎？

江都叔父将谒选，予作《临民十二箴》寄之。一不收长随，二不借京债，三慎择幕宾，四防检宅门，五交盘清楚，六用度节省，七清心寡欲，八钱粮随收随解，九案牍不滞，十慎重审断，十一事上官以和，交绅士以礼，十二驭吏严而有恩。先叔颇纳予言，惜在任未久而殁，扬民今尚颂之。

同年冯永振举进士，命往闽省试用，临别送之曰：士于州县，须具一即日去任之心，又须具一终身在任之心。有即日去任之心，则钱粮案件，逐日清楚，不致积而丛弊矣；有终身在任之心，则地方利弊，自然关切，不致视如传舍矣。

在任久暂，非可逆料。存即日去任之想，则凡事必不敢苟且；存终身在任之想，则凡事必筹及久远，无非尽其在我，不肯一日负此官而已。

周制，比闾族鄙各有乡官，汉有亭长、啬夫，唐有里正、村正，明初有老人。盖升平日久，烟户稠密，州县官势难遍察，如令每里各设此等一员，责之宣化劝诱，凡里中孝弟善良及顽悍不法者，俾籍记其实，朔望上之有司，察其尤者而赏罚之，亦化民之一道也。但此等人员，必须公举慎选，里中无其人，宁缺之。三年称其任者，为奏给散衔；不称，则立易其人。

乡约社长之类，尽有可以为官宣化布泽者，得此意而慎选之、保护之，奖励而约束之，亦自有益。设立乡官，恐其权过重，乡保则下同贱役，不可任矣。

国家法制严明，而一种顽悍之徒，鞭扑荷校，后仍不悛。此非直刑之可治也，宜依罪科断外，用木牌大书所犯，如不孝、赌博、窃盗、唆讼之类，悬钉其门。一年内果实心改悔，邻里为具结申状，方准撤去。又古有惰游之冠、赭衣之罚，或仿此，令再犯者冠衣与良善稍异，仍许自新则免，屡犯不悛，迁之国门外。其有孝义行善之家，有司访知其实，亦送匾旌奖，使人人知所向慕愧悔。此即《周书》旌别淑慝、表宅殊疆之法也。

强悍滋事之徒，依法惩创，罪止此矣，书其所犯，悬钉门牌，视其悛改，以时起除；善良者，给匾示旌，劝惩互施，亦有司之善教也。

于清端公为武昌同知，行保甲之法。凡居人稠密之地，必亲自查验，简舆从步，行不扰民。其法十家互相保，有可疑之人，不责十家举报，但书无保二字于其名下，则其踪迹叵测可知，然亦不遽罪也。呼其人谕曰：汝今后要学好，他日地方有事，吾必罪及于汝。往往多远去者，境内以清。后巡抚直隶，颁行保甲条约，用意周密。然宽严缓急之间，在奉行者之斟酌，法行而民不扰，斯为善乎！

李别驾光型云：《记》曰，观于乡，而知王道之易，易也。苟一乡之事不治，何论一县？保甲者，分之极其细而不紊，合之尽其大而不遗，故必知地方之险易、村居之疏密，而后联比分甲，可行出入守望之政；知墪台驿递之远近、桥梁舟楫之所属，而后期会修建，可行奉公利济之政；知水土刚柔之性、山泽原隰之宜，而后区种别材，可行因地利民之政；知人民生聚之多寡、地利物产之盈绌，而后劳民劝相，可行农末相资之政；知闾里疆域之息耗、居民世业之贫富，而后诱劝畜积，可行敛散赒恤之政；知姻娅族姓之相联、比闾同里之相属，而后读法讲谕，可行孝友睦姻之政；知田园家室之有赖、四民术艺之有托，而后分别勤惰，可行课督鼓舞之政；知刚柔知愚之异质、奢俭贞淫之殊习，而后旌淑别慝，可行劝赏刑威之政。是故一行保甲，而政具举矣。人徒见吏胥约保之奔驰、门牌册籍之更迭、出役应差之劳、什伍连坐之患，而曾不闻卫养教利之政。以此民志不安，交相逃避；吏胥约保，缘以为奸，宜共指为扰民耳。要在为州县者，周览封域，明辨水土，询问风俗，体察人情，简节而疏目，得其大意之所在，以次渐兴，而绝无强民之迹，斯可以行之久而相安也。

州曰知州，县曰知县，无一非其所当知也。忆予所莅之处，先将四境道里村庄、民情风俗列单致询，令各县照单登覆。其村庄之疏密、山河之险易、地界之远近，则另绘一图。无非欲有司留心地方、体察情形，向后如有应行筹办之利弊、应行查缉之奸匪，心目中皆已了然也。此内有心胸、有才识者，从此知所措施，著有政迹，脱颖而出；其余亦渐留心地方，知所措手，不至如从前之四境茫然，惟听胥役之指使矣。各省图册，现存箧中，今阅此条，可云先得我心。此即仕不废学、先知后行之工夫，不可以为地方官之琐务也。

直省郡县命案，半出于奸盗，故谚有赌近盗、奸近杀之语。今功令禁赌甚严，诚足弭盗贼之原。然民间小说弹词、春宫画刻，远近流布，甚或描绘扇头、粉塑泥像，列店货鬻，奸医制合谬药，招贴衢巷。致血气未定者，心为所荡，大则陷于刑狱，否亦早戕厥身。有司设法禁革，令坊间焚毁改业，亦化民善俗之急务也。

李果斋论朱子读书之功云：虚其心，平其气，字求其训，句索其旨。未得乎前，则不敢求乎后；未通乎此，则不敢志于彼。使之意定理明，而无躁易凌躐之患；心专虑一，而无贪多欲速之弊。始以熟读，使其言皆若出于吾之口；继以精思，使其意皆若出于吾之心。自表而究里，自流而溯源，索其精微，若别黑白；辨其节目，若数一二。而又反复以涵泳之，切己以体察之，此千古读书之妙诀。乃世不乏聪明之士，而卤莽灭裂，鲜克遵此，且曰书不求甚解，其自误误人也实甚。

如此读书，方可深造自得。由此而资深逢源，可以应务而不穷，毋谓记诵无关实学也。

陈定宇云：论孟集注，只在熟读精思、贯穿透彻。先要记得一部四书在我胸中，不靠印本，提一段首句，便冲口念得下面细字，然后问自得之妙。

纪事者，必提其要；纂言者，必钩其元。此韩子读书要诀。必提其要，则阅事不容不详；必钩其元，则思理不容不精。若此中更能考核同异，剖断是非，自纪所疑，附以辨论，则濬知愈深，著心愈牢矣。前辈作诸生时，皆有经书讲旨，及纲鉴性理等钞略，尚是古人遗意，盖自为温习之功，非欲垂世也；今学者不复讲此，其作为书说史论、刊布流行者，乃是求名射利，不与为己相关，故亦卒无所得，盖有书成而了不省记者。此又可戒也。

许文正公儿时就塾，问师曰：读书欲何为？师曰：应举取第耳。公曰：如斯而已乎？王文成公少时，问师何为第一事，师亦答以读书登第。公心不然，曰：此未为第一事，其为圣贤乎？今之读书者，专坐科名二字，父传子而师诲弟，老死不悟。二公方童年，便尔勘破，高明之识，岂非天授乎？宜后来大有成就也。

或有言善读书而不善作官者，华亭张庄简公说云：此正坐不善读书耳。近人往往以羸病归咎于读书所致，予亦曰此必不善读书者。嗜学者，焚膏继晷，亦不可夜逾二鼓。以子分乃贞元之会，宜令心神归宿，滋息夜气，为来日之本。世有少年之士，锐志求名，读文构思，竟夜不寐，久而咯血，以致成瘵。未遂显扬之愿，而先殒厥身，岂非不孝之大者乎？

有读书不必作官者，未有善读书而不善作官者，此仍是不善读书耳。至因读书而致病，勉强刻苦，毫无心得，亦坐不善读书耳。

举业一道，国家用之取士，非此无以进身；父母望之显扬，非此无以立身。况所阐发者，孔孟之言、程朱之训，精之在性命之微，扩之在伦常之大。果能即此博求义理，收其放心，进德修业，胥在于此。冯少墟云：以举业体验于躬行，便是真理学；以理学发挥于文辞，便是好举业。

朝廷以举业取士，正取其能读书也。博求义理，收其放心，真理学，即好举业，岂有二乎？

《培垒居杂录》云：会文十益，一完篇，二择难做题，三默坐求精，四自造不傍人一语，五面相质问，六不飞翰闲走，七自誊卷，八乐道人善，见好文好股好句，即时默记，不空费一日工夫，九虚心听受，抹掷不怒，十不首尾寒盟；会文十弊，一不完篇，二换题，三哗笑闲语，四钞旧，五蹈袭余唾，六写字潦草，七倩写，八面谀背非，九不服善，十作辍随便。

曾子有以文会友之训，后世学者，皆有会文之举。然玩下句，以友辅仁，则会非徒会矣。十益十弊，是在会文者自求心得耳。

作文贵炼。所谓炼者，不是组织经典、排调对偶，方是炼也。只发想落笔时，不率意而出、不随笔而写，有一意，必将本意说得明透；下一句，必使此句下得的实。一篇中，前后位置各相顾应，便是炼局；一比中，上下转接不相刺谬，便是炼股。一句安得妥帖，便是炼句；一字下得有眼，便是炼字。故无论冗长拖沓、杂乱颠倒，不可言炼，凡语有不顺、意有不达，皆是不炼之弊，无论文之长短、作之整散，总是要炼。炼衣欲其净，炼兵欲其精，炼丹欲其成，炼文欲其熟。到得久而成熟，则率意而出、随笔而书，无非炼也，只在平日功专耳。

孔子云：辞达而已矣。可见辞主乎达，不达亦不可已也。炼者所以求达，非徒雕琢也。

句不可不炼，而句有坚卓者，有排宕者，有隽永者，有峭者、逸者。大率长句不拖沓，短句不局促，疏密相间，短长相错，朗然可诵，所谓炼也。若徒以多用排偶，删去虚字为炼，非惟伤气，亦不成文。

多用排偶，义以词晦；删去虚字，貌古而实非古，以艰深文其浅陋。均非载道之文。

圣人之言，大含细入，无所不包。凡人情物理、日用行习之事，俱可与圣言相发明，所谓以浅事说深理，方成三昧也。若徒寻章摘句，胸中了无所见，文何由得警策？

嘉隆、天崇之文不同，而其阐发题义则一。凡读文遇可惊可喜处，必须想其与题如何关合，作文时方无不切之患。论文者既曰贵切，又曰文妙于开，似不相合，不知所谓开者，于题之来路去路、侧面反面，对面着想，不沾沾写正面耳，非舍题目，另寻文章也。开正所以尽题之蕴，岂有不切而尚成佳文者？

论文数则极精，先生及门登第者甚众。今知以此凡习举业者，皆当奉为圭臬也。

学者之于先儒也，学术之介，辨析不可不严。异端无论已，即同为正学，而意见持论一有所偏，其流弊不可胜言。非严以辨之，则后学不知所别白，误入他歧之路。功德之崇，追论不可过刻。醇儒无论已即未底中行，而高明沉潜，所入不同，其趋则一。故流风均足兴起，苟刻以绳之，则后生纷纭于门户，反致启聚讼之端。

孟子生战国时，学术渐棼，异端竞起，生平一奉孔子为宗，尝称伯夷圣之清，柳下惠圣之和，而于夷、惠之行，曰隘，曰不恭，皆以为君子不由。他日，论圣人为百世师，则曰闻伯夷之风者，顽夫廉，懦夫立；闻柳下惠之风者，鄙夫宽，薄夫敦。皆可以师百世。是孟子论学术极其严，而推崇极其至，可为尚论之法则。

先生官学录，时有请大司成奏黜陆王从祀者，先生主议驳之，故有此折衷持平之论。此尚论之极则，即论学之极则也。至引孟子尊夷、惠，不可由而可师，不但可以得圣人之真，并可为善学圣人之法。

省无益之应酬，穷有用之经史，与儒先之书日相亲，则理道之心日熟。苟庸碌之俦日相接，则非僻之念易起；逐长夜之饮，则昏志而铄神；饰耳目之观，则耗财而夺志。人有关说之事，勿开其端，宜峻绝之；人有缓急之请，苟力可及，当曲从之。词章之学，只求文理无疵，刻意求工则害道；进取之途，须知得失有命，稍事驰骛则丧品。悠悠忽忽，便虚度一日，便虚度一年，便虚度一世；战战兢兢，始不负所事，始不负所生，始不负所学。

此先生于嗣君居馆职时，书示庭训也。凡为学为仕者，允当奉为宝鉴。

《寻乐斋偶钞》终。

李惺庵读书杂述

（名铠，字公凯，号惺庵。江南山阳人。顺治辛丑进士，为绥阳令，召举博学宏词，授翰林编修，官至内阁学士）

谨按：士君子言学时，皆未及于仕者也。观其所以为学，或有裨于仕，或无裨于仕，皆可以预而知之，未有学只空谈，而仕能有实事者也。阅李公之《读书杂述》，考古证今，学术治术，原原本本。王阮亭于闱中分校时，许其可以坐言起行。未几，以宏博之荐，由县令历词垣，政迹文章，不同流俗。其经史著论，有卓见，不能全录，录其可为今之学仕法戒者，以为训焉。

六经四子书，言学言政，万世之规矩权衡，资之用者也，非空言也。后人考辨虽精，率由未笃，终负圣贤垂训之旨，不得谓之善读书。

少年初受书，便知举子文取科第之外，更有向上事业。斯聪明不汩没于俗学，将来卓然有所成就。

向上事业，即在举子文章之中，能于此时有切实工夫，科第在此，事业亦在此，不必以取科第为俗学也。少年受书时，即令知此，则志趋正，而学为有本矣。

读书时，于物理体察分晓，出而应天下事，自然中节。

读书体察物理，即非无用之学，为学为政，何往不宜？

儒者不为无用之学，大试则大效，小试则小效，未有经明行修、晓然于义理公私之辨，而拙于为政者也。为学为政，有规模，必有条理，井井不紊，而持之有恒。斯学可以成德政，可以经国矣。

游戏征逐时，一往快心，不自知其溺也。事过情迁，索然无味，乃觉前此之玩时愒日。

向来不学，悔亦何济？只须断自今日，有进而无退，有信而无疑，收之桑榆未晚也。

《易》有吉凶，《诗》有美刺，夫人而知之，必于吉凶得修悖之理，于美刺生劝戒之心，斯为开卷有益。

读经，必知古圣贤道德仁义之旨，实可以治后世之天下，而非空言；读史，必知自古之治乱安危、成败利钝，皆圣贤所已言，无一之或爽也。斯善于读书，可以用世，可以经世也已。

读经史者多矣，能如此着想，才识何可限量？

读史，既知一代国势人才衰盛相循之故，即潜思所以补救。异时以古法经纪世务，乃取之沛然，不致差忒。

读史，于古人可劝戒者，但识之以资博洽，抑末焉耳。必实有思齐内自省之功，乃不同记问之学。

开卷即有思齐内省之功，掩卷即受思齐内省之益，不止读史也。

古人于书，无不读，犹惟日孳孳手一卷不释；今人稍稍涉猎，遂束书不观，曰善是足矣。此岂但学殖荒疏，远逊古人，士气之薄、风教之衰，功名志节之苟且，恒必由之。故夫兴起后进、群趋正学，与孟子正人心同功，非细故也。

五六十然后学，晚矣。然即今努力，犹愈于终身愦愦。以勤补拙，以晨兴晏眠，补少时之玩愒，自兹以往，有进无退，其庶几乎？

人多以晚年方读书为悔，而不知晚年阅历既深，读书更有意味。有进无退，坐言起行，不止补少年之玩愒也。

老年读书，不复记忆，然寓目悦心，胸有所得。视二十年前，更觉兴会勃勃也。

老而读书，所不能记忆者，词句耳。其于义理，当益亲切。若止兴会勃勃，犹是浮慕之学。

学者博极群书，岂不甚好？至于修身教家，得位行道时，曾不能用其一二言，与不识字人何异？

幸而耳聪目明，闻见之间，不用之善言善行，岂不上负天心、下同聋聩？

积功德，如积货财；嗜问学，如嗜刍豢；攻尤悔，如攻疹疾；保名节，如保班资。勤勤勿懈，其贤矣乎！

境遇最足以练人品。贫至不堪，而卒有所不为，不谓之君子不可矣。

为政，莫要于别贤奸；为学，莫先于辨义利。

视外至之物轻，然后重在我之礼义廉让。非僻之渐，无自而生。

怀刑，君子之小心也；固穷，君子之大节也。

怀刑、固穷二句，人人读之，能就此知其一为小心、一为大节。自反自励，所得多矣，此之谓善读书。

贫富荣枯、通塞得丧，有天焉主之，我固无如何也；若夫从善不从恶，为君子不为小人，此则存乎我者，天亦无如何也。知有天而仍求之，不智而已矣；知在我而竟诿之，无勇而已矣。

君子亦有富者，大抵在下则务本勤俭，在上则位高禄厚，断未有取非义以自肥者。故自古君子贫其常也，而富者恒寡。

凡为君子，多贫少富，此看透世情之论。处贫处富，全凭学问。

学者今日安贫，他日富贵，必不苟且妄为，措施必有可观。

君子之所忧者三。境遇之通塞不与焉，行不日修，可忧也；学不日进，可忧也；有官守言责，而道不行，可忧也。若夫境遇之来，有主之者，君子不能自为政也，奚暇舍其所可忧，而用心于不必忧？

学成而不一试，与试焉而不竟其用，皆命也。君子于此，益纯其学以俟命而已。欲速而妄希非分，奚益耶？即有时幸获，而进不以正，欲其终之不败，亦难矣。

士大夫只图一时幸获，罔顾终身成败。始而不肯俟命，继而不能安命，患得患失，无所不至。故孔子曰：不知命，无以为君子。

立一言，期有裨于世道，不能必人之从而不违；行一事，求无愧于昔贤，不能必人之誉而不毁。

世之从违、毁誉，有时可藉以验吾之是非。然必谓人皆有从而无违、有誉而无毁，势有不能，抑且不必。学者所以贵自反也。

谈论既多，岂能一一中道？故以简于酬对为佳。

有害于民物之事，不可存诸心；有伤于风化之言，不可出诸口。

一念而伤人身家性命，一语而玷人终身名节。有关阴骘祸患，宜切戒也。

一言之厚，造福无穷。士大夫当得为之日，顾靳此一言。若惟恐天下之蒙福者，吾不知其何心也。

合观二段，宁为其厚，毋为其薄。一时未有为善之事，不可一日不存为善之心。学如此，仕亦如此。

君子化大事为小事，化有事为无事，宽平之至也；君子视无事若有事，视小事若大事，敬慎之至也。

曰宽平，曰敬慎，此中自有权衡。省事而非废事，敬事而非畏事，非有学问人不能。

谋事不可不慎，见事不可不明，处事不可不公，任事不可不勇。

四者缺一不可。

君子于无关名节处，亦常随时俯仰。至于出处进退之大闲、治忽安危之大计，不敢党同伐异、苟且营私。即或权有攸归，事终无济，亦行其心之所安而已矣。

居官处事，有随时俯仰之时，有违众独行之时，有明知于事无济，而不忍观望坐视之时。惟有学有识者，始能辨之。

君子戒掩人之长，而炫己之长；戒护己之短，而攻人之短；戒以事后成败论人，而不折衷于大公至正之理。

士大夫尤易犯此三戒。习而不察，大有关于治体。

君子不自夸其功，而人之功惟恐其不录；小人常自掩其过，而人之过惟恐其不彰。

敬我者，有礼者也，多谀词则不可信；爱我者，有恩者也，多德色则不敢承。

不侮人之谓恭，谀则不可；不忤物之谓和，流则不可。媚人太甚，无论旁观窃笑，即为所媚者，亦有时不甚乐也。宋杨愿与秦桧善，饮食动作悉效之。桧尝食，因喷嚏失笑，愿亦阳喷饭而笑，左右哂焉，桧亦厌之，讽御史排击而去。夫媚桧所以求进，顾缘此去，吁！何益哉？

家拥高赀，曾不能利一物、济一人，此其人不独可鄙，亦可哀矣。

鄙其啬也，哀其愚也。

君子得志，固道济天下，即不得志，立人达人之心，亦不使须臾或息。

人以事问，须告之以圣贤正理。从违在彼，我固不可不忠。后生晚进，尤当晓譬详明，俾端祈向。不然，语多曲说，不顾其后之陷于非义，夫岂长者之道哉？

不明告以是非，此曲说也。只图目前支饰，不顾其陷于不义，皆为人谋而不忠。曾子所以日省也。

君子拙以贾祸，有时获免者，天也；小人工于乞怜，有时不效者，亦天也。不有天，焉主之？君子何所恃，小人又安所惩耶？

大臣必知昵己者之为非，远己者之为正，然后可以主持风教、进退人材。反是，则浮薄之士连袂而升，而清流之气沮矣。

君子学所以为己，而仕则为人；小人学所以为人，而仕则为己。

学而为己，故仕时必能为人，不肯为己；学而为人，故仕时止知为己，不暇为人。学术诚伪，即仕风邪正之别也。自孔子有为己、为人之训，文中子、程子及刁蒙吉先后分别疏解。今推论及此，可云直截，故并录之。

君子之才患其少，少则为善之量不能充；小人之才患其多，多则为恶之势不可遏。

是君子，必肯为善，偏觉才少；是小人，必肯为恶，偏觉才多。世道所以可虑也。

古今不甚称慈父母，而孝子特传。盖人人皆慈父慈母，故略之；人人不皆孝子，特举一以风百也。吁！可慨也已。祖父之于子孙，未有不望其富且贵者，然余谓富贵须贤子孙守之。子孙贤，即不富贵，何害？脱使富贵而不贤，恐方贻祖父以忧。勿遽谓位高多金，为家门之庆也。

子孙富贵，光耀祖宗，人皆知而羡之。因富贵而辱及祖宗，以致祖宗以子孙富贵为不幸，为子孙而富贵者，可不惧与？

子弟读书，既与之解明义理，何不导之以躬行？岂惟成人，即如幼童读《论语》，便以孝弟谨信、爱众亲仁日体验于家庭，使知古圣贤书，皆后人标准，不止习其说为文章而已。则将来之成就，远且大矣。今人教子弟，但患记诵不熟、文艺不工，于躬行顾置之，是何汲汲望其干禄，遂不以贤人君子厚期之邪？且干禄之具如此，一旦立人之朝，膺民社之责，操何术以应之？俗学坏人，名家不免，无惑乎闾里无佳子弟，而正谊明道之难其人也。

入孝出弟一章，虽系蒙养之教，而知行并进，尊德性而道问学。成人之道，已基于此。此非责备弟子，乃专责成教弟子者也。

子弟幼时，须教之爱惜物命，以培养其不忍之心。

宋板书，贵重极矣。然以贵重之故，终日珍藏，不一寓目，与无此书何异？鉴赏家、真读书人，故自有别。

宋板书之可宝贵，以其校刻工精，为先朝法物，备陈设耳。若资以诵读，何必宋板？倘因宋板而什袭珍藏，不经展读，转不如不宋板之可以不时诵读得益矣。近见士大夫邺架所陈，牙签锦函，纸墨常新，从未经手寓目，只图美观，无裨诵习。鉴赏家方以真宋板、假宋板为弃取，似属无谓。更有绘成画幅，书函书签，宛然毕肖，可远观而不可近视焉。事之务名不务实，大率类此。予所莅之地，曾将藏书发贮书院义学，有止禁散失、不禁翻阅之檄。倘士子翻阅者众，渐至污损，已得此书之益矣。

搢绅家行一事，乡之人观礼焉，以其读书循理，多识朝堂典故也。使饶于财之仪节靡所不具，而于古人精意可以法、可以风者，按之茫然，其又何以观之哉？

士为四民之倡，而搢绅又士之倡，其义如此。

士大夫居乡，欲不见一人，亦难矣。且与人子言孝，与人弟言悌，与高士言躬耕乐道，与文人言砥行读书，即遇田夫野人，亦告之以同井亲睦、勤俭保家之道，此正山中经济，绝人逃世奚为邪？至于怀刺谒官府，变乱是非、滋事闾里，则一乡之望，转成一乡之蠹，其何以堪？

不避险难，不辞劳怨，苟利国家，尽心竭力，期于有济。而通塞升沉，听之君父，纯臣哉。

行事有益于国，有利于民，所以尽吾职也。辄以此望恩于君父，识者鄙之，是纯臣决不如此。

不敢自污，庶官之美节。若大臣正色立朝，总持国是，曲谨小廉，又不足以尽之。

得位将以行道，位愈高，责望愈重。每迁一秩，有惧心焉，器识自此远矣。

居官望迁，只觉现在之位不满吾意，绝不问我之能否称此职，亦惑也。每迁秩而有惧心，不仅器识之远，亦见天良之不昧矣。

以经史教育人才，使之修明礼乐、敦伦砥行，而文章亦焕然可观，师儒之责也；宏奖士类，使在位者罔非正人，而方伯连帅，皆能利济斯人、兴起风教，贤卿相之责也。

教育于未仕之先，甄陶于已仕之后。师儒、卿相之责较重，其功效亦非小补。

视天下之英才，如其家之佳子弟，爱惜滋培，俾之成器。师儒诲人、大臣当国，皆不可少此愿力。

司马温公为相，每询士大夫生计足否。人怪问之，公曰：倘衣食不足，安肯为朝廷而轻去就？贾公黯廷试第一，往谒杜祁公，公独以生事有无为问，曰：凡人无生事，虽为显官，不能无俯仰依违。比日朝士进退，不能绰绰，大率累于生计耳。乃知二公近情之论，久而弥验也。

朝会非谈谯之所，当时时存敬畏之心。

言其所当言，用则天下蒙福。即不用，存此言于天下，终须有济。

陆宣公奏议，岂尝有意追琢为文？只以谋人家国，义气激昂，不自知其恳到详明，文章遂足千古。乃知名贤大篇，原本忠孝，固未许肉食者伪作也。

以忧国忧民之真心，为忠君爱国之确论，不尚词藻、不事激烈，恻然动人。千载下如见其心，章奏中至文也。

主司簠簋不饬，自弃甚矣。倡采望之谬说，致令浮薄者登、潜修者摈，亦有心当世者所不欲为、不忍为者也。

今日主司所录，即他日公孤、卿尹、庶司百执事之选。厥任匪轻，敢不只惧，必也心目双清，周防备至，杜苞苴之路，塞奔竞之门，而网罗尽佳士也，庶几为国得人，无惭夙夜矣乎？不然，腼颜称座主、侈门下桃李，于国之所以抡才、士之所以待举，两无当也。

国家以经术取士，主司为国求贤，暗中摸索，所凭者文也。乃置文而为采望之说，开奔竞之门，游扬请托，无所不至，士风之坏、人材之薄，均由于此，何以得人，何以服人？所云心目双清、周防备至，庶几无负。

学臣为士子宗师，振兴实学、砥行敦伦，其先务也。但就所谓时文，去取高下之而已，所拔多单寒知名士，辄颂声大作，人望归焉。而经史有用之学、孝弟廉让之节，则概置弗问。他日举于乡，策名于朝，皆是选也，国家亦安得富经术、有行谊之儒者，托以大任乎？

学臣按临，三年两试，文行兼采，与主司扃门一试、暗中摸索者不同。凡经史有用之学、孝弟廉让之风，皆于学臣有专责焉。

国家设外官，自封疆大吏至邑令，凡以为民也。大吏平日必真念闾阎疾苦，率其属以生全之。若苟且因循，一旦水旱灾伤，即为民请命、议赈议蠲，而民之转徙沟壑，已十八九矣。上下同心，图之于早，庶不穷困斯民也乎？

赈荒之策，所以救将死之民；备荒之政，所以养未灾之众。二者原并行不悖，而备荒则可以不荒。其政多端、其利甚溥，似无近功，实有远效。

天下自有司以至封疆大臣，半皆起家寒畯。民间疾苦颠连，谁非其所饱历，乃一旦备官而忘之邪？不能勤恤民隐、吉凶同患，不仁。己所不欲而施于人，亦不恕矣。

居官贵于清惠，人皆知之。归咎于不仁不恕，是为釜底抽薪、持平探本之论。

撙节勤苦、竭力循分，处困贫之道也。今天下之民，愈困贫，愈不勤苦。且婚嫁丧葬之僭越，宴会车服之侈靡，比户相高，无复品限。甚至蠹民大贾，相倚为奸，以结纳官府为能，以凌虐善良为快。习俗偷薄，长此困穷，非得有风力重臣亟为整顿，民不可以富，即不可以教，岂不可忧也哉？

说命曰：学古入官，向未留心经史，博通治乱安危之故，一旦委之纷剧、投以艰难，鲜不进退失据。乃知自古所称贤能，授之以政，辄经纬毕具，显当时、传后世者，素所蓄积然也。学顾可忽乎哉？

守令以留心教养、纤悉毕具为上。但知与民休息，以文雅饰吏治而已，终觉上之责我与下之望我者，有所未尽。

令于士民，无所不当教。谓课文艺为教士，讲六喻为教民，抑末矣。然即此二事，行之有恒，而至诚恻怛，多所开悟，亦端士习、善民俗之渐。视为具文，则俗吏而已矣。

课士谕民，未始非教民之一事。近已视为具文者，无真心，鲜实事耳。

古人良法，未有不可行于今者。然须审今日之时势人情，酌剂利导之，乃无弊耳。徒泥其迹，正恐利害相参，行之不可以久。

古之良法，原就当时人情俗尚，随宜行之，去其弊、存其利，所以为良也。后世人情俗尚，不同于古，有昔利而今不利者，有昔无弊而今有弊者。不就今之利弊斟酌施行，概以古法行之，不效，则曰古法不可行于今日，未为通论。

听讼凭是非科断，理也，法也。于理与法外，旁曲引喻，俾之翻然，勃然不终讼而去，此则化民厚俗之本。

听讼者，于人骨肉间斗忿争财产，且置是非勿论，只从伦理天性百端晓譬，使之翻然悔悟，至两造相持而泣，此仁人之用心、裨益风化者也，上也。次则剖明是非，戒毋终讼，虽当笞，以骨肉故，概予矜免可矣。若照常人科断，榜①笞不少恕，纵允于法，败伦伤化实多，况因而渔

① 原文为“榜”，疑为“搒”之误。

猎之乎？故听讼必参以经术，而后可也。

就听讼中，而悉其致讼之由，防其再讼之奸，并予以不必讼之路，此即使无讼之道。不必于听讼外，别求过化存神之方。此所谓经术也。

初为守令，虑民之玩己也，必先严峻以立威。夫惟廉则威，惟明则威，不务为廉且明，而严刑峻法是急，亦何威之有？惨刻者恣其所为，悖理不可训；谨厚者貌为之，始严而终弛。玩且日滋，使久假不归，而流为忍人，不亦失其本心也乎？故夫有威之可畏者，不汲汲于立威者也。

居官者，惟有示恩示信，民自畏服不敢玩。意在立威，即恶派也。

士大夫居民上，纵极平易近人，犹恐愚民嗫嚅，不得尽陈其情，况盛怒之下乎？求民疾苦，不啻其自为求，诚意蔼然，一体相接，则贤者之用心。甚无取乎疾言厉色，恐喝于上也。

居官严左右，人尽知之。然法所以绳大猾，一切无心之失，则皆可恕也。使小误辄任意笞掠，他日犯法作奸，而罪不致死，又将何以治之？故用法必使其有可加，然后轻重无失其伦，而法不玩。不然，未有不毛举细故、纵奸滋弊者也。

居官，势不能不役使左右。惟用左右，而不为左右用，则左右之权，不禁而自敛。此中操纵权衡，有学问焉。

勤所以兴事操切，则民不堪命矣。和平持之以精明，濡滞则弊不可胜言矣。

廉者，守令之桢干也。运之以乐易和平，持之以精明强固，循良不是过矣。

三四十年前，士大夫犹以素餐为愧，未窃窃焉以禄入不继为忧。其时退食从容，有以自适，冬裘夏葛，朴略犹存。今则相向言贫，十而八九，而服御日以华，筐篚日以盛，时诎举盈，往而不返。士大夫才力日耗竭于酬酢经营，忧固其所，又何暇詠《伐檀》之诗，而引以为愧也？

士大夫不以素餐为愧，而以朝夕不继为忧。久且不以贪黩为羞，治道、民生尚可问乎？

《诗》三百篇，思无邪足以蔽之。《礼记》四十九篇，毋不敬足以蔽之。《书》五十八篇，允执厥中足以蔽之。《易》三百八十四爻，知进退存亡而不失其正，足以蔽之。《春秋》书二百四十二年行事，则蔽于孟子之一言曰：孔子成《春秋》，而乱臣贼子惧。

《诗》《书》《礼》之蔽以一言，先儒俱已论之。《易》蔽以进退存亡而不失其正句，《春秋》蔽以乱民贼子惧句，更得要领。读《易》、读《春秋》者，可以得从入之方、致用之妙矣。

惟事事乃其有备，有备无患。张氏曰：兵事有其备，故外侮不能为忧；农事有其备，故水旱不能为害。举一二以例其余也。愚谓为政先立纪纲，为学先明义理。士必学优而后仕，朝廷必论辨而后官材。皆有备之义。

有备无患，兵农其最大者耳。推之政立纪纲、学明义理、学优而后仕、论辨而后官，皆备之之义，学与仕所以贵豫也。

传说告高宗曰：非知之艰，行之维艰。盖圣人之自治与治天下，未有明其理、不见之事业者。知君之当仁，则止于仁；知臣之当敬，则止于敬。知天下之大利，则汲汲焉兴之；知天下之大害，则汲汲焉除之；知天下之人之贤不肖，则汲汲焉进之退之。是故学则道备厥躬，治则智周乎万物，而道济天下。不然，空虚无用，非圣人之学，又岂圣人之所以为治者哉？

明其理而见之事业，便非空虚无用之学，亦非空虚无用之治，学与仕相资也如此。

财有得之非贪者，礼未尝禁之使勿得也，苟得则断断不可；虽有免而非怯者，礼未尝禁之使勿免也，苟免则断断不可。盖礼所以制中，亦权衡于义而止焉。而精义之学，又非一朝夕之故也。夫惟积之有素、持之甚严，然后见大利而不能移、临大节而不可夺。不然，以空疏无据之心，猝然当可艳可危之境，鲜不苟且应之贼义，而触礼之禁也已。

为官惟苟字最坏事。平时空疏不讲究，临事不能把持，未有不苟者也。

《曲礼》以僚友与乡党执友并举，同官为僚，非偶然也。将以咨访职业、砥砺廉隅，有不信义相结者邪？今人则同官而异心，苟利于己，忍于行诈。由中之言，久不宣诸口矣。

同僚而异其心，语不由衷，事多猜忌，既无同寅协恭之义，渐起党同伐异之风。国是民瘼，所关不小。

《读书杂述》终。

黄博士实学录

（名施锷，字虞封。江南无锡人。雍正癸卯进士，官国子监博士）

谨按：士子举业，大抵首工制义。凡古今制度人物、先儒嘉言善行，亦知有资于举业，不过涉猎及之，未见专一致力、心慕而手追，此制义鲜有根底而举业无用于世也。锡山黄公，习举业而成进士，年犹壮盛，自以牧民未敢自信，教士是其素志，榜后求补教职。上官以不愧师儒，荐升国子监博士。本身教以课士，爰取经史要言、儒先绪论，自身心意知及天下国家，前列嘉言、后著懿行，间附以己意，汇为《实学录》，盖慨举业家专工时艺，而无关于实学经济也。其后人谋以付梓，求序于予，予喜其与所纂《遗规》之意相合，故先为摘而录之。其全书俟刊，后必皆有见而取之者。

程子曰：看书须要见二帝三王之道，如二典即求尧所以治民、舜所以事君。〇心通乎道，然后能辨是非。如持权衡以较轻重，孟子所谓知言是也。

读《论语》者，但将诸弟子问处，便作自己问；圣人答处，便作今日耳闻，自然有得。若能于《论语》中研求玩味，将来涵养成甚生[①]气质。

读经，当观圣人作经之意，与圣人所以用心，及圣人所以至圣人，而吾之所以未至者、所以未得者。

如此读经书，方可谓以心入之、以身体之，自不同于口耳记诵也。

知时识势，学《易》之大方也。六爻，人人有用，圣人自有圣人用，贤人自有贤人用，众人自有众人用，君有君用，臣有臣用，无所不通。《易》有不易变易二义，所以云无不通也。

《诗》《书》载道之文，《春秋》圣人之用。《诗》、《书》如药方，《春秋》如用药治病。圣人之用，全在此书，所谓载之行事，深切著明也。《春秋》传为案，《经》为断。

读史不徒记事迹，要识其治乱安危、兴废存亡之理。学者未仕以前，得尽力于学问，故成材可用。若但缀文觅官，以不学之人，一旦授之官，使之事君长民治事，焉能有效？今在仕途者，人物多凡下不足道，以此学有所得，不必在谈经论道间，当于行事动容周旋间得之。

---

① 原文为“生”，似宜为“好”。

朱子曰：贤人君子，学经以探圣人之心，考史以验时事之变，或论著其说，以成一家之言。学者诚欲求道，岂可舍此而不观也？近世士子，相从于学校庠序之间，无一日不读者。然问其所读，则非前之所谓者。读圣贤书，而不通于心、不有于身，犹不免为书肆。况其所读，又非圣贤之书哉。

学者须先理会得本领端正，若只强记事件，虽记得许多骨董，只是添许多杂乱、添许多骄吝，世之误认致知者多矣。

圣贤之言，须常将来眼前过、口头转、心头运。

陈仲肤以家务丛委，妨于学问为忧。朱子曰：此固无可奈何，然即此便是用功实地。每事看得道理真，不容易放过，更于其间见得平日弊病，痛加剪除。为学之道，何以如此？

为学有用精神处，有惜精神处，有合著工夫处，有枉了工夫处。

黄勉斋曰：为学须随其气质，察其所偏，与其所未至，择其最切者而用吾力焉。譬如用药，古人方书，亦言其大概，而病证多端，则亦须对证而谨择之也。

胡敬斋曰：见义理，不怕见得钝，只怕见得浅。虽见得快，若不精细，亦不济事。

穷理非一端，所得非一处。或在读书得之，或在讲论得之，或在思虑得之，或在行事得之。读书得之至多，讲论得之尤速，思虑得之最深，行事得之最实。

薛敬轩曰：读书以防检此心，犹服药以消磨此病。病虽未除，常使药力胜，则病自衰；心虽未定，常使书味深，则心自熟。

为学不是虚谈道理，须随处详审。每日不问大事小事，处置合宜，便是学力到处。若泛观天下之书，不知善处事物，究于实际何益？

林志惟读薛文清《读书录》，掩卷而叹，家人问故，曰：予觉昨评一人，伤于刻矣。才见薛《录》云，圣人取人极宽，如仲叔圉、王孙贾、祝鮀，皆未必贤，以其才可用，犹皆取之。后之好议论者，于人小过必辨论不置，而遗其大者。予是以悔也。又觉昨处一事，动于气矣。才见薛《录》云，处人之难处者，正不必厉声色，与之辨是非、较短长，惟谨于自修，愈谦愈约，彼将自服，不服者，妄人也，又何校焉？予是以悔也。又觉昨言一事，近于诞矣。才见薛《录》云，常见人寻常事处之合宜，数数为人言之，陋亦甚矣。古人功满天地、德冠人群，视之若无者，分定故也。予是以悔也。又觉昨诺一人，涉于轻矣。才见薛《录》云，凡与人言，即当思其事之可否。可则诺，不可则不诺。若不思可否而轻诺之，事不可行，则不能践厥言矣。予是以悔也。噫！由前之悔，原于弗觉，今尚可诿于弗觉乎？

又曾读《大学》诚意章，毛竦泣出，掩卷深思曰：尔闲居，岂无流于不善而不自知乎？抑知之，竟不羞耻而冒为之乎？千古小人，肺肝如见，尔肺肝岂能独深藏，而不令人见也？欲人勿知，莫如勿为，慎之哉。举目皆我视，举手皆我指，纵有逃于视之、指之者，而鬼神已指视于冥冥中，为谴愈大矣。

王少湖曰：学者须于人情所甚难处，打得过，方是学问。若平日虽晓得，临时却打不过，无贵乎学问矣。如处大拂逆，无忿怒意；处大变故，无惊乱意；处大困穷，无忧闷意；处甚卑贱，无轻亵意；见甚贵显者，无沮丧意；处大纷杂大烦劳，无厌恶意；当众人大崇敬，无自喜自满意；见甚相狎者，无轻慢意；处幽独之地，无自肆意；声色货利满前，无动心意。凡此皆于人所甚难处，打得过也。此非平日学问大本原明白，主宰立得定、涵养工夫深，岂能如此？

义理与客气常相胜，只看消长分数多少，为君子小人之别。

治怒难，治惧亦难。克己可以治怒，明理可以治惧。

尹和靖曰：克己，在克其所好。如好色即于色上克，好酒即于酒上克。人只看得事事皆好，便没下手处，然须择其偏好甚处先克。

朱子曰：人之病痛，一个人是一样，须仔细体察。自觉自病，便自治之，不须问人，亦非人所能预也。

人之为学，最当于矫揉气质上用功夫。如懦者当强，急者当缓，视其偏而用力焉。人有终身好学而气质不变者，学非其学也。

知得如此是病，即便不如此是药，若更问何由得如此，则是骑驴觅驴，只成一场闲话说矣。

从善如登，从恶如崩。要做好人，上面煞有等级；要做不好人，则立地便至。

曰如登，便有一步高于一步、难于一步之意；曰如崩，便有一步易于一步、下于一步之势，可畏哉。

古人云：人之情，犹水也。规矩礼法为堤防，堤防不固，必至奔溃。又曰：骏马驰奔而不敢肆足者，衔辔之御也；小人强横而不敢肆惰者，刑法之制也；意识流浪而不敢攀援者，觉照之功也。学者无觉照，犹骏马无衔辔；小人无刑法，何以绝贪欲、治妄想乎？

吴康斋曰：凡处顺不可喜，喜心生，骄侈之所由起也；处逆不可厌，厌心生，即怨尤之所由起也。

卧云子曰：圣贤贵刚，盖以制欲，非以制人；今人贵刚，用以制人，不以制欲。以制欲则为天德，以制人则为强梁矣。

人之不幸，偶一失言而人不察，偶一失谋而事幸成，偶一恣行而获小利，后乃视为故常，恬不为意，以致败行丧检。此莫大之患也。

高忠宪公曰：受些穷光景，每事节省尽过得，临事著一苟字便坏；自身享用，著一苟字便安。吾一生得此力。

邵子存为先人营葬，求助当道。魏庄渠贻书曰：令先公正人，汝为冢嗣，必也遵礼执义。生者不愧，死者愈安，乃可谓孝。今不免俯徇俗态，令先公难瞑目矣。义助之事，一则没了朝廷厚恩，二则坏令先公清德，三则汝还做人否？大巡是令先公门人，若不能自持、有所请托，则汝不成人矣。

许台仲曰：主妇职在中馈，烹饪必亲，米盐必课，日守闺阈，躬督纺织，至老勿逾中门。下及侍女，亦同约束。如有恣性越礼，游山涉湖，赛神烧香，出露体面，即非士族家法。子孙必泣谏之，丈夫必痛遏之。

顾泾阳戒其长君曰：今考试在即，吾终不以汝名闻于有司者，吾自有说。就义理上看，男儿顶天立地，如何向人开口道个求字？就命上看，穷通利钝，堕地已立。若可以势求、可以贿求，那不会求的，便没分造化，亦太炎凉矣。就吾分上看，再仕再不效，有邱山之罪，犹然安享太平。在昔圣贤，往往流离颠沛，不能自存，我何人斯，不啻过分矣。更为汝干进，是无厌也。就汝分上看，若肯刻苦读书，工夫透彻，科甲亦自不难，何有于一秀才？若更肯寻向上去，要做个人，即如吴康斋、胡敬斋两先生，只是布衣，都成大儒，连科甲亦无用处。汝识得此意，便是一生真受用也。

致仕家居，为子弟应考求托，恶习已久。难得此平情至论。

《颜氏家训》曰：人之爱子，多不能均。不知贤俊者固可赏爱，而愚鲁亦宜矜怜。有偏宠者，厚之适以祸之。共叔之死，母实为之；赵王之戮，父实使之。刘表之倾宗覆族，袁绍之地裂兵亡，可为鉴也。

顾豫斋致政归，呼其子问之曰：汝曾学吃亏否？林退斋临终，训子弟曰：汝等只要学吃亏。

劝子弟学吃亏，非有远识者不能。时时事事虑子弟吃亏，而以得便宜喜者，非爱子弟者也。

程子曰：凡人家法，须月为一会以合族。古人有花树韦家宗会，可取也。吉凶嫁娶之类，更须相与为礼，使骨肉之意常相通。骨肉日疏者，只为不相见，情不相接耳。刘漫堂每月朔治汤饼会族人，曰今日会饮。善相劝、过相规，或有事抵牾者，彼此一见，自相忘于杯酒间耳。

朱子曰：朋友不善，情意自是当疏。但疏之以渐，若无大故，则不必峻拒之。所谓亲者无失其为亲，故者无失其为故也。

王阳明曰：朋友之交，以相下为主。故相会之时，须虚心逊志，相亲相敬。或议论未合，要在从容和蔼，相感以诚。不得动气求胜，长傲遂非。又曰：朋友须箴规指摘处少，诱掖奖劝意多。

黄陶庵曰：交道之丧久矣。高者不过斗炫诗文，下者乃至征逐酒食。其聚会也，或甘言巧笑以取悦，或深情厚貌以相遁，求其责善辅仁者，盖百不得一焉。近有同志斯道者十余人，为直言社，诸子奋志进修，苟一言不合乎道、一行未得乎中，小经指摘，立自刻责，饮食俱忘。

胡振曰：富贵之家，常有穷亲戚往来，便是忠厚。今人以贫贱亲戚常上富贵之门，则为削色、为不祥，予以为此正有光。吉祥之事，所谓大将军有揖客，顾不重邪？

宋时有人丧父，梦父曰：汝但学镇江太守葛繁足矣。其人往谒，葛曰：吾始者，日行一利人事，或二或三或至十数。今四十年，未尝少废。又问何为利人事，公指坐凳曰：此物置之歪，则碍人足，吾为正之。若人渴，吾与之杯水。皆利人事也。自卿相至乞丐，皆可行。行之悠久，乃有益耳。

袁了凡曰：有财有势者，其作福易。易而不为，是自暴也；易而愈为，是锦添花也。无财无势者，其作福难。难而不为，是自弃也；难而肯为，是一当百也。

薛西原好施，人有疾，亲为简方合药，尝解棉衣以衣寒者。或曰：焉得人人而济之？曰：但不负此心耳。又曰：天地间福禄，若不存些忧勤惕厉的心，聚他不来；若不做些济人利物的事，消他不去。

林和靖曰：费多金为一瞬之乐，孰若散而活冻饿之人？处微躯于广厦之间，何如庇寒士一席之地？

樵说：天不能家喻户晓，贤一人以诲众人之愚；不能家赡户给，富一人以济众人之贫。

高忠宪曰：昔日语科第，动曰半积阴功半读书，然阴功非但分人以财，孜孜汲汲，惟以救人济人为事。行之既久，此意纯熟，动念即是，方是阴功，此乃仁心也。仁心充足，仁术广被，百祥咸集，科第在其中矣。

家训曰：世间好事，莫如救难怜贫。若不遭天祸，施舍能费几何？故济人不在大费己财，但以方便存心。残羹剩饭，亦可救人之饥；破衣败絮，亦可救人之寒。酒筵省得一二品，馈赠省得一二器，衣服少置一二套，长物省去一二件，切切为贫人算计，存些赢余，以济人急难，去无用可成大用，积小惠可成大德，此为善中一大功课也。范文正在淮扬，有孙秀才上谒，公助钱一千。明年复谒，又助一千。因问何汲汲如此，孙蹙然曰：母老无复养。若日得百钱，则甘旨足矣。公曰：吾为子补学职，月得三千以供养，子能安于学乎？孙大喜。后十年，有孙明复先生，以《春秋》授徒，道德高迈。朝廷召至，则前索助者也。公乃叹贫之累人，虽才如明复，犹将汨没，况其下者乎？

屠康公为刑部主政，宿狱中，细访诸囚。情罪均无辜者若干人，密疏其事，以白堂官。后临审，堂官摘其语询诸囚，无不服者，释冤抑十余人。一时辇下，咸颂尚书之明。朱子曰：读书则实究其理，行己则实践其迹。念念向前，不轻自恕，则在我者虽甚孤高，然与他人原无干预，亦何必私忧过计，而陷于同流合污之地乎？

程子曰：人恶多事，世事虽多，尽是人事。人事不教人做，更教谁做？先辈曰：一味不耐烦，是学者大病。日用应酬，虽极鄙琐，能从此处寻出一团精细光景，才是学问工夫。若徒避事避人，自图安静，此暴弃之尤也。

真西山曰：赵文子之贤，出于天资，而未尝辅之学，故志不能帅气。年未及耋，而偷慢形焉。其视毕公，弼四世而克勤小物，卫武过九十而以礼自防，何相去之远也？此无他，有理义以养其心，则虽老而神明不衰。苟为不然，则昏于豢养、败于戕贼，未耄而已衰矣。

黄陶庵曰：居承平之世，不知有丧乱之祸；处庙堂之安，不知有战阵之危；保俸禄之厚，不知有稼穑之苦；肆吏民之上，不知有役使之劳。故难以应务经世。

陈几亭曰：忧勤惕厉四字，反之便是般乐怠敖。大圣大贤，只是忧勤；乡人鄙夫，只是般乐。民安物阜，只因忧勤；纲解纽弛，只因般乐。非但此也，士子习举业者，一火铸就，亦为忧勤；断续无成，亦为般乐。四民温衣饱食，亦在忧勤；破家丧身，亦在般乐。此八字彻上彻下，舜禹讫于途人，帝王讫于氓庶。为人在世，不有益于养，必有益于教。不然，即天地间一蠹物。贫贱间游为小蠹，富贵间享为大蠹。

王阳明云：人在仕途，比之退处山林时，其工夫之难十倍。非得良友时时警发砥砺，则其平日志向，鲜有不潜移默夺，弛然日就于颓靡者。

陆象山云：吾家合族而食，每轮差子弟，管库三年。某当其职，所学大进。可知学者于烦冗事务，皆是进德修业之处，不可错过。

周文襄公忱，巡抚江南诸郡，钱谷巨万，一屈指无遗算。尝为册，历记日所行事，及阴晴风雨。有告报辄据讯诘，人莫能欺。每出会计，视地丰凶事，缓急为张弛，调剂变通。民无逋负，官无后累。

三吴赋繁事宂，人皆云官斯地者，止能主持大纲，不能亲及细务。殊不知人多智巧，事多变幻，细事不理，酿成大事，故似细而实大也。惟耐烦乃能不烦，畏事益觉事多，周文襄所以为不可及。

范文正用士，多取气节，而阔略细故，辟置幕客，多取居谪籍者。或疑之，公曰：人有才能而无过，朝廷自应用之。若其实有可用之才，不幸陷于吏议深文，不因事起之，遂为废人矣。公尝称诸葛武侯能用度外人，然后能周大事。

或问：奏议似属空言，比见之行事者，善力得无减乎？袁了凡曰：善念满时，鬼神已知。况行事所以施济下民，奏议所以转移主意，一人有庆，四海永赖。其为神德，宁可计算？言事及覆旨者，但实以天下生全、万世太平为心，则婉转恳至，自有效验；锄邪扶正，自有神鉴。不然而矜名负气，致天子愎谏、权贵褊心，其害事亦正不少。此皆直道，犹恐有失，若借事权以报私怨，植邪党以排正人，逢主意而希奥旨，则更不可言矣。

了凡先生，以祸福训世，以功过律官，故于善念充满、鬼神鉴察，谆谆及之。实至理，非报应也。

齐昭帝斩人于前，问王晞曰：此人合死否？对曰：罪实合死，但恨不得死地。臣闻刑人于市，与众弃之，殿廷非杀戮之所。帝改容曰：自今当为王公改之。

魏徵与上语教化，徵曰：久安民骄佚，佚则难教；久乱民愁苦，苦则易化。上深然之。封德彝非之曰：三代以还，人渐浇漓。故秦任法律，汉杂霸道，盖欲化而不能，岂能之而不欲邪？徵曰：五帝三王，不易民而化，顾所行何如耳？上卒从徵言，天下大稔，斗米不过三四钱，终岁断死刑只二十九人。帝谓魏徵曰：此行仁义之效也，惜不令封德彝见之。又尝上《十渐疏》，谓帝渐不克终。帝以《疏》列为屏障，时时观省。至文宗时，孙魏謩复为相，令献其祖笏，以比甘棠云。

刘晏领盐铁转运使，尽得诸道利弊。尝言士有爵禄，则名重于利；吏无荣进，则利重于名。故检劾出纳，一委士人，吏惟奉行文书而已。

又曰：王者爱人，不在赐予。当使之耕耘织纴，常岁平敛之，荒年蠲救之，又时其缓急而先后之。州县荒歉有端，先令蠲某物、贷某户，民未及困，而奏报已行。盖善治病者，不使至危急；善救灾者，不坐待赈给也。

薛一良疏曰：自古有文臣不爱钱之语。试思何处非用钱之地？何官非爱钱之人？论者俱咎守令不廉，然守令亦安得廉？俸薪几何，上司督取几何？非从天降地出，而欲守令之廉得乎？惟逮其已甚者，使诸臣惧钱为祸，庶几其不爱耳。

王阳明云：今人病痛，大段只是傲。千罪万恶，皆从傲上来。傲则自高自是，不肯屈下。傲之反为谦，谦字便是对证之药。非但外面卑逊，须是中心恭敬，常见自己不是，真能虚己受人。尧舜只是谦到至诚处，便是允恭克让、温恭允塞也。

吕犹龙曰：刘忠宣理边饷之法诚善，然使不召边上父老，日夕讲究，如何得知？能如此虚心访问，实心从善，何官不治，何事不济？

高忠宪曰：贫贱之心歉，富贵之气盈。心歉者，善言易入；气盈者，惟佞谀可投。二者之间，相去远矣。在《易》大过之九三，以过刚而自用，其爻曰，栋桡凶；六二以虚中而取人，其爻曰，或益之十朋之龟。夫子曰：栋桡之凶，不可以有辅也，或益之自外来也。夫天下惟外来之益，其益无方。至于使人不可以有辅，凶可知矣。

郑人游乡校以论执政，然明劝子产毁乡校。子产曰：夫人朝夕游焉，以议执政之善否，其所恶者，吾则改之，是吾师也。若之，何其毁之也？

葛守礼为陕西布政，当大计。有小吏填老病当罢，葛请留之，吏部曰：计簿出自藩司，何自忘也？葛曰：此边吏，去省远，徒取文书登簿。今见其人，方知误填。过在布政司，何可使小吏受枉？冢宰惊服曰：谁肯于吏部堂上，自陈过误耶？即此可谓贤矣。

徐文贞由翰林督学浙中，年未三十。一士子用颜苦孔之卓，徐批文杜撰，置四等。此生将领责，执卷请曰：此句出扬子《法言》，非杜撰也。徐起立曰：本道侥幸太早，未尝学问，今承教多矣，改置一等。一时翕然，称其雅量。

杨龟山曰：为政要威严。使事事整齐甚易，但失于不宽，便不是古人佳处。孔子言：居上不宽，吾何以观之？又曰：宽则得众。若使宽非常道，圣人不只如此说了。今人只要事事如意，故觉得宽政闷人。不知权柄在手，不是使性气处。何尝见百姓不畏官人，但见官人多虐百姓耳。然宽亦须有制始得，若务宽大，则胥吏舞文弄法，不成官府。须要权常在己，操纵予夺，总不由人，尽宽不妨。

宋熙宁中，新法方行，仕者皆欲投劾而归，邵康节谓诸门人故旧曰：今日正贤者当尽力之时。新法固严，能宽一分，则受一分之赐矣。

薛文清曰：为政通下情，不独是成物，亦是成己。盖我不知利在何处、弊在何处，而下以利弊输于我，故下情者，我师也，通下情者，能自得师者也；不通下情，而徒恃己之聪明，则聪明之作用，反为左右之借资。故曰通下情为急。

魏庄渠曰：今世仕宦，堪以庙食百世者，惟守令则然，令尤亲民矣。然百世仅一二见者，何哉？卑者汩利、高者骛名，而实惠及民者寡耳。为民父母，毋谓民顽、毋嫌才短，才之短也，勤以补拙，问以求助。

高忠宪公云：州县官表率一方，宜先简俭以挽奢靡之俗。即宴会名刺，当照宪约，与本地搢绅彼此遵行，节财用于易忽，移风俗于不觉矣。

身先作则，久久行之，自渐移易。毋遽以一时难于移易，而中变也。

张居正请捐积逋，曰：所谓带征者，将累年拖欠搭配分数，与现年钱粮一并催征也。夫百姓一年所入，仅足供当年之数，不幸遇荒，父母冻饿、妻子流离，现年钱粮尚不能办，岂复有余力完累岁之积逋？有司规避参罚，往往将现年所征，挪作带征之数，名为完旧欠，实则减新收也。今岁之所减，又是将来之带征。况头绪烦多、年分混杂，不才官吏，因而猎取侵渔。夫与其敲扑穷民，以入奸贪之橐，孰若施浩荡之恩，捐与小民，而使其戴上之仁哉？

刘晏造转运船，每船破钱一千贯，或言虚费太多。晏曰：大国不以小道，理经久之谋。宜留有余，以资众力，则官物坚牢矣。置十船场，专知官十员，皆足自赡。船无破坏，馈运不缺。后有杜侍御者，矫其法，止给合用实数。专知官皆冻馁，船场遂破，馈运不继，不久遂有黄巢之乱。以此知天下之大计，未尝不成于大度之君子，而败于浅见之小人。

刘晏以户口滋多，赋税自广，故其理财，常以养民为先。诸道各置知院官，每旬日具州县雨雪丰歉之状白，使有司丰则贵籴、歉则贱粜。或以谷易襍货供官用，及于丰处卖之，知院官始见不稔之端，先申应捐免救助之数，及期，晏即奏行，应民之急。不待其困毙流亡，然后赈之。由是民得安业，户口蕃息。

晏以理财为养民，一切兴作，皆久远之计，可以为法。后世有疵晏为言利臣，谓之辩言乱政可也。

余肃敏曰：人臣事君，当随事尽力。凡有建树，即近且小，亦须为百年计。又曰：大臣谋国，遇大利害，当以身任之。慎毋养交市恩，为远怨自全之地。

晋武帝平吴后，诏天下罢军役，州郡悉去兵。山涛以不宜去州郡武备，其论甚精，帝以为然，而不能用。及永宁之后，寇盗纷起，郡国皆无备，不能制，天下遂大乱，如涛言。

崔允欲尽诛宦官，上独召韩偓问之，对曰：事禁太甚。若择其尤无量者，置之于法，抚谕其余，择其忠厚者，使为之长，有善则奖、有恶则惩，则咸自安矣，岂可尽诛耶？夫帝王之道，当以厚重镇之、公正御之，至于琐细机巧，此机生则彼机应，终不能成大功。上深以为然。

王鬷使契丹，过真定，曹玮为总管，谓曰：君异日当柄用，愿留意边防。吾尝使人觇赵元昊，状貌异常，他日必为边患。鬷未以为然。及元昊反，边事大急，上以鬷无所建白，罢之。始叹玮明识。

熙宁中，高丽入贡，所经州县，悉索地图。山川道路、形势险要，无不备要。至扬州取地图，是时丞相陈公出守扬州，给使者欲取两浙所供图，仿其规模供造。及图至，都聚而焚之，具以事闻。

平乐太守周祈，给饷稍迟，官军遽杀人行劫。上欲重处祈，申文定公奏曰：给饷稽迟，官军应诉之督抚。此辈闻广东厚饷，遂欲叛归，而以稽饷为名耳。今若罪祈，官军谓上官在其掌握中矣。九边军数十万，饷或迟缺，若闻风效尤，督抚务姑息以幸无事，将如唐之将帅畏偏裨、偏裨畏士卒，岂不深可虑哉？

明孝宗尝召刘大夏谕曰：事有当行、当罢者，卿可以揭帖密进。大夏对曰：不敢。臣下以揭帖进，朝廷以揭帖行，是亦前代斜封墨敕之类也。陛下当远法帝王、近法祖宗，公是公非，与众共之，外付之府部、内咨之阁臣可也。如用揭帖，日久视为常规，万一匪人冒居要职，亦以此行之，害何可胜言？上称善。

张旻下令太峻，兵惧，谋为变。上召二府议之，王旦曰：若罪旻，则自今帅臣，何以御众？急捕谋者，又震惊都邑。若擢旻以枢密使，解兵柄，反侧者当自安矣。上谓左右曰：王旦善处大事。

张崌崃曰：君子而贫贱，命也。使其为小人焉，昏夜乞哀，犹然贫贱也。其幸而为君子，则其自取也。小人而富贵，命也。使其为君子焉，进礼退义，犹然富贵也。其不幸而为小人，则亦其自取也。

为君子、为小人，总在人之自取，并不关乎命。故圣人曰：不知命，无以为君子。所谓小人枉自做小人，君子乐得做君子。

高景逸曰：滋味入口，经三寸舌耳。自喉以下，珍羞粗粝，同于冥然。奈何以三寸之爽，轻戕物命乎？岂惟口腹，百年光景，三寸滋味耳。有以须臾之守，垂芳百世；有以须臾之纵，遗臭万年。亦可思矣。

尹和靖应进士举，发策者议诛元祐大臣。尹读之，慨然曰：是尚可以干禄乎哉？不对而出。归告其母，母曰：吾知汝以善养，不知汝以禄养也。伊川闻之曰：贤哉母也！

潘良贵立朝侃侃，蔡京父子令亲故道意，良贵正色谢绝之。高宗朝，吕颐浩欲引入两省，良贵即日乞休补，退语人曰：宰相进退人才，以为贤耶，自当擢用，何可握手密语，先示私恩？若士大夫受其牢笼，则他日立朝，何以展布？

张南轩曰：责己须备，人有片善，皆当取之。如晏平仲事君临政，未必皆是，然善与人交，圣人便取之；子产有君子之道四，其不合道处想多，只此四者，便是我之师。责己而取人，不惟养我之德，亦与人为善也。

冯时可曰：一事逆而心憎，一言拂而心衔，甚至经年怀之而不释，易世志之而不忘。若然者，四海之中无乐地，百年之内无泰时。

杨忠愍公曰：与人相处之道，第一要谦下诚实，同干事则勿避劳苦，同饮食则勿贪甘美，同行走则勿择好路，同睡寝则勿占床席。宁让人，勿使人让我；宁容人，勿使人容我。逐处曲尽恕道，所谓终身可行也。

士君子原不当取怨于小人，而大节所在，不宜附和、不可诡随，得失荣辱不必太认真，亦知命之大端也。〇非谓人当冒险寻事，但素明此义，一旦遇大节，亦不至于专计利害、犯名义也。

人之过有从事上改者，强制于外，病根终在。善改过者，未禁其事，先格其理。如好怒必思曰：人有不及，情所宜矜，悖理相干，于我何与？又思天下无自是之圣贤，亦无尤人之学问。行有不得，皆己之德未修、感未至也。悉以自反，则谤毁之来，皆吾磨练玉成之地矣。过有千端，惟心所造，吾心不动，过安从生？正念时时现前，邪念自然污染不上。此精一之真传也。然不得执此自高自画，过无穷尽，改过岂有尽时？遽伯玉年五十，而犹知四十九年之非，古人改过之学如此。

江阴张畏岩，积学工文，揭榜无名，大骂试官眯目。一道者在旁微哂曰：相公文必不佳。张怒曰：汝不见我文，乌知不佳？道者曰：作文贵心平气平，今听骂詈之词，不平甚矣，文安得工？张屈服，就而请教。道者曰：命不该中，文虽工无益也。造命者天，立命者我。力行善事，广积阴功，而又加意谦谨，何福不可求？张曰：我贫儒也，安得钱来行善事、积阴功乎？道者曰：善事阴功，皆由心造。常存此心，功德无量。即如谦虚一节，并不费钱也。张由此感悟，折节自持，后登高选。

人行一善事，止于本身增一功德，若劝化得一人为善，则世界上遂多一善人；若劝化一恶人为善，则世界上少一恶人，又多一善人。其人又可转相劝化，以至于千百人。若笔之于书，直可劝化千百世，善根流传，永无穷尽。虽然，有其本焉。言者，心之声也，心诚则人动，心通则人格，心平则人理。不然，本之不正，哓哓焉穷先贤之绪论、忝流辈之指南，岂惟人掩耳而过之，正犯太上所训口是心非之戒耳。

《实学录》终。

王朗川汇纂忠敬录

（名之鈇，号朗川。湖南湘阴人）

谨按：圣门论为臣者，曰事君以忠，忠者，尽心而不敢欺之谓也；又曰敬其事而后其食，敬者，小心而不肯苟之谓也。夫伦类甚众，无时无事不当尽心，不独事君也。然臣之于君，分则尊而地则远也，势虽严而情或疏也。其尽心与否，一时无从见得。故事君莫要于尽心，则莫要于忠也。至于天颜咫尺，靖共匪懈，平时致敬，犹属空言。故必曰敬其事，而后敬为实在，于事有济。予向详玩圣言，考古证今，忠而属于事，敬而征之于事，乃切当不易之论，未有事不尽心，而可以言事君者；未有于事不敬，而空言小心，可以言敬君者也。湘南王君朗川，与其弟观察玉池，潜心励学、著书训世，所辑《言行汇纂》，有忠敬一门，录先儒名臣言行，深得此意。予于别集中有切于忠君敬事者，亦采录之，所冀未仕之学者，先端其志趋，认真路径，戒欺求慊，毋涉虚言饰美之恶习。及乎筮仕，随地随事尽心矢敬、杜绝欺慢，勉为公忠励翼之纯臣。纵遇合不能一辙，而于心不敢欺、于事不肯苟，亦可以无忝臣道矣。

廉希宪立朝谠正，世祖常令受帝师僧八思戒，希宪对曰：臣已受孔子戒。世祖曰：汝孔子亦有戒乎？希宪曰：为臣当忠，为子当孝。孔子之戒，如是而已。

江公望谓右司谏陈祐曰：榻前一砖之地，是人臣对君父极言天下事去处。惟上不欺天，中不欺君，下不欺心，则可免戾。祐他日为上诵之，上以为名言。

官不论大小内外，文武大臣位尊望重，担荷非轻。即一州一县，各司钱谷刑名重寄；闲曹杂职，各有地方职守。应行事宜，重禄以养之，恤尔身家也；忠信以待之，开诚布公也。恩荣福荫，上及父母、下逮妻孥。高厚宏慈，捐縻踵顶，不足云酬，而乃忍于欺、敢于欺，于汝安乎？乘此一点不安之心，就是可转之机会。若能警惕创惩、洗濯此心，勉供厥职，迷途之复，天地神明，其共鉴之。否则恬不知耻，良心没，忍于欺、敢于欺，而且安于欺。孟子所云夜气不足以存者，必斯人也。

人臣之事君者，一念耳。所以分其念，使不顾君父者，有数端焉。曰身家，曰爵位，曰权势，曰恩怨，曰名誉。惟忠则尽其心而无欺，无欺则至诚，至诚则可以感天地、动鬼神，尚何有数端之私，得而间之哉？

朱子曰：凡古圣贤说性命，皆是就实事上说。如言尽性，便是尽得此君臣父子三纲五常之道；言养性，便是养得此道而不害。至微之理，至著之事，一以贯之，略无余欠，非虚语也。

又曰：人固有终身为善而自欺者，须是要打叠得净。即如事君者，非不日行好事，但沽名钓誉、掠美市恩、隐君之德、扬己之休，皆不忠之罪也。

古之人有事势难以直陈，而纡回迁就其词，以感动之者。此其旁引曲喻，审几观变，有胆有智，不无微权，但聪明智巧，甚难效颦。一味老实头干去，亦可幸告无罪。且圣主明并日月，岂反受诸臣之笼络？若伺君父之恩而逢迎之，则心术大坏，罪不容逭矣。

莫错看了忠是惊天动地的事。圣贤论忠之道，不在气节之奇，而在义理之正。忠，庸德也，只要无一事不可对人，无一念不可对君，则忠之道得矣。

潘仲谋曰：君恩最大。无论平时践土食毛，莫非皇恩。当胶庠造就，以至历官受爵，显及祖宗、荣施三党，或待以腹心、隆以司牧，不过欲得养士报耳。身受国恩，惟知自顾身家，问心何忍？然臣道不一，为宰辅，则以格心佐治为忠；为言官，则以谏诤匡弼为忠；为刑官，则以执法平允为忠；为有司，则以爱民勤职为忠；为武臣，则以宣力靖乱为忠；当荐举、司文柄，则以为国得人为忠。事难枚举，惟务真实对君。举动一念，不为自己身家，不避豪强，不徇情面，不希冀富贵，并不求忠直声誉。或委曲济事，而非阿附；或执法不回，而非矫激。只要实有益于国计民生，且视吾君真是为尧为舜之君，不敢萌悠忽念，如是始可以报君恩。至于大节不夺、见危授命者，代不乏人，如关壮缪、张睢阳、岳武穆、文文山、于忠肃、杨椒山，其尤著也。运际坎坷，抱恨千载，固为臣子者所不忍言，亦不过了得臣子本分内事。然撑万古之纲常，存两间之正气，又不仅食人之禄、死人之事云尔也。

吕东莱曰：君臣之间，不是不可说话。此皆士大夫爱身太重，量主太浅。

虚斋蔡氏曰：臣事君以忠，当统论平时，不必拟到仗节死义处。

黄东发曰：随分尽职，遇事尽心，自无患得患失之念，何处不是安心奉职之地？

每日一两时焚香静坐，及清夜平心自思，省察考验其当理与否。凡莅民处事、存心发言，不得罪于天，即不得罪于君矣。有则改之，无则加勉，吾愿师曾子之三省也。天予我以治民之责，为造福一世之人，非享福之人也。不念造福之理，事事为享福计，官署必欲华美，器用必欲精工，衣服必欲艳丽，饮食必欲甘美；且为子孙享福计，良田欲得万亩，大厦欲构千间，珍玩必求全备。百计横索，以供享福之用。天生我为造福之人，今反为造殃之人，清夜自思，上天岂肯宽贷也？

读经书，也须会读。每见拘文牵义之腐儒，不但不晓世务，并有得罪名教者。如《泰誓》抚我则后，虐我则仇二句，便不可泥天下无不是之父母，岂有不是之君父哉？善乎冯氏厚斋之说曰：孟子国人寇仇之喻，可以警其君，不可以喻其臣；责善则离之论，可以告其父，不可以训其子。道理合如此讲。

寇仇之喻，可以警君，不可以喻臣；责善则离，可以告父，不可以训子。均有关于名教。其义精，其理足，发先儒所未发，可谓善读《孟子》也。

茅鹿门曰：人君设官分职，居深宫之中，独总其成；人臣各尽才力，大者法、小者廉，国家长治久安。此君之所以赖有臣也。

常念君所以重赖有臣，则一念不忠、一事不敬，皆有负于君也。罪可逭乎？

盛治之世，大臣论道经邦，以人事君，内举不避亲、外举不避怨，无私植之党，无恩仇之念。贤者在位，能者在职，使庶官懋勤，百庶允厘，阴阳调燮，刑措兵销者，此大臣之忠也；纠四方之弊，察百司之非，引君当道而致治，为国忧远以防危，却攀援之巧，感宠锡之荣，精白乃心，致身任事，此内臣之忠也；寅亮天工，静镇远方，有利必兴，有害必除，诛锄奸宄，保乂良民，盗贼水旱之必入告，天恩盛典之必遵行，巡劾官邪、弹压宦豪者，此外臣之忠也；恩威并济，教养兼行，核吏胥之奸，烛刁顽之讼，催科知恤，力役存仁，清廉矢己，公忠御下，弗剥民膏以自奉，弗枉是非以徇情，此有司之忠也。为臣知是，而后可以答君命。故《左传》曰：以敬承命则不违，以恪守职则不懈，斯忠之谓夫。

如此随事效职，忠也。而敬存乎其中矣。

灵璧先生曰：尝谓分谊之所定，礼义之所在也；礼义之所在，圣贤之所守也。有圣贤之守者，必能循礼义而安分谊。以贱从贵，以卑承尊，尽乎事上之道矣。

人既为臣，身为君有，非己之所可私也。身非我有，与君所用之人，尚何畛域之不化哉？故凡为朝廷倚重者，其同乎己、异乎己，不计也，知其能佐乎朝廷而已矣；其怨于我、欢于我，亦不计也，知其能益乎朝廷而已矣。此臣之职，即忠之义也。

小人亦是天地所生，决无尽灭之理。但当正己，令其自服；尤须虚心，令其自平。一涉矜张忿激，便触出许多不肖来，于国事无益，而地方亦滋扰害。

君子待小人不恶而严，人不仁而疾之已甚，以至于乱，君子亦不能无过。

韩魏公临大节、处危疑，苟利国家，知无不为。若湍水之赴深壑，无所畏避。或谏曰：公所为诚善，然万一蹉跌，身不自保，恐家无处所。公叹曰：是何言也？人臣尽力事君，死生以之，顾事之是非何如耳？至于成败，天也。岂可预忧其不成，遂辄不为哉？席啸滨曰：观公言，则知古今国事，败坏于人臣之瞻前顾后、保身全家者，盖不知几何也？

州县办一事，而希图草率结案；大僚题奏事件，而朦混含糊，皆非忠也。其不敬莫大于此。

孔光事成帝，凡典枢机十余年，守法度、修故事，上有所问，据经而对，不希旨苟合。如或不从，不敢强谏固争，徐图启沃，以是久而相安。时有所言，辄削草稿，以为彰主之过以诩忠直，人臣大罪也。有所荐举，惟恐其人之闻知。沐日归休，兄弟妻子燕语，终不及朝省政事。或问光温室省中，树皆何木也，光嘿然不应，更答以他语，其不泄如是。

韩魏公与范希文、韩彦国同在西府，上前争事，下殿不失和气。当时三人正如推车子，盖其心期于车行而已，岂为己哉？

不言省中树，议事如推车，在当日以为偶然，今已成千载佳话。大臣不如此，不足以见其公忠无私也。

武后谓狄仁杰曰：卿在汝有善政，然有谮卿者，欲知之乎？谢曰：陛下以为过，臣当改之；以为无过，臣之幸也，谮者乃不愿知。后叹其长者。

数语得理得体、有识有量，不仅长厚而已也。

韩魏公为谏官三年，所存谏稿，欲敛而焚之，以效古人谨密之义。然恐人主从谏之美，后无以见，乃集七十余章，曰《谏垣存稿》。自序于其首，大略曰：谏主于理，而以至诚感之。此一言，足为臣子进言之极则。

焚谏稿而不以彰君之过，存谏章而见从谏之美。义各有取，无非忠君爱国至意。

欧阳公在翰林，仁宗一日见《御阁春帖子》，读而爱之，问左右，曰欧阳修之词也。悉取宫中诸帖阅之，见其篇篇有意。叹曰：举笔不忘规劝，真侍从臣也。

即此见忠君爱国之意，乃至情，非谲谏也。

王恭武公有小错误，御史中丞孔道辅劾之，乃降调出镇于外。久之道辅卒，客谓恭武曰：害公者死矣。公愀然曰：我有过失。孔公以尽职参我，岂有心害我哉？直臣难得，朝廷亡一直臣，甚可惜也。岂可存怨哉？

不挟被劾之嫌，已得大体。念直臣之难得，惜直臣之已亡，更征公忠远识，可师可法。

明庶常邹智，清修绝伦。因建言下诏狱，写怀诗有曰：人到白头终是尽，事垂青史定谁真？梦中不识身犹系，又逐东风送紫宸。谪广东吏目，辞朝诗有曰：尽披肝胆知何日，望见衣裳惟此时。但愿太平无一事，孤忠万死更何悲！

一腔忠爱，出于自然。于下狱临遣时，更为难得。

明杨士奇等奉命编辑历代名臣奏议，上览之，谓侍臣曰：致治之道，千古一揆。君能纳善言，臣能尽忠不隐，天下未有不治。观是书，足以见当时人君之量、人臣之直。为君者，以前贤所言，便足今日耳闻；为人臣者，以前贤事君之心为心，天下国家之福也。

于所辑名臣奏议中，即悟君臣交儆之道。览古兴思，其则不远。可以为后世法。

明马端肃公，自本兵晋冢宰，尝曰：吾在兵部，每夜心行天之边者一周；在吏部，每夜心行天之内者一周。行边者思武备，行内者思人材。

如此，方谓之尽心供职而不敢忘，敬其事而不敢懈也。

他山石云：居官廉，分内事也。物交事逼，浸不自由，素贫贱，有妻子啼号之扰；素富贵，有口体豢养之需；喜声誉，则饰厨馔以娱宾；务结托，则厚苞苴以通好。甚则男婚女嫁，囊帛柜金，皆此是资，虽欲廉，得乎？故要莫如崇俭，莅民之时，无异处家之时；用官之财，不啻用己之财，斯可矣。居官勤职，当然也。聪明有限，事机无穷，竭一人精神，以防众奸慝，已非易事。而耽延衔杯，恣情渔色，赋诗品弈，遂致狱讼经年，是非易位。讼诉愈多，事机愈混，方虑息肩之无期。幸吏牍已备，俛首涉笔，终归苟道而已。其要莫若清心，鸡鸣听政，家务尽屏，勿以酒色自困，勿以荒乐自戕。某事当决，某牒当报，某赋当办，某系当释，时时察之，汲汲行之，毋谓姑俟来日。则事无不理，而此心亦宁矣。

有十分之心为己，不肯一分为民。自早至暮，只觉己事为重，民事为轻，故有此种种恶派。

《省心录》曰：士大夫若以一官之廪禄计，不知其为素餐。试思驱役之卒、承奉之吏，供帐居处，无非民力，则有愧于方寸者多矣。若于奉公治民之道不加之意，其与窃人之财而为盗者何异？

宋张肖甫云：司马温公与王介甫，清俭廉介，孝友文章，为天下学士大夫所瞻仰，然志趣不同。介甫以术行，温公以正进；介甫所学者申韩，而文之以六经；温公所学者周孔，亦文之以六经。故介甫行政多偏执，其门多小人；温公行政尚公忠，其门多君子也。

学术关于政事，而渊源气类，不仅及身而止。可不慎与？

张右川云：世之高谈阔论者，率不肯吐肝披胆于君父之前；而仗义直言，多得之深沉不伐之士。宋之刘元城，问司马温公治心行己之要，温公答云：自不妄语始。元城服膺力行，及其立朝，于国是民瘼，知无不言、言无不尽。识者以为尽言者，自不妄语中来也。

平时有不妄语之学问，故遇事方能言人所不能言。士君子立朝忠君，自有本也。

袁学士曰：大小臣工咸怀忠良，则朝廷之势尊。惟靡曼是娱，惟珍奇是好，淫侈相高，燕乐无节，同堂合席，不闻箴规，忠心谋国者不如是也。

贤才之于国，犹御寒之衣裳，养生之菽粟。汲引善类，无间亲疏，推贤扬善，固不乏人，而挟私害正者，乃或有之。合于己则掩覆其过，异于己则指摘其小疵，毁誉发于私情，而真才不得展布，忠心谋国者不如是也。

植私者众，赤心者寡，国事奚赖？何以重朝廷也？

张受先曰：纲常在天地间，原以责之君子，亦惟君子视为分所应尔。申生匪怨其父，屈原匪怼其君，分应尔也。论世者毋徒恤诸君子之死，而重服其能尽分，引为尽分。则虽捐躯赴义，只自尽其臣职而已。

钱宣靖公曰：以爵禄恩赏之故，而效忠于上，此犹是中人以下者之所为也。

爵禄恩赏，朝廷所以鼓励臣工。而臣子效忠，则视为义不容辞、分所当然。孔子曰：君使臣以礼，臣事君以忠。各尽其道，非因君有礼而臣乃效忠也。

罗文恭曰：论事者，理常绌而势常胜。君子处事，未尝夺于所胜，而病于所绌。天之废兴不可必，时之得失不可强，以其不可强而必者横于中，则顾虑观望之衅渐生，而贞固迫切之诚日损。固有假虽死无益之言，以文其过而逃其议，皆失于利害之较太深，是非之断不早，易素履而蹈大讳，其职此矣。故君子事无大小，宁过于愚，无失之巧；事关重大，宁决性命于万一不测之虞，无宁腼面目以取偿于岁月不可希冀之会。是是非非，其理固然，不容解于心也。

忠于君者，有时不计利钝、不顾祸福，此之谓尽心。

又曰：先儒有言，死天下之事易，成天下之事难，此为不善处死者言也。虽然，死而不足以成事者有矣，未有能成天下之事，而其身不能死者也。故求死于事之可为者非难，求成于事之不可为者为难；死于事之必可为者非难，死于事之必不可为者尤难也。

宁武子之愚不可及，孔子所以嘉之。

周公之忍，不害其为仁；项羽之仁，曾何救于忍？宁武子之愚，不害其为智；晁错之智，适所以为愚。

范文正尝言：士当先天下之忧而忧，后天下之乐而乐。后为《岳阳楼记》，遂著其语。陈埙嘉定中上封事曰：上有忧危之心，下有安泰之象，世道之所由隆；上有安泰之心，下有忧危之象，世道之所由污。故以天下为可忧，则乐随之；以天下为可乐，则忧随之，在乎善审忧乐之机而已。审忧乐之机，则知范文正公先后之意矣。

忧非徒忧，乐其可乐，此范公先后之意也。

宋蔡襄告其君曰：忠臣引君当道，论事惟恐不至，若避好名之嫌，则土木之人，皆可为矣。至于巧者不然，事难言则喑而不言，择其无所忤者，时一发焉，犹或不行，则退而曰吾尝论某事矣。此之谓好名，是则好名非忠臣，而忠臣不可避好名之嫌也。

此巧于沽名者，其不忠孰甚？

真西山曰：学士李季章致仕，帝慰留之，曰，公论所在，未有久而不明。人材实难，不忍使之终弃。处群小横流之中，而有阴扶善类之意；当大权倒置之际，而有密制元恶之谋。况其遄返于虏廷，尝欲挽回于兵衅，谓世仇固所当复，而边事岂可遽兴？迨奋投龟之决，迄成解瑟之功。稽其忠勤，厥有本末。

李公平日有守有为，经权互济，不愧公忠。帝已见信，故表以示人。为臣者，毋谓忠恒见疑、公道难伸也。

圣人之道，不过得中；天下之事，毋存偏见。君父于臣子，初无彼此厚薄之分也。臣下以好恶之私，互相倾迫，理或至于过中，事或狃于偏见。士大夫各持异议，是非不公，彼此过当。譬如人家子弟互相争斗，父母随以不宁，而家事之当葺者，自不暇及矣。

凡事不肯尽心，不以君事为重，故有此患。

立朝之士，坚确自守者，虽无顺适之可喜，而决知其无反覆难信之忧；雷同相随者，虽无触忤之可憎，而决知其有包藏不测之患。其于治道兴替，关系匪轻。

操用舍之权者，所宜留意于此也。

魏鹤山曰：《易》之同人曰，同人于野亨，其彖曰，惟君子为能通天下之志。盖人之心，公则一致，私则万殊，无以通之，则万殊不一之私心，足以害天下至同之公理。此其事伏于冥冥，而人莫之觉，故论今日风俗之弊者，莫不议其尚同，而臣则疑其未尝有同也。进焉而柔良，退焉而刚方，面焉而唯唯否否，背焉而戚戚嗟嗟，成焉而挟其所尝言以夸于人，不成焉而托于所尝料以议其上，恩焉则敛而归己，怨焉则委之曰，此安能以自由？时政之得失，除授之当否，疆埸之缓急，言焉而得，则矜以为功；否焉则讪之曰，此徒言而无益。呜呼！垄断而望，可左可右；骑墙而语，可出可入。盖嗜利亡耻之人，贪前虑后者之为耳。士大夫而若此，则其心岂复以国事为饥渴休戚者哉？踪迹诡秘，朋友有不及知；情态横生，父子有不相悉。使此习也而日长月益，见利则逝，见便则夺，国家何赖于此也？自封章奏疏、对策上书，大率应故事、具虚文，而无恻怛忠敬之实，而诿曰恶讦以近名也，忌激以败事也。其号为谠直，亦不过先为称赞之词，而后微致规切之意。如论治道，则曰大纲已举，而节目小有未备；论疆事，则曰处治则宜，而奉行稍若未至，前后相师。如此类者，未易悉举，然犹日锻月炼，昼删夜改，而后上达。夫齐人无以仁义与王言，而孟子谓其不敬莫大乎是。今之为此说者，是敬朝廷乎？慢朝廷乎？

昔者固有百劝而一惩，千诺而一谔者矣。固有约至上前而背其议，出言不可，而入言可者矣。又有始是什三，中是什五，后是什八者矣。未尝有刀锯斧钺之严，投窜死徙之事，而知莫敢言、言莫敢尽，彼其心谓言之而不能行，并不能受，宁襮顺而里藏，面从而腹诽。人见其同也，而臣见其未尝同也；人谓其有礼且敬也，臣谓其至无礼也，至大不敬也。

人臣不能尽心，不肯敬事，诡计丑态，自昔已然。鹤山先生形容曲尽，可为千载人臣箴鉴。

天为斯世生才，自足斯世之用。郭汾阳既收东郡，方议北讨，此何时也？卒夺其军，而汾阳不怨也。河东事迫，又强起之，又为佥壬所忌，非人主终信不疑，则唐祚岌岌矣。然非特汾阳出为时用也，七子八婿，皆居贵显；幕府六十余人，卒为将相，其卓尔可称；则杜鸿渐、黄裳、李光弼、光进之徒，皆以才识器业，为再世中兴之用。然则天生汾阳为社稷计，而又望其子若婿，与从游之宾客以助威之，岂非忠贞之所致哉？欧阳公书其将略曰：忠信之厚，固由天性。至于处富贵、保功名，古人之所难者。谋谟之际，宜亦得其助也。至哉斯言，不以富贵功名为夸，而以善处善保为难；不以忠厚为足，而以谋谟之助为贵。古之建功立业而全令德者，率是道也。可见士大夫当为天下用其身也。

郭汾阳此时，已为佥壬所忌。乃不稍失望，而合门赴敌，以成大功，可称纯忠。其善终保全，莫非忠贞之所感也。后世以忠武、汾阳并论，曰诸葛勋名本敬慎，汾阳事业在忠贞，信哉。

王应麟曰：图大患者，必略细故；求实效者，必去虚文。又曰：因危急而紊纪纲，以偏见而拂公议，臣不敢行。

惟知尽心，以求济于事而已。

大丈夫生斯世，自应磊磊落落，揽辔澄清。非异人任，今日之忧，岂为温饱哉？

自量学业未能过人，则贫贱不为不幸。此囊萤映雪之日，非怨天尤人之日也。

此身此际，其责重，其忧深。圣经贤传，内足明善诚身，外足匡时济众，其为益也，岂不大哉？

有此志向胸襟，方可谓之忠于君而敬于事。

有以名利之说来者，勿问大小，悉宜应以淡心；有以是非之说来者，勿问人我，悉宜处以平心；有以学问之说来者，勿问合否，悉宜受以虚心。此大受用诀也。人须有坚忍之操，天下事方有干济。坚忍者，俗所谓耐也。耐之义，谓耐饥、耐寒、耐烦、耐劳、耐辱、耐穷、耐心、耐事、耐官职，耐则能久，不耐未有能久者也。识得耐字，上之为圣贤定静之学，次则为有恒之士。临民事君，问心无愧。莫大经济，皆基于此。

不实心，不成事；不虚心，不知事。

二者缺一不可，其理随事可见，其功随时可用。

有作用者，器宇定是不凡；有作用者，才情决然不露。我有功于人不可念，而过则不可不念；人有恩于我不可忘，而怨则不可不忘。

念过而不念功，恩不可忘，怨不可不忘。情理两得其平，人已各尽其道。

吉人之辞寡，深险不可；节侠之生轻，斗狠不可；豁达之财疏，暴殄不可；才子之气高，矜骄不可；廉吏之守严，刻薄不可。

圣贤出有出的道理，处有处的道理，尽得道理。出也好，处也好，今人志在富贵，所以见得处，不如出也。

吴芾云：事不当行，宁获谴于上官，不可贻害于百姓。李衡云：力不能行，与其进而负于君，不若退而进于道。二公南宋人也，合之可作出处铭。

廉不言贫，勤不言劳。爱民不言惠，锄强不言威。事上致敬，不言屈己；礼贤下士，不言忘势，庶于官箴无忝。轻财足以聚人，律己足以服人；量宽足以得人，身先足以率人。

名根所以害人者，骛名则劳，矜名则傲，饰名则伪，争名则忌。咎恶从此而起，至人所以戒好名也。

苏子容曰：欧公不谈文章，喜谈政事；君谟不言政事，喜谈文章。各不矜其所能也。

陆宣公曰：居上者，当违欲以行己所难，布诚以除人所病。

论仕道曰，做官如做人，要反复思维。事到不能两全处，宁可失官，无作负心人。又曰官不可不清，却不可傲。清而傲，取祸之道也。

平易近人，既不失己，亦不戾世。

士君子一言当百，不可多言取厌。虚言取薄，轻言取侮。

言满天下无口过，立身事君，均不外此。

士君子临事，当于难处求其易，易处虑其难。

难处不敢推诿，易处不敢忽略，尽心而已。

自警铭曰：洪范六极，弱居其一。所谓读书，变化气质。当断不断，尔自贻戚。

自省铭曰：环顾斯世斯民，生者待汝养，死者待汝葬，天下后世待汝治。汝毋或轻尔身，以殉无涯之欲，而丧厥志。

自觉克己复礼、主敬行恕之学，刻不可离。朝夕而思之，数日而批点之，墨未干而忘之，谓之何哉？

昔人进思尽忠，退思补过，此与夫子主忠信徙义之意同。吾人存至诚无伪之心，进而有为忠也，其间轻重缓急，过差而不合于义者尽多。故进思尽忠者，必退思补过；主忠信者，必徙义。阳明论学，以致良知三字外别无功夫，所差在此。

果欲尽忠，焉能无过？补过所以完忠字之分量，全尽忠之实事也。二语人多囫囵读过，此为透切。

士大夫必先不肯自欺，而后可望其不欺君。即如为善，自己也知得自当为，也勉强去做，只是心里又有些便不消如此，做也不妨的意思；如为不善，也知得不当为而不为，心中又有便为也不妨底意思，是自欺也。自欺如此，欺君可知矣。

如方正也不妨圆融，孤子也不妨应求，疾恶也不妨姑容，洁清自矢也。而分例可得者，不妨从俗。不妨二字，昧初念之真心，瞻徇于转念之私意。由自欺而欺君，不知其所终极矣。

又如九分九厘公正，杂了一厘私意，心地不干净，便能潜滋暗长。故古之称忠君为纯臣，纯者无私伪之杂也。人臣德器有偏全，才分有大小，官有尊卑，事有难易，时势有常变。朝廷随材器使，其属望于臣者，未尝人人求全、事事责备。臣子报效于君，亦不能动罔不臧。先要此心之无欺，心无或欺，则止知有君，不知有己也。进思尽忠，退思补过，无一时一念，不乃心王室也。一民不忍失所，一事不敢错忽，尽心于君，则君之民，即吾之赤子；君之事，即吾之家事。一时之成败，一事之祸福，皆不能移。故曰忠者一其心之谓也。

官虽至尊，决不可以人之生命，佐己之喜怒；官虽至卑，决不可以己之生平，佐人之喜怒。

此不过能尽其心，不忍欺、不敢苟耳。

王阳明曰：古之仕者，将以行其道；今之仕者，将以利其身。将以行其道，故能不以险夷得丧动其心，而惟道之行否为休戚；利其身，故怀土偷安，见利而趋，见难而惧。非古今之性尔殊也，其所学所养，于平日不同，而观夫天下者之达与不达耳。

归于所见之达与不达，更见学之有关于仕。

君子与小人居，决无苟同之理。不幸势穷理极，为所中伤，则安之而已。处之未尽于道，或过于疾恶，或伤于愤激，无益于事。而致彼之怨恨仇毒，则皆君子之过也。

事势当仓卒之际，变出非常。君子常身任天下之祸而不辞，非得已也，知天下之祸终不能免，惟以身任之，冀可免于天下之祸；小人不知祸不可幸免，诡计以求脱，遂至酿成大祸，而己亦卒不能免。故任祸者，惟忠诚忧国之君子能之，而小人不能也。

先生值宸濠之变，皆以身任天下之祸，而后卒免于祸，有利于国家。此条自道其阅历，益信阳明为有用道学也。

忠义之降，激而为气节；气节之弊，流而为客气。其上焉者，无所为而为，所谓成仁取义也；其次有所为矣，然犹其气之近于正者也；迨其弊也，遂有凭其愤戾粗鄙之气，以行其娼嫉褊骜之私。士流于矫拂，民入于健讼，人欲炽而天理灭，而犹自视以为气节。于公忠之道，失之远矣。

去气节之偏，以归于全；克客气之私，以反于正。如此方为公忠，然非有学者不能。

《文山别集》者，宋丞相文山先生自述其勤王所经历，后人采集以成者也。中间所值险阻艰难，颠沛万状，非先生之述，人无从而尽知。先生忠节盖宇宙，皆于是而有据。后人因词考迹，感慕先生大义，油然兴起其忠君爱国之心。是集之有益于臣道，岂小小哉？

君子之忠于君，求尽吾心焉而已，岂屑屑言之？以蕲知于世，然仁人之心忠于君，亦欲人之忠于君也。欲人之忠于其君，而思以吾之忠于其君者，启其良心。固有人弗及知之者，非自言之，何由以及人乎？斯先生之所为自述，将以教世之忠也。当时仗节死义之士，无不备载，是以有传，是又与人为善者也。是集也，在先生之自尽，若嫌于蕲世之知，以先生之教人，则吾惟恐其知之不尽也；在先生之自尽，若可以无传，以先生之与人为善，则吾惟恐其传之不远也。

人臣因事纳忠，只求尽心供职，不应自己表暴，急求人知，故古人以焚谏草为忠。至于履险蹈危，挫折不屈，以身殉国，非一时一事之忠可比。不为述记始末，后来何所激劝？倘遇急难，亦无所师法。故文山不可无集，又非以不焚谏草为忠。况朝廷旌忠有典，方且访其遗迹而登之史传。事之常变不同，义固各有所重，总期足以劝忠而已。

碌碌之士，未论其言之若何，苟肯言焉，亦见其忠矣。若有学之君子，必时然后言而后可，又不专以敢言为贵也。去恶先其甚者，颠倒是非，固得罪于名教，若搜罗琐屑，亦事君者之所耻也。

忠君者揆理审时，不激不琐。此中权衡有学问焉。

王阳明谪居龙场，府差至驿，多所陵侮。场民不服，与差争斗。有劝其赴大府请谢者，先生曰：差人至龙场，挟势擅威，非大府使之也；场民与之争斗，亦非某使之也。大府未尝辱某，某亦未尝傲大府，何所得罪而请谢乎？跪拜亦小官常分，然亦不当无故而行之。废逐小臣，所守以待死者，忠信礼义而已。某居此，盖瘴疠蛊毒之与处，魑魅魍魉之与游，日有三死焉。然居之泰然者，诚知生死有命，不以一朝之患遗终身之憾也。大府苟欲加害，而在我诚有以取之，则不可谓无憾；使无以取之，而横罹焉，则亦瘴疠已尔，蛊毒已尔，魑魅魍魉已尔。执事之谕，虽不敢承，然因是而益知所以自励，不致有所隳堕，则某也受教多矣。

以上皆王阳明先生语，悉从学识涵养中来。毋以其专主致良知之偏，而轻议之也。

居官簿书如麻，下情阻隔，或乘其聪明，或乘其火气，或乘其忙错，种种皆能枉人。及文案既定，则有明知枉而无如何者，此居官之难也。其难其慎，不在依违二三，而在虚心观察。

尽心则人不能枉，不苟则自己必不肯枉。

好以言讥人者，必忮心之重者也。故见人富贵则忌之，见人声名则疾之。忌疾之心蓄于平日，讥激之言随处触发。结怨已深，构祸不已，故君子贵治心焉。

忠于君者，方喜国家得人致治，虽好尚不同，决无忌疾之事。

历代搢绅之祸，多起于言语文字之激。故诽议激坑焚之祸，清议激党锢之祸，清流激白马之祸，台谏激新法之祸。始也一人唱之，群起和之，不求是非之归，乃欢焉狂焉，牢不可破，卒至不可收拾，则所伤多矣。

敬于事者，必不肯激；忠于君者，必不成党。

毕仲游与东坡书曰：夫言语之累，不特出诸口者为言，其形于诗歌、赞于赋颂、托于碑铭、著于序记者，亦言语也。今知畏于口而未畏于文，是其所是，则见是者喜；非其所非，则蒙非者怨。喜者未必能济君之谋，而怨者或以败君之事矣。

是非不可枉，喜怨不可徇。即诗歌赋颂，不可不存此意，况于君之事乎？

《说苑》载孔子曰：史鰌有君子之道三，不仕而敬上，不祀而敬鬼，谓肯敬鬼神也。直能曲于人。

敬上敬神，人犹能之。所难者不仕而敬，不祀而敬耳。直己而能曲全乎人，尤可贵也。故孔子取之。

好朋友，在穷迫时见；好人品，在财帛上见；好臣子，在事值危疑上见。

三者人皆视为易能，而临时却觑不破，不觉便昧初心，露本色矣。至于人臣自负为忠且敬，及事涉危苦，或有疑难，辄思委蛇退阻者，尤不少。

国家振兴节义，无非使为臣子者，知幸生不足荣，义死不足畏。是以缓急之际，人人可为金城也。环顾一时边鄙之臣，有惜死而逃者，鼠雀偷生，迄亦不免，含愧入地，犹有余羞；赴义者，身虽没而朝廷愍书恤典，义烈昭然，与天地日月相为亡极，岂不深可贵乎？

忠原不必皆蹈于死，而果能不愧于忠，则死亦所不顾。孰重孰轻，孰贵孰贱，不待知者而知，在人当下决择耳。

刁蒙吉曰：曾子之孝，而孟子才言可也。程子以子之致孝于父，其身心物力，毕竟是父母之身做出来，不是分外事。臣子建功立业，以君之人民也，以君之势位也。功业虽大，亦是以君之人民势位做出来，而谓为分外事可乎？他人知此义，则淮阴当无鸟尽弓藏之怨，李临淮直与汾阳并驾，不至以愧恨终矣。

人臣视忠为分所当然，则忠为纯忠，敬非矫饰矣。

权德舆曰：陆宣公久为德宗知名，召对翰林。朱泚之乱，从幸奉天，宣公洒翰即成，无不曲尽事情、中于机会。尝从容奏曰：此时诏书，宜痛自引过，以感人心。禹汤以罪己勃兴，楚昭以善言复国，诏书始下，虽武人悍卒，无不挥涕激发。议者以德宗克平寇乱，不惟爪牙宣力，盖亦资文德腹心之助焉。

德宗察物太精，猜忌太甚，躬临庶政，失其大体。奸谀从而间之，屡至不悦。或以规公，公曰：吾上不负天子，下不负所学，不恤其他也。榷古扬今，指陈得失，敷其道也，与伊说争衡；考其文也，与典谟接轸。

苏东坡疏曰：陆贽才本王佐，学为帝师，论深切于事情，言不离于道德。上以格君心之非，下以通天下之志。德宗以苛刻为能，而贽谏以忠厚；德宗以猜疑为术，而贽劝以推诚；德宗好用兵，而贽以消兵为先；德宗吝用财，而贽以散财为急。至于用人听言之法、治边驭将之方、罪己以收人心、改过以应天道、去小人以除民患、惜名器以待有功，可谓进苦口之药石、针害身之膏肓。使德宗尽用其言，则贞观可得而复。

琅琊王世贞曰：唐世贤相，善谋善断，尚通尚法，尚直尚文，功业表表，非无可称，然皆出于才质之美，而未尝根于学问。魏郑公耻其君不为尧舜，进谏论事，每以仁义为劝，颇为知学。夫何建成之事，君子病焉，惟陆宣公论谏数百。虽当扰攘之际，说其君，未尝参用术数，若罪己改过之言、用人听言之方，以及备边驭将、财用税法，纤悉毕举。其学之纯粹，盖三百年间一人也。德宗仅能听其一二，尚能削平朱泚，恢复旧物。使尽行其所学，贞观之治尚足言哉？

淮扬齐政曰：宣公明圣贤之学，抱经济之才，赞翼德宗，开心见诚。论切事情而不迂，言本道德而有据，酌古今之通义，为政治之准绳。经纶制度、典章文物，靡所不具。其词严，其义正。王佐之才，杰出汉廷贾董之右；有官君子，详观遍览，有以见公之长才远识，蔼然尧舜君民之心。为臣效忠，能法于滋，顾不美欤？

温陵李懋桧曰：汉代文章，独称董贾。天人三策，皆本经术。治安数千言，通达国体，固敷对之嚆矢，忠荩之轨式也。唐之盛时，房杜姚宋赫然称首，其文词乃不概见，而陆敬舆氏以奏议特闻，岂施设者在功业？故其文不彰，议论者在文章，垂之于后，有裨治理。士人学以应世，亦取近世已行之事，参稽其成败，而斟酌其议论，举而措之可也。陆敬舆奏议，苏子瞻进之宫筵，以资讲读。夫人主犹尔，况韦布乎？近世陋习，论道者祖元虚，经世者尚权术，非庄老之元幻，即管商之刻核。欲其根本六籍若董之驯，经济时务若贾之达，舍敬舆奏议，将何则焉？

春秋以后，有忠君之真心、任事之学识、期于君事有济者，汉则有诸葛武侯，唐则陆宣公为最。宣公奏议，不下千余言，而扬古榷今，切指时弊，以文章为政事，本经术为措施。暗如德宗，亦为竦然动听。虽不能尽用其言，而于事已觉有济。如所云求瘼在知其所患，救灾在恤其所无。致理兴化，必在推诚，忘己济人，不吝改过。不及物以充欲，不劳人以树威。为国本于亲贤，举人先于称职。舍己从人，故能通天下之志；取长节短，故能尽天下之才。导王者之泽以被于下，求庶人之瘼以闻于朝，司牧之责、长吏之任。非慈惠不能恤疲甿，非才识无以济艰危。诸如此类，切中唐时弊政。考之前古后今，其治道无以易此。有志于忠君敬事者，尚其览全集而端所趋向，不为虚浮塞责之恶习所惑也。

真西山上丞相书曰：昔人居重位、秉大权者，虽取信于君子，或不能不见忌于小人。同类怀其恩，未必无以召异己之怨；国人钦其行，未必有以服远夷之情；一时赖其功，或见绌于后世之公议。诸葛武侯，不惟先主托以幼孤而弗疑，虽刘禅之庸，亦举国听之而弗忌；不惟文伟诸贤尽心为之用，虽杨仪魏延之悍戾，亦皆捐躯效命而弗辞；不惟器能受命者，竞劝以答其知，虽流徙废放之徒，亦没身怀思而弗怨；不惟举国信之，当时尊之，而泸夷之约束、沔阳之庙祀，至今不废。侯何以得此？曰开诚心、布公道而已。诚与公，天地鬼神有不能违，况于人乎？今读侯传，想见其事君如亲，待诸贤如朋友，抚群下如子弟，襟怀洞然，与物无间。形之章奏，则忠恕足以悟上；发之教令，则感激足以动人。至于生杀废置，虽出其手，然爵不滥于罔功，刑不挠于贵势。尽忠益时者，虽仇必赏；犯法怠慢者，虽亲必惩。何只小吏也，其材可录，则越次而升之；马谡上宾也，其罪当诛，则流涕而戮之。持心之平，无异衡石；用法之信，可质神明。其所为无一而非公，惟诚惟公，始终一致。故上而君信之，下而人服之也。武侯之开府也，发教群下，恳恳焉以集众思、广忠益为心。乃自谓闻得失于州平，见启诲于元直，受尽言于幼宰，赖谏止于伟度，退然自托于不能之地，若无一事之不资诸人者。盖知虑之所及者易穷，而是非利害之错出者难见。惟集众人之智以为智，合众人之虑以为虑，则天下之善，无不在我矣。

自昔秉权用事者，鲜不悦人赞己，恶人议己。夫以赞己者为忠，则忠信不得进矣；以议己者为罪，则己过不得闻矣。观武侯谆谕告诫，一则曰有忠于国，则亮可以少过矣；二则曰诸有忠虑于国者，但勤攻吾之阙，则事可定、贼可灭，功可跷足而待矣。

武侯同心为国，不为己私；求于济事，不求己胜。然国既安，则己未有不豫其利者。彼怙权讳过者，恶人议己，而不知其爱己也；悦人赞己，而不知其误己也。以阿意为忠，而不知其大不忠也；以不闻过为幸，而不知其大不幸也。丞相勤身辅政，内外之心，犹或未孚；屈己受言，士大夫之情，犹或不得以自竭。意者至诚尽公，兼听忘我，如武侯所为，尚有当勉者乎？

丞相家传相业，世跻厥美，未易以一善名，而最不可及者，容人之度是也。考之前史，若唐李吉甫父子，相宪武二君，削平诸镇，中兴王室，功业甚伟，然不得与房杜姚宋并称者，以容人之度未足故耳。元和初，牛僧孺等以贤良对策指陈时病，颇为剀切，此制科之常，而吉甫以其议己，泣诉于上，尽逐考官僧孺诸人，皆不见录。朋党之祸，实基于此。后德裕继相，猜嫌愈甚，一时人材互分彼此，而朋党之祸遂成，更相倾轧，唐室遂以不振，皆李吉甫父子为之也。

正直之士，忧深虑远。其间知大体者，固能徐为开导；而强直自许者，或不无矫拂太甚，人情将有所不堪。乘不堪之情，以激不平之忿，则刚劲不如软熟，违忤不若顺承，其意将有时而移。况辨论似争，争则有不靖之形；和同似党，党则有分朋之迹。自昔谗害忠良，往往被以此名。群驱辈逐，大抵由是。

夫争有是非，正人之争，以为国也；邪人之争，以为己也。是非不辨而两绌之，可乎？朋有真伪，正人之朋，以同德也；邪人之朋，以同恶也。真伪不分而概疾之，可乎？今虽未有此事，亦愿大丞相谨之而已。

庙堂之论，不参之群下，为日久矣。大丞相博尽众谋，弗任私智，事之有关国体者，必议而后行。众言杂进，岂皆当理？议论不一，尤难适从。迂者不切事情，狂者不识忌讳，然异同不一之中，乃至当之论所出。正如玉隐于石，金混于沙，琢之淘之，至宝乃见。其可以沙石之杂，而变金石之珍乎？

自昔鲠切敢言者，常病于过。故赵中令有龇权之毁，韩忠献有跋扈之劾，文潞公有交结之谤。三相勋德，曾不因此而稍损。当时亦未闻深咎言者，以其职在论事，不嫌过直也。若蔡若秦柄国之时，则无此矣。故雷德骧诸人之过直，乃所以彰三相之能贤。而蔡秦之世，有歌颂而无箴规，不问可知为权臣矣。

事变之兴，未有终极。君相汲汲经营之时，正人多则腹心有所托，不然是自毁其耳目也；言路开则耳目无所蔽，不然是自涂其耳目也。小人寡识，所以激作破坏者，图自利耳，岂为国家计哉？

处方面者，未能忘情得丧之间。有所建请，必先伺朝廷意向，至于当然之利害、必至之祸福，往往匿而不言。或反私议窃叹曰，此非庙堂所乐闻也。夫以顺为正者，妾妇之道。所居何官，所任何事，而可以妾妇自处乎？愚谓凡当然之利害、必至之祸福，宜皆一一以闻。言之未听，则再三言之。又不听，决去就以争之。争之而听，可以展布，为国家生民之福；若终不见听，而去之以道。事君不可则止，虽功业未即见于时，异时犹有望焉。若姑循近世之辙，容容唯唯，有事不敢言，言事不敢力，至于失机宜而误大事，自己仍责不能逃，悔之无及矣。

人臣事业，皆有所本。诸葛武侯平生所立事业奇伟，求其所以，则惟开诚心、布公道，集众思、广忠益。盖此四者，乃武侯事业之本。而诚之于公，又其本也。今居武侯之任，而又适当可畏之时，用将非人，而士卒之心不服；抚御失策，而忠义之志未驯，变故多端，天意难测。于是时也，傥非至公血诚，质之天地而无疑，何以服未服者之心，驯未驯者之志？至于黜臆见而取众长，亲正直而远邪佞，则又其所急者。

武侯行事，散见史册，曩岁南轩张宣公尝辑之为传，郡斋有十二字之刻，其为功业之助不少。遇当世之膺重任者，则以告之。闻者笑其迂阔、不切事情，而某之自信则弗移也。

诸葛武侯一生忠于君而敬于事，非真西山不能如此曲尽形容、得其领要、极其详备也。今即以武侯之信上获民者，上书于当时丞相，无非望丞相希踪武侯，相勉于忠君敬事之道。而真西山之忠于君而敬于事者，即此亦可想见矣。

吕叔简曰：臣子事君，责难闭邪，而为臣者怠忽玩愒，何其全不知自责也耶？是惟于一切牢不可破之锢习，则且缓之；厌不欲闻之套言，苟且塞责之；章奏小事、激聒之弹文，则皆省之。事关君国子民，然后巽入以恳之，积诚以动之。不然，只见君之过，而不思臣之过更十百焉。如灭纪法以树私交，怠职业而相玩愒，工机械而丑诚直，尚翕訿而无公论，苟目前而忘远虑，重宠利而轻民社，急虚文而弃实务。贪酷在在，而荐剡谀悦为贤能；冻馁家家，而旗鼓供帐塞道路。类此者，岂吾君迫之使然乎？夫君之不可回者，无取乎激也；事之在我者，尤所当尽也。不为吾之能为，而委罪于不可为；不求自尽，而望君之必尽。其不忠莫甚乎此，不敬莫大乎此。

事君者，率以君不纳谏为苦。殊不思友朋规劝，必先忠告，而后善道。乃事君而惟知责望于君，不思自尽其道，如何无愧于忠，何以谓之敬事？此吕公持平之至论、不易之定分，臣子所宜猛省也。

《忠敬录》终。

石成金官绅约

（《十反说》附）

（名天基，字成金。江南江都人）

谨按：官司之政刑教化，无非引民于善，而预远于不善也。能使民归于善，而不为不善，是即官司之行善也。至乡绅于地方民事，原不应有所干与，以滋把持官府之咎，然既为乡绅，非将来即应出仕，则已仕而致政归里者也，居士民之首。地方官兴除利弊，体察民情，必先访之乡绅；而境内士民，因其名列搢绅，凡居家居乡行止，率效法焉。此亦情理所必至者。故化民成俗，官司之责，而乡绅亦所以佐地方化民成俗者也。从来论治者，率详于官，而不及乡绅，亦恐乡绅有干求之嫌，未免因噎废食。而乡绅为一方之望，亦不可不自爱自重也。维扬石成金，平昔著书训世，有《官绅约》一帙，望官司以爱民为行善，并望乡绅行善以化俗。其理不越乎圣贤经传论政之要，而出自乡里浅近之言，更觉平易切实，发人警省。以大知之舜，而好察迩言，况其他乎？又有所谓《十反说》，亦即切近指点，劝戒官民，各各去恶从善而已。窃以理有正有反，故作文有正面、有反面，尝有正面未足发明，而反言之更为显切。如孔子因世人止知养父母为孝，而以犬马皆能有养警之；孟子因人不知求放心，而以人有鸡犬放警之，因人不知养身为重，而以养拱把之桐梓警之。皆就反面一罕譬之，俾人有所警省也。予向采《丹桂籍》中之《八反歌》，以警世人不孝之罪。今石君十反之说，自士大夫以及愚民妇女，皆就反面罕譬之，以警痴迷。总以世人习于不善，忽而不察为可惜，阅此浅近之言、十反之说，或可恍然有所醒悟云。

论行善，是人人分内事，原无那个该行善，那个不该行善的；也没有那件善是人所能行的，那件善是人所不能行的。只有一等善事，凡人力量万万不能行，惟有做官的轻轻就可行了。且凡人行善，一善只成一善；做官人行一件善事，便胜如凡人百千件。以此做官的人，更当急急行善也。

比如做州县官，便是一县民命所关。他若行善，那一州县百姓，都受他的福了；做府官的，便是一府民命所关，他若行善，那一府百姓，都受他的福了；到了做司道的、做总督巡抚的，便是一省民命所关，其善愈广，受福的人愈多；直到了做科道九卿六部，以至于宰辅中堂，做这样大官的，便是天下民命所关，他行一善事，尽天下都受他的福了。这便是一件胜如百千件了。

这样大官，要行善事，再没有行不去的。即间有疑难的事，若立定主意，打起精神来，能耐烦苦，不辞劳怨，千方百计，定要成就此事，群策群力，那里有行不得的？以此做大官的人，行善最易。所以说那做大官的，更当急急行善也。

但此行善的官，其中亦有苦难之处。比如做那科道部院的，奉行朝廷善政，却不能与百姓相亲，还要那有司官实实去行，百姓方受朝廷之福。所以做有司官的，尤望他实力行善。若有司官不肯实力奉行，便是那科道题请、六部奏准，朝廷行下来的善政，也都归于空言了。所以有司官尤当亟亟行善，方为不负朝廷、不愧民之父母也。

但是做有司官的，也有难处，也要知他的甘苦。寻常民间小小冤枉事，有司官申得；小小便利事，有司官行得。若要兴大利、除大害，必须督抚代为题请。若有司官申详上去，督抚不替他题请，纵有好司道官、好有司官，要行好事，也不能勾完全圆满。至于六部九卿，奉行朝廷的善政，必是先行督抚，督抚后行所属。看来六部九卿要行好事，也须督抚替他实实去行。若做督抚的不实心督率属吏，着实去行，纵是科道部院要行，也是不能勾完全圆满。所以做督抚大官的，上可以通得朝廷的呼吸，下可以雪得民间疾苦。要兴大利，无有不兴；要除大害，无有不除的。真是行一件善事，直抵得凡人百千万件。做这样大官的，如何可当面错过？

但恐做大官的错认路头，把做官行善，看作两桩事了。说到兴利除害的事，便说朝廷立定的法度，谁敢更张？却不道朝廷立的法度，那一件不是利民的？若还法久弊生，正要做大官的陈明利害、奏请更改，那有明知地方应兴之利、应除之弊，有益百姓之事，坐视不为？只守定旧桩，以为老到的道理。其实如今做大官的，那个不是好善的？只因谨守法度，不曰无动为大，则曰何苦乃尔，见义不为。直到宦成回家，另做一番善事，不过是斋僧造佛、布施福田，看来却是小小善事。放着一件胜如万件的善事，为何不做？却来取此小善。总因将做官行善，看做两桩了。殊不知做官正是好行善的机会，行善正是做好官的本领。那有驾著大船，拿著铁网，不取那夜明珠、珊瑚树，却来拾取残珠剩宝。岂不是错认路头了也？

独有牧民有司官，要行善事，中间层层掣肘。必待上台允行，方敢去做，似有所难。据我细细想来，也不为难。比如今日有司问一的决、问一折赎，也要详过上司，三回两驳，委是烦难；到了夹棍板子，任意施行，三十板、四十板，几毙杖下，此事又何尝定要申详？可见上司掣肘的，反是小事；转是关系生死性命大事，反得自己操纵。所以亲民的官，最要仔细，夹棍板子，最怕手滑。我只开口一声，衙役便加力几倍；我只用动手一摸，百姓便去血肉一块。一般皮肉，我疼他岂不疼？他疼我又何忍？

果系情真罪当，打他也不为过；若还非罪无辜，于我定然损福。做有司官的，如何容得忽略？若论大刑一节，尤为不可轻用。当初设立大刑，原为凶犯强盗茹刑不招的，用此拷讯他的真情。如何寻常事体、老实百姓，也用这等非刑？大约官府好用大刑，只是不耐烦琐。动说重刑一用，人都惧怕，后来不打就招了，此说大伤天理。若是凶犯强盗，夹他也不为枉；若还良民，未经官刑的人，一用此刑，多致残废；甚则老少虚弱的人，立时送命，最可怜悯。当时缇萦女说死者不可复生，断者不能复续，正是此等刑法。做父母官的，如何容得轻用？

况有一种乡愚，从来未见官府，一到法堂，言语错乱，官府动了疑心，致用大刑的；又有一种言语戆直人，应对官府，也是这一般戆直，官府动了嗔心，致用大刑的；又有官府盛怒之下，愚民不知进退，致令拍案叫怒、加力责治的，也能立毙杖下；又有事关考成或系钦件，上司着紧行牌，要参要处，或是谒见上司，为著某事，面加责让，也能火上加油，不顾百姓死活。但念身为有司，犹如人家媳妇一样，当受公婆烦恼，须想名为父母，就有不肖儿女，也望爹娘周全。于万分难忍的事，切要忍得；于一时难耐的烦恼，也要耐得。宽得一分，百姓就受我一分之恩；缓得一刻，百姓就受我一刻之福了。

至于催征钱粮，这是考成，如何宽得缓得？只是要百计千方，设出一个妙法来，便省了无穷板子，便是积了无穷阴德。既不累我考成，又与百姓作了福，岂不是两全之道？岂不强如那一味乱打的官，钱粮又催不起，考成又误了，百姓又受了苦，自己阴德又亏损的么？所以做父母官的，一毫用不著火性，只要细细商量、事事宁耐、人人访问，自然有绝好的政事出来。

词讼一节，便要留心，替百姓伸冤理枉，是不消说了。还有要紧的事，不可轻提妇女，不可轻监家属，不可多拘邻证，拖累无辜，这个就有无量的功德了。大约那做有司的，一日之间，有无数的善事该做，切莫轻易放过，将这零星小善，等闲看了。所以说做官行善，胜如凡人百千万件。只要人打起精神，认真行去，不但眼前居官功德，子孙朱紫，就是那登仙证果，也从这里做来的。若任意混用，不免损德，也有不做官的日子。却不道半世居官百世冤，增了子孙的孽，却不道当权若不行方便，如入宝山空手回，岂不错过了好光阴也？

还有一句紧关的话头，做官的人，不要把自己等闲看了。大约做官的，都不是平常人，不是前生修来的，就是祖宗积来的；不是天上星辰降下来的，就是仙佛果位中应化来的。所以出娘胎胞时，就有些气概不同。此处也要自己认得分明、看得珍重。若是前生修来的，前生积善，才有今生。今不知积，恐没了来生的了。急急行善，犹恐其迟。若是祖宗积来的，祖宗积了，有我今日；我今积了，又有了子孙。后日愈积愈厚，愈积愈久，日后子孙世代做官，源远流长。若我今日不积，犹如祖宗攒下万贯家财，到我手里，都消耗尽了，便没子孙用的了。我在祖宗分上，也算不得好子孙；在我子孙分上，也叫不做好祖宗了。如何不急急行善？光前裕后，都在今日，都看今日一官也。

做官的人，若想到此身，或是星辰降下来，或是仙佛应下来，则此身自不肯轻，此官不可错过。正宜尽心勉力，致君泽民，不负上天生我之意。若只知道做官享福，目前早已堕落。若说我是天生的福人，富贵是我该受享的，百姓是我管辖，我该役使他的，他该供应我的，如此话头，谁去与他辩论？只是人生福报，也有限量。譬如那射箭的人，也有射到一百步，也有射到二百步、三百步的。不论多少步数，到底箭要落地。到此田地，大家自见分晓。那行善的人，五更半夜，都是安稳的，到那回首时，都有好光景；那为不善的人，平时血气用事，不信天地鬼神，直到后来手忙脚乱，血气已尽，良心发现了，平日所做所为，一一现前，或自己首过，或央人救他。那日常所说驰骋过头的话，一切都用不著了，却也悔之晚矣。

当初宋朝王韶，是极有才干的人。他当初不合一念差了，要取那大功名，上了本，自己要去开边疆、展地土，去收拾熙河一带。也不知杀了多少人，也就做到安抚使的大官，他自己心上，到底觉有一点过意不去的处。一日到甘露寺去闲游，遇着那高人刁景纯，他开口问那景纯道，以王法杀人，可有罪过么？那刁景纯说的好，汝也莫问有罪无罪，只要汝打得心头下去。那王韶硬着口答道，打得过去。那刁景纯又说，若打得心下过，便不来问我了。今来问我，还是打不过心下去。王韶便默默不语的去了。后来那王韶得病，只将两手紧合著那两眼。人叫他开了眼，他回说开不得的，眼前有无数没头没脚的人，立在我眼前哩。这却不是那收熙河时杀的怨鬼么？到此时候，良心发现，自己欺瞒不得。那从前硬口的话，都说不去了，却不是大可惧的事？如何不急急行善，如何轻于行不善？

又有一种人，说于今做官，只要谋为的好打点的到，自然有官做，那里管甚么行善不行善？此等言语，我也不与他辨白。只看天下人，多少文章好不中的？多少才干好不能做官的？多少钻谋营求，不得做官的？难道做官的，只凭谋为打点不成？又有多少老实头，不会谋为营求的，也照样做大官；又有多少不求官爵，一味只是行善的人，依旧做官，也至大位？并不曾见说某人是为善坏了官的。可见做官的，也不是单单靠着谋为打点的。还是祖宗积德，前世修来的。切莫错了念头、差了道路。前生修的，莫教今生坏了；祖宗积的，莫教我身耗了；星辰降来的、仙佛化来的，莫教此生堕落了。从生身上想一想，从子孙分上算一算，急急行善，切莫迟疑。趁我事权在手，努力发心，多多做些好事，落得名垂万古、福满人天，岂不称大丈夫哉？

生而为人，无益于世，则不如无生；仕而为官，无益于民，则不如不仕，以其虚此官也。虚此官，则并虚此生矣。人谓百年富贵，不过电影沤花。抑知累世显荣，尽是寻常妙慧耶？

官长行一善事，便抵过平常人的百千件，其次就到乡绅了。那乡绅如中堂、部院、科道、九卿、督抚、司道、有司，无论出仕与林下，毕竟比平常人有力量，所以乡绅尤当急急为善。一县止一县官，一州止一州官，一府止一府官，一县一州一府中，却不是一个乡绅。那地方兴旺的所在，常时有几十位乡绅。这几十位，若在地方上合力行善，那一方便是福地了；若有些微不妥贴处，那一方居民，也不免受累了。乡绅虽不比地方官，亦关系地方祸福也。常有府州县得了好官、要行好事，再得乡绅帮助，更觉顺而且易；即或府州县没有兴利除害的官，地方上有几个好乡绅，也救得一半。所以乡绅行善，也有一件事胜平常人百千件的。

牧民官初到地方，任是聪明特达的，士俗民情，那里就知？乡绅却是乡生土长的，那一件事他不知？官府到任，要访求民间的利害，没人说与他，那官长也只说地方中无利可兴、无害可除，也就罢了。也有地方中有大利害，那耆民百姓人等要来条陈，或是乡间愚人，不曾到过衙门，见了官长，举止失措，不能申达下情；或有能言会说的，多是不合道理、利口哓哓；又有一等奸狡利徒，借题条陈，假公济私，不是实实利弊。所以道达民间利弊，还以乡绅的为重。乡绅平日有德望的，官长自然钦敬，说来多半依从。纵有疑难的事体，从公起见，委曲敷陈，官也没有不见信的。这样看来，官长行好事，还要乡绅出来，方得圆满。这岂不是一件胜如百千件的善么？果系地方好事，乡绅至公至平。向地方官陈说，只用开口，不曾要乡绅解囊也。只算做不费钱的功德，在乡绅原不费力也。

但乡绅中亦有不同。有平日假公营私、挟嫌报怨，为乡里所不服、为官府厌贱，既有玷于乡绅，官府亦不见信。有平日行止尚觉端方，而地方公事，默不肯言，只是身家之事，才去关说。纵说得不伤公道，只是自了身家，总不肯替人说公话、做好事。地方官长，虚心来请教，也只半吞半吐。明知此事是非利害，不肯明白说一句公话。却不思同居一块土，地方上那个不仰望我？若兴得几桩利、除得几件害，那三党九族也沾我些恩惠，地方上也有些光彩。既曾受过皇家爵禄，曾任地方之责、或膺京华要职，今虽致仕家居，正可剖出良心、彰明公论，为本境做些有利益的好事。一以造本乡之福泽，并偿前在任时未尽之志愿，才是真正第一等好乡绅。替地方造得一分福，就有一分阴骘。直道在人，公论难泯。可惜这不费力、又不费钱，一件胜人百千件的功德，等闲放过了，也算不得读书明理有见识的人。

还有一件善事，也要乡绅做去，这却不费钱，又不要央求官长。须要实实行去，行了这功德，子孙世代书香，地方也受福不浅。乡绅都是明道理、有见识的人，那里有害人的事？只无奈子侄弟男习气不好，就做出那不间不介的事来。再有那门下犬马与豪奴悍仆，狐假虎威，就要凑成十分。再是各各宦家，彼此仿效成风，把那要便宜、占上风的事，当做理之当然，就有无穷受害的了。乡绅那里尽知？有人说他不是，他还要怪那说话的人。殊不知极好的乡绅家，造出极不好的事，都是此辈所为。所以乡绅家，第一要教子弟。教子弟，不是单单教他做文章，第一要叫他明道理。教出一个明道理的子弟来，便是宦门之福也，实是地方之福。第二就要教家人。那生事害人的掌家，不是主人得意的亲随，就是公子介弟的契交。这里最要觉察，一些不到，就要被他瞒过了，就要受他负累了。至于投在门下的人，多是要假我的势力，行他的胸臆。乡绅们或见他才调，要他奔走，用为腹心。不知一旦线索在手，他就用起主人来了，这样人切不可收留在门下。用那奴仆们，宁可要朴实良善的。平日常要戒饬他，不许他生事害人。这等乡宦，就是古来陈太邱、王彦方那一班人，也不过如此。这虽不曾为地方兴利除害，那地方受他的福也不少了。

还有一件善事，也望乡绅们做去，却是乡绅家力量优为的，不费钱的。大凡一方有一个乡绅，便为一方的表范。乡绅家好刻薄，那一方都学得刻薄了；乡绅家好势利，那一方都学得势利了。若还有一个乡绅俭朴诚笃，谦虚好礼，尊贤下士，凡事让人，那一方中那个不敬重他、仰慕他？也就大家仿效他了。可见乡绅原是一方表率模范，风俗的美恶，人心的厚薄，大半从乡绅身上做出来的。若有好乡绅表正得一方，化得那一方的风俗都是好的、人心都是厚的，岂不是一件胜如百千件么？又有一件好事，犹望乡绅做去，也算做不费钱的功德。乡绅家成人的田房产业，原是要留与子孙受享的。遇着那人家不肖子孙，将田产来卖与我，我就该生警戒心，要想到自己子孙身上，价银照时价要从厚些，许他的银子，克期给与他，还劝他切不可浪费；遇那骙愚子孙，将那田产来卖的，就当生怜悯心，要想到自己子孙身上，照前与他的价银，交付银子时，还要指点他不可受人欺骗；若遇着人家有至急的事，仓皇弃产的，却不要乘危措勒他，却不要颠倒挫折他，别家两次三番兑银子，我却一天平兑足与他，济他之急。若遇有可以替他排解的去处，替他排解，免得他多受磨折，却不准折他银子。那人就受我的福庇，这功德也就不小了。

乡绅家计厚薄，原各不同。有几件费钱的功德，惟乡绅有力者，方能行之，却又是乡绅本分内该行的。乡绅们受了朝廷的高爵厚禄，原该替他地方上做些好事；既读了圣贤的书，明白道理，原该见义必为的。况行之于自己，亦有许多的利益。只是有那龌龊小见的人，舍不得银子，向他说不得；独有那大本领、大见识、大度量、有大福禄的人，一说即明、一拨便转，听了就去行的。那费钱的事，也不是一件，比如那紧急钱粮，官司拶打着锁禁血比，百忙里无处设法，竟要卖儿卖女的，我替他垫了钱粮，免了敲比，保全骨肉，这岂不是极大的阴功么？或遇着故家旧族，或系先贤后裔，有那子孙流落下贱的，我极力拔出火坑；或见先贤坟墓，无人看守，被人侵占，或是崩圮的，我替他清出来，修整完备，岂不是感动幽冥的好事？又如遇大路桥梁、要津往来的，或倡率修造，或独力完成；如遇饥荒年岁，饿莩流离的时候，勉力赈济去；或遇生日弥月，省了筵戏，或施贫人，或赈狱囚，或设厂给粥；或遇天寒酷冷，施舍绵袄；或遇时行瘟疫、盛暑疟痢，聘请名医，开局施药；或遇枯骨暴露，备棺掩埋；或遇路上死人，施与棺木；或施夏茶冬汤。岂不是万人感仰、鬼神钦敬的事么？如此等事，谁不知是阴德好事？只因有个疑关打他不破，大约是看那银子是现在的受用，那阴功善事还是渺茫的。又恐银子用去，后来没有接济。又或说我用银子救人，人未必肯拿银子来救我。不过是这几种念头打算不定，所以不能发心。就是有人劝他，他也是半信半疑的。却不知银子是个渺茫闪烁、捉拿不定的东西，阴功善事，反是个实落有据的。只是不曾参悟得透，所以委决不下。此下各条，富民有力者量力行之，阴功比乡绅更大。

今且不必言阴功行善，请乡绅先生，将那银子的机关，从自己身上勘一勘，再从子孙分上勘一勘。这银子原是我趁积的，原不容易，正要留与子孙，殊不思我生下那子孙来，又有子孙的福分，我今日用了行善，正为子孙造福。那子孙聪明，才能还要像我做乡绅，也不用我积攒银子与他；若还不能为乡绅，遗留与他的忒多了，我生前又不曾积德，这银子恐反成了子孙的祸胎。勘到这里，这银子也该发心用来行善了。

我还有一句苦口的话笃劝。若叫将所有银子，倾囊倒箧，尽数用去行善，委是也难；若是只将浪费侈靡一项节省了，去做好事，正如毡上拔毛，有何难处？且是将那无益的烦费，行那有益的阴功，岂不是合乎天理、协乎人情的事？怎奈乡绅先生，又欠高见，只说我们宦家体面所在，不得不然。我今再将体面两字，大家较量。恩周三党，这是乡绅的体面；泽及九族，这是乡绅的体面；万民感仰、诸人钦敬，这是乡绅的体面。若只是衣服华丽、筵席整齐、房屋轩昂，这也不算做体面。比如乡绅生事害人，这叫做没体面；或占田霸地，这叫做没体面；行止有亏，清议不容，这叫做没体面。若还是老实本分，不好奢侈，难道就是没体面？且将那夸多斗靡的银钱，都用去行善作功德，积得于门高大，子孙世代做官绅，这却是极大而又经久的体面。只是如今乡绅先生，一向豪华惯了，我如今劝他俭朴本分，省了银钱做这行善的勾当，不免说我们酸气；他原是要自家受用的，如今劝他损己利人，不免又笑我们呆气了。又有一等乡绅先生，从那寒窗困苦中来，他把这银子未免看得太重了。我们向他说这等话，不是伸舌摆手，就是掩口摇头。这也不必评论是非，只是要乡绅先生，再将那银子的机关，着实的再勘他一勘。这银子原是天地间的神物，是浪费他不得的。曾见有许多财富人家，房屋衣冠，华丽僭越，或惹得贪酷的官长动了火，就无辜想吃他；或生事的光棍，借题陷害，抄没了他；或盗贼平空打劫了他。岂不奢侈的没理了么？

家有银子，子弟不肖，赌嫖致祸，自己浪费，亦足生灾。惟有用他去行善济人，行得一件是一件，济得一人是一人，身受者感激，旁观者颂服，近者称赞，远者传为佳话。鬼神就必庇护他，天地也来保佑他。是我命里有财，用去还来。世间鲜有因好施舍救济人，而自己后来独乏衣食者。可见那银子，反是个捉拿不定的；阴功善事，反是个实在有据的。看破了这个机关，自然要发心行善，做那费钱的功德了。

况行善阴功，古来榜样不少。当初那范文正公，也是个穷秀才。他在长白山读书时，断齑画粥，极是清苦的。后来做了宰相，他却看得道义重于银钱。一日，命公子纯仁收租八百石麦，路上行善事，都给与人了。回来见父亲时，文正公问他此行可遇着故人否，公子说道遇着故人石曼卿，他说家有三丧未举。那文正公便道，何不将那麦舟助他，公子回说已与之矣。这文正公父子们是何等手段，何等度量！文正公又在苏州买了一个南园，有风水先生说此地气脉极旺，将来要出一斗芝麻的进士。那文正公说有这些进士，我家如何独占了，遂作为学宫，就是如今苏州的府学宫。这学中真也出了无数举人进士，都是范家让出来的。这是何等心肠，何等识见！谁知那范家的举人进士，却也不少。自宋朝直到如今，那一科没有范家的人？这岂不是古今第一等的大功德、大结果的榜样么？只是他有了那大识见，方有这大度量；有了这大度量，才有这大手段；有了这大手段，才有他这大福分。

如今乡绅先生，也有做过尚书阁老、科道九乡的，也有做过督抚、司道、有司的，其中岂无范文正公这样人，忠宣公这样子弟？只是要信得真切，大发良心，大开手段，堂堂做去，比将宦后余赀僭侈妄费，惹祸生非，有损无益，真万万倍的利益也。

两约所言，无非望人随处行善，量力行善。人性皆善，心同此理，在官为官长，在乡为乡绅，总此一己而已。为善于乡者，居官定有惠政；为善于官者，居乡定有令闻。举斯加彼，初不过自尽其心，而所及者甚广矣。今以一二人倡之，数十百人和之；城乡倡之，远近数百里之内从而和之；一时倡之，数千百世又从而和之。天地之心，生民之命，万世之平，皆在于此，其功德岂可限量？昔孔子告季康子曰：子欲善而民善矣。风行草偃，势所必至。上行下效，理有固然。然则正己率人，化成美俗，端有赖于在位之君子、有道仁人主持世教，毋视为迂阔之常谈、世俗之里语也。

十反说

时当静守，偏自劳攘。事宜身任，而反自甘悠忽。

百姓犯些小事，也不宽恕。自己贪枉，全不知愧。

专一工夫，用在酒色应酬上。理民事，反厌繁冗。

要下司清廉，却收其馈赠。

名正言顺之钱，偏矫廉不取。伤天害理之钱，却胡思乱想，设计巧取。

夜宜卧而饮宴流连，早当起而高卧不醒。

无病常服药，及至有病时，反不肯服药。

食物初出，价贵而味不全者喜吃。及至味全价贱，反不吃。

自己请客，肴馔菲薄。及至别人饮宴，却要丰盛，嫌好道丑。

请人要人即来，及至人请，却不肯就去，使众宾久待。以上贵人。

心里明道理，口里说话也明道理，只是行事偏不明道理。

不作阐明道理，言圣贤之言。而学词状刀笔，害人身家性命。

学社文坛怕到，而喜出入官府衙门，结交胥役。

劝人行善之文不作，而喜编造淫词艳曲。

明师益友怕交，而喜交邪佞小人。

平时不肯读书，及至临场，手忙脚乱，希冀侥幸。

别物尚知检点，加意安置。而古今书籍，却任其散失作践，视同弃物。

自己学问不通，就老脸受人厚聘，教人家的子弟。

怕读书做文，反好说闲话，将圣贤言语作笑谈。正经书不看，反好看闲杂小说。

自己短处，忌人谈论，喜传述他人过失。以上读书人。

一文钱如性命，而自己性命，反看得不值一文钱。

宁可被光棍脱骗、贼盗打劫，若劝他用银子做济人好事，却一毛不拔。

米谷宁可腐烂仓底，至于穷佃交租，却不肯饶让升斗。沿门乞丐，亦不肯施舍。

田连阡陌，旁有贫人丘角，定要设计谋占方圆。

生平半文难舍，为些小没要紧的事，不惜多金结讼，争占求胜。

结交官宦乡绅，往来宴馈，虽费多金不惜。而于贫苦亲友，却不肯周济。

自己用度，奢靡不惜。与小本营生辈交易，偏讨便宜。

一生盘算，直到衰老病危，尚不肯丝毫看破宽松。

明明家资有余，逢人开口道穷。人称其富，最忌最恨。

平时亦喜人奉承，忌人唾骂。而重利剥削，强讨债务，受辱唾骂，则又不计。以上有钱人。

我生儿子，就指望孝顺我。自己却不肯孝顺父母。

开口笑人鄙吝，到自己做事，却一文钱也舍不得。

真心爱妻子，反假意待父母。

父母师长教训，多有不依。而妻令不敢不从。

不知字画古玩，却信口乱指，批评高下好丑。

自家好洁净，却到别人家去任意搅扰作践。

我欠人的，子母年月不问。人欠我的，本利丝毫必清。

惜我之花，惟恐人折一枝。他人之花，恨不连根拔来。

好借别人器物，及至人来我家假借，只说没得。

常说人不请客，自己却不肯设席。以上昧心人。

不孝顺父母，反去礼拜神佛。

父母能养活数子，有数子却汝推我诿，不能养一父母。父母弟兄，手足不和，至戚绝少往来，而反结交异姓朋友。

有好子孙，听其骄傲，不肯延师教训，反嗔先生太严。

父母生存百物，动云手泽所贻，不可不爱。而父母所生子女，偏不肯爱。

本系贫寒人家，勉强费用，要妆出富贵人家的排场。

自己能饮，偏不肯饮，要人苦劝。自己不好饮，却强人多饮苦饮。

费钱教歌童舞女，尊拳师清客。而训子读书之师，却不肯厚待。

有病不请医服药，而反信邪巫祈祷诓骗。

为非作孽，全无顾忌，却思量请僧道念经忏悔。以上痴人。

家里不敬重公婆丈夫，而反远去寺庙烧香。

有理之言未必信，事甚无理，反偏执咬定，强做有理。

自己没儿子，反妒恨妾婢生子。

凡事最多忌讳，而反会咒人骂人。

人有短处，说了又说。自己短处，不许人说。说则怀恨而迁怒，终不肯一字认错。

吃斋念佛，敬重僧道。而苦打奴婢，宰杀生命，反不戒。

自己身边奴婢，不许顶嘴多言。而窃听邻家是非，灵牙利口，说别人短长，则又喜之。

爱小便宜，而大有利益之事，反不喜。

不爱长子，反爱少子。不顾儿媳，偏顾女儿。

不信人言，反信鬼话。以上妇女。

《官绅约》《十反说》终。

跋[①]

尹承先人荫庇，幼习举业，粗知章句。迨先人见背，家计艰窘，几于舍业而游矣。榕门先生与先君同学相契，悯尹孤露，联以姻亚，招来江署，延师课读。每一亲炙，咸以读有用之书相敦勉。第见　先生书室中黏贴壁间者，皆古今嘉言善行。且谓尹曰：学者每日书此，藉以触目警心，拓开识见，异日可以见之措施，胜于花草图轴多矣。嗣尹膺乡荐，从事河干，见见闻闻，不外壁间所书者。先生已有四种《遗规》之刻，今复成《学仕遗规》四卷寄尹。尹受而读之，大半皆平日所书于壁间者，推广而汇刻之。益信昔之所学与今之所行，理本一贯，事更相资。读书既非空谈，筮仕即为实事。兹牧管城，临民治事，簿书纷纭，无非检束身心、考验学问之地也。噫！学优而仕，愧前日之未能；仕优则学，勉后兹之无负。惟有抚兹编而益切奋励耳。侄婿唐尹谨跋。

---

① 标题系整理者所加。

学仕遗规补序

叔伯父纂辑《五种遗规》，命子侄辈同司编校，冀其多识嘉言善行，以为淑身淑世之具也。今钟理、钟琛荐历仕途，出膺民社，按之世事人情、官常民瘼，觉前此犹视为纸上空谈者，今则益觉切近可见施行矣。叔伯父以前刻尚有未录者不能割爱，《学仕》《训俗》二种皆有补编，而《学仕遗规补编》一卷更为奉职金鉴。手此一编，即仕即学，庶无负长者之期勉云。侄钟理、钟琛谨识。

学仕遗规补卷一

蔡云怡储积议

（名懋德，字维立，号云怡。江苏昆山人。明万历进士，官至山西巡抚。闯贼起，殉难，谥忠襄）

谨按：德惟善政，政在养民。民不可一日无养，岁难保其不荒。筹养于既荒之后，其势逆而难遍；筹养于未荒之先，其势顺而易周。惟荒有大小广狭不同，其储积粜借，有难以一法绳者。蔡忠襄公于浙江有劝粜分粜之条，有分约立社之条，遵循朱子成法而变通之。且于劝输积谷之中，寓缓急任恤之教。揆之近时情势，确乎可见之施行。如此言学，乃实学也；如此言政，乃实政也。有养民之责者，其究心焉。

一典铺积米平粜　浙省城乡典铺，约有一百七十余铺。前抚劝籴大铺三百石，小铺百余石，大小约每铺二百余石，是百七十余典，积米三万余石。殷实之民，尤不止此。籴米之时，给以官批，令赴远处产米地方贩米，务期实数报官，毋容伪指囷仓、空申帐①簿，临期仍籴于市河，反高米价。发粜之时，或听典铺自卖，或分散各里牙铺转卖，悉照时价，庶无挨挤打抢之害。盖打抢诸弊，皆繇官粜微利。于是有衙役暗籴，游棍强籴，奸牙转籴，甚有典铺虚报米数，雇倩勇悍，多籴贵粜，以至各行作手藉口籴米，攘臂争先，乘机打抢。若懦弱贫民，伺候竟日，挨挤不前，徒废生业，竟不得颗粒归者。此官粜所为利病参半也。今后止于每年冬给批，籴米验贮，限次年五六二月出粜。此外籴户之零顿，时值之低昂，官俱不问。如此，既无衙役奸牙及无赖游棍混籴打抢之虞，而冬收夏出，必有什一之息，彼亦称便而乐行也。

一大户领银远籴 杭城产米本少，食指甚繁，势必仰给于别境之米。偶遇荒歉，他处遏籴，米艘不来，杭民立槁。但临荒遣籴，似临渴而凿泉；比籴归时，似远水救近火。即有小益，无济燃眉。今后着前报大户，预给官银宪批，各于产米价贱地方贩籴。楚吴之米，以冬为期；金绍新籼，以秋为期。仍请院台移文邻省，尽弛遏籴之禁。彼此互相灌输，贩籴决无阻滞。凡道里搬运之费，攒入米价，毋令亏赔。大户效劳如法者，量赐扁奖，此以济商艘远来之不及者也。

以上一条，蔡公行之于浙有济。旋虑其滋弊，难以久行，如云典商尚义者固有，而精于营利、锱铢必较者为

① 原文为“帐”，应为“账”。

多。且蓄粒与蓄货不同，有搬运之烦，有收耗之费。而又责之以平粜，既折子母之利，又危之以斗争打抢之虞，宜其勉强一时也。大户保重身家，领银远贩，有风波漂荡之患，有道路不测之虞。领批报数，造册开销，不无吏胥需索之费。且大户之名，人不乐居，于是悭而猾者，贿里胥以自匿；其豪有力者，嘱托势官，多方营免，而报充率多中人之家。中人之家，一承兹役，备历前苦。恐贫者未沾实惠，而中人已坐困矣。此蔡公当日所虑及者，故又有积储社仓之条件，救荒者可以知所变通矣。

一实贮在官仓廪　往时收贮积谷，多系仓吏图便折干，挪移营运。遇查盘岁核，或以折价贮库，秋成补籴为辞；或以追限督催强籴，不堪充数。及年年减耗，有损无增，以致仓廪日虚。今后凡追应纳仓谷，务籴本色上仓。如果青黄不接，或仍折银。初冬实籴，或即照谷计算纳米，以杜奸胥折乾侵弊。其米谷亦须设法出陈易新，每岁夏季给借，冬初收纳，不得久贮，致滋浥烂耗减。庶仓廪非空名，而备赈有实益矣。给借仓谷，市民舂杵不便，合听乡里十人同具一券，收时量加息谷，以补耗减。

一鼓励典铺乐积　典铺积米，责令官粜，勉应一时，势难久遵。今欲使人人乐积，莫若仍许其时价发粜，非为典铺省数金之赀也。盖官价之名甚美，行之目前，徒添奸棍挤抢之扰；讹传远方，复阻米商趋赴之期。况典商算析锱铢，惟知营利，积米奉官法，发米不亏私本，又何惮而不多积乎？更有一法，许民间以物质米，以银取质，悉照时值，银米通融。盖穷民质银，仍多籴米过活。或全要米，或半用银，一听民便。则所积之米，陆续散出，民受接济之惠，而积米之赀，仍得花息，计孰便于此者？但积籴之时，务要领批往远处产米地方贩归，实数著同，保正具呈甘结，以虚数妄报者罪。彼保身家，自知遵守，不必另托衙官查核，以滋骚扰。如是而典铺仍藐玩不遵者，绳以三尺何辞？

一招徕行商远来 昔卢坦为宣歙观察使，岁饥，或有请抑谷价者，坦曰：宣歙谷少，仰藉四方。若价贱，则商船不来，益贵矣。因每石量加十许钱，四方闻之，争相辐辏，价遂日减。此通商之利也。又有一弊，每缘奸牙猾铺，空手斛其来货，负价任意迁延，是以外商束手耽误，望风畏缩，阻于中道，随地发卖。市河米船鲜至，米价何由得平？今后宜公举诚实有身家者一人为牙首，许其稽察各牙，不系无本之人，方许开行接商。凡商船一空，即交米价，令其即行，不致久滞。如有侵用久拖者，本商呈官，定与追给。又请备行各经由关榷，凡粮食重载，悉蠲其税，查验明白，船到即发，毋久措留。又晓谕入关米船，另行优恤，决无装兵杂运之差。则外商闻风四集，虽欲遏之而不可得。米货迸辏，米价自平矣。

一弛禁邻封阻米 遏籴之令，在列国时已知不善，况今率土莫非王民，乃忍为秦越之视乎？彼固曰吾以自保其民耳，不知遏籴令下，奸贾偷行，徒饱巡役之壑。奸民鼓众挟制囷积之家，扃钥善藏，本地之米不出，截留强籴；行商之米不通，饥民嗷嗷，群情汹汹。如今岁苏常诸郡邑产米自富，一经严禁，而米价反高，打抢屡屡。见告遏籴，不特病邻封，而还以自病其民，此明鉴也。至于杭郡，上仰食于绍金新粒，下俯给于嘉湖晚粳，而苏常以迨湖广，实为四时不匮之源。吴中遏籴，甚且截留楚米，是米源已涸，武林处坐槁之势，安得不骤然腾沸，日增三价乎？今于平时先请三台严督所辖守令，不许禁阻，并移檄湖广应天抚按，转谕各属，尽弛遏禁，粮食时时疏通，商民两听其便。庶无米之地，自受疏通之利矣。

遏籴之举，有碍邻封，本境亦殊滋事，不可不知。

一劝谕栈房接济 塘堧四面水乡，各省米豆货物，辐辏彼处。搢绅及富厚之家，皆于此置造栈房，或自积营利，或召贮取租，其来久矣。大抵米粟出产有限，积囤无穷，秋成谷贱则收，次夏丝齐则发。换易之利，每至数倍。今因其栈房之便，积囤之利，劝令随力加积，据实报数在县，或置一簿，听各栈户认填余积米若干担。除五月间换丝发变外，务照原认米数，于青黄时候，督令湖墅发粜，接济省下饥荒，仍照时价，不亏原本。彼则总之取利，我则借以济荒。又或令塘堧积米之家领批附籴，其人起家斗斛糠秕之间，计算必精，驾轻就熟，又得借官批庇其新米，舳舻衔尾，雨公及私，诚两便也。

一严拏市棍哄抢　昔宋度宗七年时大饥，知抚州黄裳大书闭籴者籍、强籴者斩，不抑米价，劝分有方，民赖以济。故遇荒歉米贵，必如黄抚州大张告示，闭籴强籴，均有严法，法在必行。市棍畏威敛戢，而有米者无抢打之虞、有闭籴之籍，则米自肯出，市价既平，民情亦定。此外有无籍倡乱之徒，立擒正法，是弭乱正所以救荒也。

蔡公官浙，适值奇荒，民米昂缺、商米阻绝，人心惶惶，不得不广招劝籴，分头接济。幸赖公曲体人情，严禁扰索，不致滋事。究竟典铺代籴、富户广粜，不可恃也。自古备荒之策，总不外乎常平、社仓二者，常平赈粜兼资，遇市米缺少，必有官米出粜，市米方不居奇。所虑者，官储之米，终不足以食一邑之民，不粜则一时昂贵，早粜则立见其竭，官米竭而市米益以居奇矣。故官米不粜，不能接济，而太早则难于为继。官粜不贱，非所以惠民，而太贱则与市价悬殊，胥役勾通把持，地棍强买罔利，转为囤积待价之弊。所以蔡公于劝籴之外，筹及建仓分社条件，并录于后。

一定仓制　朱子社仓法，初建于崇安开耀乡，请于本府，得米六百石。夏间赈贷，至冬纳还，每石量收息米二斗。自后随年敛散，小歉则蠲其息之半，大歉则尽蠲之。有富家愿出米作本者，亦从其便。今宜仿其意而消息之，即付乡约保甲而行，每乡有约，每约有仓，以本里之蓄，济本里之饥，收丰岁之赢，救歉岁之乏。缓急相通，不出同井；子母相生，总利同里。乡中人亦必有乐从者也。

一遵社义 社仓之难举易废者，以上台风劝时。士民输谷入官，即为官物，封贮不动，有耗无增，人安得常乐施？廪安得有余积？盖袭社仓之美名，而失社仓之妙用，所以间行而不能经久也。今如朱子随时敛散、加息减蠲之法，而更随宜变通于其间，则法可久行，而泽遍郡邑矣。

一因仓基 建仓工费，此时必难即办。既奉设立乡约，必有约所，在宽敞寺观，即于寺观内择其坚固空房二三间，设法修改，或作板柜，亦可贮谷。总期因便，以省营建之费。

如此则建仓之费可省，正可留增社本也。

一裕仓本 朱子请府米六百石为本，今议每乡置仓，难尽请粟于官矣。欲劝民间义助，地处贫瘠，未必乐输，难以强派。近奉疏请四积之法，可以斟酌行之。如纳粟援例，达部分贮，可作社本。本乡绝产，为奸里影占者，可以清出，即充社本也。金作赎刑，除大辟外，照例准赎罪外，批加刑责及例重情轻者，量纳谷于本社，从轻宥免。且俗于建宇修刹、礼僧放生，每不吝捐金，共成胜果。何如本约中设厫积粟、赈灾助乏，全活目前饥民，正是真实功德，岂与侥福冥冥可同日语？此亦因俗转移之一机括，化无用为有用之大经济也。

增添社本之法，今日亦可推广而行之。

一示劝惩 约中贤士大夫，留心桑梓，身先为倡，则愿输义士，必有风行云辏者。而又通颁宪约，旌善惩恶，如一约中富而好义者，量力捐输若干石，与孝子悌弟一体载纪善簿。其犯罪应记惩钉扁而知改悔者，愿输谷若干石，姑宽载惩恶簿。再犯不悛，然后载簿钉扁其门。总在本乡中随人劝谕，随地鼓舞，积少成多，不患社本不积渐加增也。

劝惩兼行，亦筹添社本之一法也。

一推仓长 社仓既附约所，即选举有家有行约正、约副司之。夏散冬收，听在本约通融借贷，仍量给看守折耗之费。县官给印簿二扇，一存县，一存仓。止报出入时日数目，以凭不时清稽，官府不必另委盘查滋扰。

查盘之滋扰者，书役则有需索陋规，若委佐杂，则于伺应之外，又有陋规。本官之外，又有书役，愈慎重，愈多损害。近日各省有分委佐杂稽查社谷之举，只图一己省便，不顾有累社长，不可不知。

一明社约 按社建仓，即按约分借。虽有限之储，未能供一岁之食。然乡皆有仓，仓皆有谷，猝遇灾荒，皆有所备，亦足安辑人情。平时同里相周，不失任恤高风，官民实力遵行，地方杜争抢之患，养也而教行乎其间矣。

社谷分贮各乡，乡民就近借还，无远涉之苦；社正司其出入，无投领造册之费。胥役无权，民无守候。年年借还，借谷还谷，无秋后买补之烦。取息甚轻，所收息谷，仍作社本，渐次加多，利仍在于本社。朱子当年借官谷为社本，数年之后，归还官谷，即可以息作本。不独可行于当年，后世皆可踵而行之。况今生齿日繁，产米只有此数，以官养民，势所不给，惟社仓之法，犹有以民养民、藏富于民遗意。只因人心不古，日久弊生，举行社仓，远不如朱子时之易。而居官者，遂以社仓虽系良法，只可行于朱子之时，不可行于今日也。现在各省犹有举行社仓者，亦不过以此为朱子良法，未可厚非，奉行故事耳。若能就近时民情，细加体察，师法朱子本意，尽可防其弊而存其利，除其暂时之弊，而收其经久之利。蔡公于浙所定各条，皆师其意而存其利也。予于所到地方，曾师其意而行之，甫行似觉疑难，借还一年，民获接济，捐输分社，渐有其人，久之必有实效。附载数条，聊备参观。

一社长宜慎选，以专责成也。社谷收支，悉听社长，官役不为掣肘，衿监乡绅，不许搀越挟制。社长得人，一社均资接济，必须有身家而好善者，地方官采访士民，方可充当。官给委牌一张，印簿二本，簿首载明某社，及应借村庄、谷麦数目。社长于临借时，将所借数目填入簿内，借毕结一总数，一簿存仓、一簿缴官，簿末结总，照折式填报。另有折式。总撒相符，即可存查，不必取社长仓收，亦不必差役往查，不得听书吏苛驳。社长遇事革退，将委牌缴销。

一社长宜优待，以示鼓励也。社长与乡约、保长、练长不同。应于绅衿、耆庶内公正有品者充任，并非奔走伺应之役。平时优以礼貌，免其门户杂差。相见时虽系耆民，皆照生监之例相待。地方官有事传问，令其呈禀回覆，不得动辄票唤，频频奔走衙门。有指告强借抗欠者，官即拘究，不得纵延。社谷少而社副不能得人者，或只设社长一人。社正副公正者，三年为满，仍当慰留。如不能留，另选充任。如僻村不能得人，或两人分任，或选定数人轮任。年满者，给匾之后，准充乡饮宾。徇私不公者革退，有侵冒亏欠者监追。

一息谷宜酌定，以省耗费也。每户应借谷一石，麦减半，每借一石，收息一斗。此外再收二升，以一升为盘量折耗，以一升为看管仓夫口食。再于息谷内，每年给社长养廉谷八石，听社长开销。新旧社长交代，借时即以借数作收数，还时即以还数作交数，以省盘量之烦费。

一借谷村庄，先宜编定，以便借还也。某村应借某社之谷，均就远近酌分，一经编定，向后年年如此，不许搀越混借；借谷之村，有捐添社本者，亦即贮于本社，不许拨往别社。总令士民咸知本社之谷，永为各村公共盖藏，各有宁多毋少之意，方见实济。

一歉年免息，宜按分数，以示抚恤也。地方歉收在五六分者，先行详明所借社谷，夏收有完麦者，免其加息；不能完者，缓至秋后，仍免收息；如秋收并歉，再缓至次年，仍免收息。此等欠户，来春仍准借给。已报成灾者详免，一概缓至来夏，仍止收本谷，免其加息。上年因灾未完之户，次年仍准借给；本年因冰雹歉收，当下借给籽种。在借半之外者，秋后免息，止还本谷。地方虽遇灾荒，不得请拨社谷赈粜，不得拨充兵粮。

一借户宜先指定，以免混滥也。社谷原资农民，籽种必系耕农，方可借给。其无业及手艺者、贸易者，概不准借。佃户一体借给，生监、兵役现在耕田者，亦准取保借给。耕农有谷之家，不准借给。凡借谷，必须有营业者二三人作保，领内填明某某保。社长问明保人，方准借给。殷实者，即一人亦可作保。秋后先领保人催交，不还先追本户，无著者，保人代还。捏名作报及朋名互保者，社长即不得滥借，虽系社长戚友，无保人亦不许借。借户既系耕农，又有保人催追代还，不至累及社长。冒名滥借、朋名互借，社长难辞其咎。本年负欠、保人代还之户，次年不许再借。

一捐谷就近交仓，以省远涉也。捐输社本，不拘多少，不拘谷麦，就近交于本社。社长收仓后，即开单报官，永作本社实贮之数，不必本人到官。官于报到，即将某某捐谷麦若干，列名出示本仓，以彰义举，以杜侵隐。

一离社太远之村，准分新社，以便借还也。凡旧存社谷已多，有离社太远之村，准其分社。即于新社之村，选充社长，不许隔社兼管。倘社谷不多，而远村求其分社，官亦为之筹画，或设法捐添，通融动拨。不可拨者，请官动拨官谷，暂作社本。俟息谷积多，足敷出借，然后仍还官仓。凡动拨分社，即令应借之户赴领，秋后即就近还于新仓，以免搬运之烦。

地方有迎神赛会演戏及诸无益等事，俱可减省。将银钱归于社仓出借、秋后还谷，永作社本。其动拨官谷作社本，乃朱子原行成法，予曾踵而行之，在城在社，均为接济民食之官谷，但须奏明耳。

一传齐社长面谕，以示郑重也。每届新年，官民皆属闲暇，传齐社长，当堂劝谕，面给印簿。悉听社长与该处借户定期开仓，社长一面出借，一面报官，不必请官示期。定例出借一半，仍存一半。倘遇米贵，必须多借，禀官候示。所用斛斗，官为较准印烙，发给某社，不得复用市斗市斛。米谷尾数，至升而止，不必列入合勺杪撮。

一捐输社本，宜分别议叙，以旌义举也。九卿议定捐十石以上者，地方官给花红示奖；三十石以上，给以匾额；五十石以上，报明上司，递加给匾；捐至三百石者，奏请给以顶带。数年零星捐输，许其积算给奖。有捐建社仓及捐地基木石者，照所费一体计费给奖。

一地方官有倡捐买谷作社本者，通详候示奖叙。平日经理有方，劝捐百谷，或分社便民，或建仓贮谷者，报明存案。遇计典保荐升调，列入事实，不可笼统粉饰。如漫不经心，有地棍阻挠社长，不为社长作主，及书役需索社长而不究者，府州详报，分别记过参处。擅动社谷挪补别项者，参革追赔。

一新官到任，止询明社长贮谷实数，取结即作交代。如新官以社长之言不作凭，就印簿抽查借户，虚实即明，不必逐社盘量，亦不必委佐杂盘查，致滋扰索。于正项仓库之外，另结通报，不必统入正项仓粮款内。

附社长报官折式(有此折式，以杜胥吏苛驳需索)

某社在城某方，离城几十里。社正、副某某

某年详明借半若干。未借完者注明。某乡某村，偏灾动借若干，不在借半之内。另条注明。

现在实贮在仓若干。

某社收还社本若干。捐输若干。无者注无字。息若干，除开销、社长养廉外，尚存息谷若干。

全完无欠。

未完若干。

后世以社仓不可行，大率谓社长难得其人。官不稽查，则难信而滋弊；官为稽查，则拘于官法，而民不获实济。选得其人矣，良善者多惧累而不肯充，而求充者，多非良善可信之人。不借则于民食无益，而滥借则恐其负欠无著。经胥役之手，则需索不免；而不经胥役，则官无从稽核。社谷多，村庄多，则社长力不能胜；谷少地近，社长固易经管，则谷不敷借，而苦于无可增添。有此数难，故群以社仓不可行于今日。致将旧有社谷，请归并城仓，官为经管，甚至视为无碍公物，变价以充别项公用者，全悖社仓之本义。坐视社仓之敝坏，偶遇雨水不调，荒歉有象，乡民无所恃赖，仰食于官，远不济急，势难普遍。此时民心惶惶，官仓之谷，断不能即有济于乡民，总不如各乡皆有社谷，可以就近接济，民不至转徙，官亦有所把握，秋后即果荒歉，亦可徐图赈济也。予目击情形，揆之时事，大率如此。旧曾定有条规，除前人条件已载外，附列数条。皆因今时之病，为对证之药，虽不能全无弊病，而规模已定，究竟弊小而利大。弊虽偶一有之，利则四境有济，经久可恃也。且借谷还谷，虽有负欠之户，清追仍还本谷，不须秋后买谷，致昂市价。舍此不务，坐听四境无颗粒之积，官仓之谷远莫致之，偶遇旱涝，大户有谷，未必人人可借，人心惶惶，恐滋事端。只因物力艰难，邻里虽有善人，救灾恤患之心，不敌其趋利避累之计。故于公正社长，必须发给执照，给以养廉。地棍阻挠，必须为之主持；借户负骗，必须责成保户；官吏掣肘，必须予以权宜；书役苛索，必须发给折式。层层卫护社长，正层层责成社长，无非为四境贫民，储此缓急可恃之谷也。虽其中不免无著之欠，而逐年著追，不至甚多。其不欠者，则于本无亏，息又生息。再得勤政爱民之官，视民事如家事，鼓舞劝输，设法增添，则其势更顺，而为利更溥。切不可执社仓难行于今日，而因噎废食也。

《学仕遗规补》卷一终。《储积议》终。

学仕遗规补卷二

蔡云怡约保法

（备兵西浙时行。履贯见前）

谨按：保甲之行，所以弭盗贼、缉奸匪也，屡奉敕旨通行。现今各省州县，无不遵守，顾悬挂门牌，但存故套，只见有编查之扰，未见有弭盗之益。保甲之举，竟为老生常谈矣。揆其所由，生齿日繁，烟户稠密，如查造门牌，将一家之男妇老幼一一造入，已觉滋扰，更有将一户之生理、田地贫富造入，谓可以备赈粜而定劝惩，一切鼠窃暧昧之事，皆令查报，每保中焉能得如许公正无私之人？责以一切之事，法所不及，势亦难行。而于应行查报之窝盗局赌，显而易见诸事，转不能行矣。蔡忠襄公所著约保法，条件虽多，大要不外于查报局赌窝盗诸大事；王文成公十家牌说，惟以简便为主，简则易行，便则可久。本朝于清端公，于直隶举行保甲有效，亦不外此。地方官果能师王、蔡诸公之意，事归简便，法不纷繁，如门牌止载男子成丁以上姓名，甲内有面生可疑之人居住，及聚赌窝娼邪教私铸之事，甲长报保长，保长报官，听官究审，不可株连户邻。一甲如此，众甲如此，通州县如此，奸匪无可容身，地方亦自宁静。保长甲长，易于得人，编查亦不滋扰。保甲自收实效，毋谓成法不可行于今日也。

乡约化民成俗，保甲弭盗缉奸，即周制比闾。管子军政良法，有司往往视为故事，或行于城市耳目之前，而乡鄙远境则否；或行于上司巡莅之时，而巡莅已过则否。众户悬牌，徒饰门面，一番编立，一番滋扰，未见弭盗安民之实效。

十家连坐，明示信行，彼盗贼窝主，合夥非类，潜出潜归之踪迹，能掩本甲之耳目否？邪师左教，男女混杂，夜聚晓散之行径，能掩本甲之耳目否？以至聚赌略贩，嗽唬教唆，白捕豪奴等项，飞诈良民诸恶状，能掩本甲之耳目否？使各保甲皆畏官法连坐，而不敢容隐，盗贼窝主等项人，犹敢横行无忌，不默解潜消否？能使愚民知识，开导于六言宣谕之下；奸宄隐忧，消萌于十家纠察之中，以视犯法日众，民不安生，而始议究处之法，为力孰难孰易？王文成所谓其法甚约，其治甚广，有司著实举行，不但息盗简讼，而且均役御侮，善俗兴让，相因以举。一邑之治，真可不劳而致也。

向来屡行屡辍，多因约保未得其人，以致无益有害。今先行乡约，次定保甲，仿古举士于乡之意。凡各县城镇乡都，不分生儒耋老，随地酌选。有宅心忠实、行谊端方，堪为约正、约副者，有司以礼敦请。议举乡约，不许喇棍、撒泼、无赖包揽，约正、副之家，杂差俱准优免，有司以礼相待。其果奉行约保，弭盗化民有功者，年终量加奖励。择其尤贤者，请为饮宾。昔宋贤陆梭山请为约长，曰：我辈若耻为之，则豪侠武断者专之矣。此意可仿而行也。如有豪强借充约正、保长，擅受投词，武断乡曲，及交通捕役吓诈民财者，查出定行究处。

古法寓社仓于保甲之中，则约正即保正也。故有优免杂差，有司以礼相待，三年请为饮宾之议。今户口繁多，人情狡伪，故保正专以稽查保甲，与专司讲约之约正、专司社谷之社长不同。其编设门牌，尤以简易为主，简则易从，易则易知。就王文成十家牌说而变通之，方能有十利而绝五扰。不能一切皆求全于保甲，不能一切皆委之保正也。是在有司实心行之，期于弭盗缉匪有益耳。

保甲十利　纠察十家无窝无盗，免劫财伤人，一利。纠察十家无窝无盗，免失事连坐，二利。纠察十家无窝无盗，免寄当株累，三利。纠察十家无窝无盗，免仇口诬扳，四利。纠察十家无窝无盗，免虎捕拷诈，五利。纠察十家无窝无盗，免奸骗等事，六利。纠察十家无窝无盗，免棍朴构陷，七利。纠察十家无窝无盗，免牢恶飞烧，八利。纠察十家无窝无盗，免隔属钦监，九利。纠察十家无窝无盗，免讼讦倾家，十利。

保甲五不扰 初编牌册定式，印发各里，据实填明，牌悬本甲，册汇呈县，印官随时查点，不许委官差役挨门编派、费脱隐漏，一不扰。牌册纸张，县买分给，即于道府县赎项内支销，不许经承差保，通同科敛民间，二不扰。各甲中有窝盗奸细，首实者赏，隐纵者连坐，法在必行，平日不许委官查点迎送，及朔望执结，三不扰。各甲中，富贵体惜贫贱，贫贱卫护富贵，守望相助，止各自保身家性命，并无抽调远援及杂项差呼，四不扰。约保，公举身家清白者承充，不许奸豪倚挟，妄执吓索，五不扰。

各甲止查十家中有容留流棍、面生可疑、夜聚晓散、踪迹诡秘，及平日游手好闲、不务生理耕田，三五成群、赌博嫖饮，或假搜盐、或假贩鲜、或假捕假势，械船出外，携资回家，因而浪费无度者，即密查行径、细诘来历。的系强窃窝盗、非为歹人，即公同赴县密首，添捕立拿，或暗约甲众，及诱同伙擒获送官。但得实者赏。

十家连坐之法，每坐失事不救。责小民撄盗锋，为力甚难。惟窝盗非为，前项踪迹，本甲中朝夕耳目，未有不知者。知而密首，消弭甚易；明知不举，纵盗殃民，不问受贿畏祸，定行连坐。强盗强窝，连坐十家；鼠窃小匪，免其株连。所累既少，造福无穷。

保甲弭盗，首先保全富贵。若富贵优免安居，而责贫贱人守望救助，于情理安否？且既绝五扰，富贵大家，又优免何事？务须一体编入，方便稽查。

乡村稀远，不便联络如数者，止就本村见在人数，多或十二三家，少或五六七家，即自为一甲。僻居深远一二家，编入近乡甲内。寺庙庵观，各就近附编入甲。寡妇幼稚、年老只身、废疾，编附甲末畸零项下，免入十家内轮牌巡查。

保甲牌每行城市，而乡镇边鄙，度外置之，正不知邻府州县交界处所，最为窝盗渊薮，县官倍宜加意清查。如本县某都某图某村，定有一尽头人家，册内明开某家外，即系某县某都某图某地界，如有人家，照本县式报至五家而止；如旷远无人家，相距某县某都某图某村名几里，或系某湖荡、或系某山隘，册内俱要明白开报。

行保甲以靖地方，于邻县交界、僻远村庄，更为紧要。故全县之村庄图册，尤当兼行，不可少也。

各甲中有精壮勇夫，废业无用，故或为艀贩，或为打降，或为罡煞，或为白捕，甚且变为盗贼。今有司奉旨训练民壮，简汰老弱，拣收壮夫，如法训练，用以防守城池，协拿大盗，诚一举而两得。艀贩，贩盐船也。

有甲牌，无保牌，如版籍有散无总，未能条贯联络。今每十甲，置保牌一面，书十甲长姓名，州县官以千文字号为序，从城达乡，照牌汇册，井井不乱。有公事，各保长挨次传各甲长遵行，不必差人下乡生扰。

各甲中有巨族数百丁之家，中有不肖子侄，窝盗非为，有司务就宗内公举德可服人者为宗长，才可管众者为房长，房长统于宗长，纠察举首，如前保甲法。保甲中有豪家怙势、喇棍泼赖，明明窝盗、窝赌、窝贩，畏不敢举者，有司比较听断投文，时时进里老，屏人开诚询问。彼不敢明举取祸，未始不肯密吐除害。实则督捕立擒，亦善行保甲一法。

保甲中一家失盗，九家出救。乱击梆锣，高叫为号，各甲齐声接应。大力之家，倡率乡勇，或当阵捉拏，或分截去路各栅口，或轻舟尾追。远盗必有近窝，当投该处，保甲协力擒解，如此则盗自不敢犯。

夜巡每交一更，轮巡火甲夫高声唱云：凡我甲户，钦奉圣谕，谨守律法，各保身家，严禁盗赌，有犯连坐。如是者三。

沿海保甲中有奸徒贩洋勾引接济海寇，奸细探听虚实，即纠察举首。得实者，破格加赏；容隐者，连坐加等。

状式，原告务填某都某图某保某甲，按册可查。如原告一月不出，查甲内无名，即系匿名，竟行缴销。不许差拘被害，以绝诈端。

盗贼大半生于贫惰，保甲法严，盗无所容，贫惰之人，自寻生业。即已犯者，各保置舍，旧图新簿，登名互结，许其改行。或佃或佣，悉听以力自食，捕役不许借此作囮。大力之家，正宜收用照管，资其衣食，以靖地方。如再犯，即送官加等惩治。

各甲中贤士大夫、举监生员，及大力之家，具有深识远虑者，俱自为身家性命计，身先倡率，借道院有司之权，行互相保守之法。慎勿暇时好言安静，不肯劝行，有事束手仓皇，空叹无及。

保甲缉奸，如左道天罡、窝访拐略等项；保甲善政，如禁假命、均赋役、扶疾病、劝周恤等项。推之乡约乡兵、社仓社学，皆可次第以举。兹未敢胪列者，取其简便易行，以收弭盗安民之效。

于清端曰：朝廷设立乡约，慎选年高有德，给以冠带、待以礼貌，每乡置乡约所，朔望讲解《上谕十六条》，劝人为善去恶，甚盛典也。自风俗浇漓，教化陵夷，凡有司勾摄人犯，差役不问原被告居址，辄至乡约之家，管待酒饭稍不如意，诟詈立至。且于朔望点卯之日，肆行凌虐。倘人犯未获，即带乡约回话，是差役之吓诈乡约，倍甚于原被二犯。更有苦者，人命盗贼，不离乡约，牵连拖累，夹责受害。甚之词讼小事，必指乡约为佐证，投到听审，与犯人何异？且一事未结，复兴一事，终朝候讯，迁延时日，无归家之期。因之年高有德，鄙为奴隶；殷实富家，视为畏途。或情或贿，百计营脱。而寡廉丧耻之穷棍，兜揽充役，串通衙捕，鱼肉烟民。以编甲漏造为生意，以投呈证佐为活计，惟恐地方之不多事也。居民之不兴讼也，差役之不来照顾，官府之不唤呼也，此尚可言乎？

充当乡约者，巡检有常规，差役有常规，书办有常规，此等银两，非出之烟户而何？乡约之苦，至此极矣。于是有半月之乡约，一月之乡约，有朋应帮贴之乡约，真如问徒拟军，求脱离而不可得。更有良心丧尽之辈，报一名、卖一名，临时必用陪点。上下交接，又有顶首积弊锢习，不可救药，而欲端风化、靖地方也得乎？自后有司查明乡分，于适中之地，立乡约所，选年高有德者，择吉迎送，给以衣顶，行二跪一揖礼，在乡约所任事，朔望谕乡民听讲《十六条》。一不许票仰协拘人犯，二不许差役到家饭食，三不许原被告指为证佐，四不许朔望点卯，五不许请立印簿，六不许差督编查烟甲，七不许买办军需，八不许人命盗案牵连姓名，九不许投递报呈，十不许绅衿把持人命盗案，勾摄人犯，不可责之乡约。乡约无事，则劝化愚民；有事，则密禀自封，用图记牢钉飞递。一年更换，地方平靖，讼狱不兴者，年终给以称职字匾；地方多盗，讼狱繁兴者，年终书不称职，用木刻条钉于门首。如敛钱扰害，不公不法者，访实即时惩革，于县前悬大木牌，书贪恶乡约姓名于上，以示劝惩。于此端风化、靖地方，庶几近之矣。自此至末，别集附采。

彭无山曰：保甲行而弭盗贼、缉逃人、查赌博、诘奸宄、均力役、息武断、睦乡里、课耕桑、寓旌别，无一善不备焉。行之不善，则民累滋甚矣。如旧例，朔望乡保赴县点卯守候，一累也；刑房按月两次取结索钱，二累也；

四季委员下乡查点，供应胥役，三累也；领牌给牌，纸张悉取诸民，四累也；遣役夜巡，遇梆锣不响，即以误更恐吓，馈钱乃免，五累也；又保甲长托情更换，倏张倏李，六累也；甚而无名杂派，差役问诸庄长，庄长问诸甲长，甲长问诸人户，藉为收头，七累也。今与尔八路十五乡人等约，不点卯、不委员、不取结，保甲长不听情更换。凡一家牌、十家牌、百家总牌，自买纸印刷，付保长亲领，不费尔民一钱。巡夜非本县亲历，凡皂快人等，藉称查夜，许尔庄长、甲长扭禀，假冒者惩责，得赃者重处。计通邑六百庄村，每夜即亲历二三十庄，岁不过一庄六至，怠玩易生，所以每有一庄，连夜连月、冒雨冒雪而数至，示尔不测，不过欲尔等加意守望，为相安无事之计。现奉上宪，请旨均编，虽旗户旗庄，皆当凛遵，而况尔民乎？一切事宜，载明执照门牌，易知易行，有益无累也。

保甲难行于今日者，皆以人心不古，风俗日薄，不若古民淳朴。故条件比昔为繁，殊不知繁则难行，简则易遵也。现在每家皆有门牌，几见有因查保甲而缉获匪类者乎？莫如握其要领、屏其琐细，每十家为一甲，甲长即于本甲内轮充；每十甲为一保，保长于通保内选充。甲内有面生可疑及无营业，不时往来居住、游手酗酒、非亲非故、男女混杂、学习拳棒、邪教聚众、窝娼窝赌、私铸拐略，形迹显著为邻户所共闻者，甲长告之保长，保长转报官司，及早根究。甲长报到，保长隐匿，罪在保长。则不法之事、奸匪之徒，已无所容矣。至于暧昧不明之事，同居一家尚难觉察，未可责之甲长、株扰平民。一切应查应报，简明列出，则各户皆知，易于遵行矣。后世以保甲为难行，亦因噎废食之一端也。

《学仕遗规补》卷二终。《约保法》终。

学仕遗规补卷三

陈容驷仕学一贯录钞

（名庆门，字容驷，号渭川。陕西盩厔县人。雍正癸卯进士，官至达州知州）

谨按：事上临民、理讼慎刑、恤囚弭盗，皆司牧必有之事，其中皆关乎学问。后世视为簿书期会之具文，则诚具文也；视为勤政爱民之实事，则皆实事也。关中陈容驷，为予同年友，数年前相遇浙中，谈及官政民瘼，予服其有得于即学即仕之义。所纂《仕学一贯录》，皆历任州县阅历有得之语，不肯以具文视之，而直以学术行之者也。今摘其所言事上临民、理讼慎刑、恤囚弭盗诸条，补入《学仕遗规》，以备莅官者参观而力行之。于学于仕，不无裨益云。

世上原无好做之官，虽抱关之吏，亦须夜行早起，方为称职。才说做官好，便非做好官之人矣。士子平日读书，博得一第，居四民之上，自谓朝廷倚重、生民利赖，孰知日日行害人事，件件行折福事，时时做违心违理事，反在人前扬扬得意，略无愧色，岂复有廉耻哉？故人以得官为可喜，我正以得官为可惧也。

天非私富一人，原以众贫者相托也；非私贵一人，实以众贱者相托也。在贫贱者，自己血汗，自己消受，天之鉴察也常宽；若富贵之人，高爵厚禄，万民血汗，一人消受，天之督过也常严。天心不远，以民为心者也，抚民即所以奉天也。每叹居官之人，事上则俯首鞠躬，临民则逞志作威。或则厚敛，或则酷刑，或则苦役，贱之如犬马，刈之如草芥。讵知祸民者，天必祸之乎？忠恕违道不远，舍此六字，未有能合人情、得天理者也。

当官处事，尝思有恩以及人，而以方便为主。即如一催科也，其势万不能免，但就其间求所以省民力者，不使骚扰重为民害，则所全已多；一听讼也，准之以人情物理，出之以静气平心，不事锻炼罗织，而人心各得其平。至于恤灾捍患，移风易俗，当颠困欲毙之时，而起诸沟壑，予以生全，尤不若先事区处，不致颠顿危急之为妙也；当越礼犯法之日，而严刑峻法，重惩示警，尤不如止恶未萌，不至用刑，而俗美民安之为愈也。

有此志向，庶可望其仕不负学也。

官场上下相承，分谊攸关。其当尽礼仪，乃衙门体统如此，惟有忠厚以尽事上之礼，直躬而行本职之事，一切升沉显晦，非援上者所能致其万一也。且上官所责望于下属，下属所仰承于上宪者，无非期其施行之咸宜耳。顾其中利害相参、是非互异，上官或得之纸上，未必尽悉其曲折。万一见解不符、事机乖错，为下属者，忠告以尽其诚，善道以致其礼，但得诚意交孚，自可相助为理。夫何委靡不振，悦谀成风？上官曰是，彼亦曰是；上官曰非，彼亦曰非。迨其后事势乖违、民怨沸腾，彼则曰此上官之意，非距心所得为也。其居心之险，大非事上之敬。即此一段庸懦卑鄙之态，亦甚失士大夫立身制行之正矩矣。

既为上官，谁不知以人事君之大义？谁甘为妨贤病国之小人？如其两贤相契，方将以言论丰采，觇人才品格。果其持论忠正、刚方自矢，彼方欲引而进之，岂肯妄加祸于守正之人乎？即不然，或意见相左、或好尚相违，甚至娼疾深恶，亦不过如梁冀之恶张刚，使之为广陵守耳；不过如邓骘之恶虞诩，使之为朝歌长耳。彼原假借贼手以杀二子，而二子卒能骧起事功，彪名后代，是杀之适以成之也。盖才全则运险为夷，命在则因祸为福。人各有天，人各有命，造化有定，人其如天何？其如命何哉？

因论事相左，至于娼疾深恶，必不相容，皆由平日积忿而成。孔子訚訚注训，和悦而诤，可师可法。

地方官词讼，无日无之，最足见居官者之明暗。而亦戒饬平反、革薄从忠之一大段工夫也。慨自人心变诈，明明被殴，而称杀伤；分明争财，妄云抢劫。又或牵引其父兄，连及其妇女，意谓未辨是非，且先使追呼扰动，耗财以洩其忿耳。更其中诬赖人命，尤极惨酷。或以奴仆胁主人，或以顽佃诬业主，或以卑幼制尊长。有亲人逼死，而乘机索诈者；有冒认亲族，而毁门坏屋者。种种诬罔，不可枚举。官长止以尸场一验了事，而岂知其鱼糜肉烂、鲸吞虎噬，已无所不至哉？此弊不除，人心日益险、事变日益多，官府亦应接不暇矣。吾谓户婚田土，当视其情词虚实，不宜滥准。不准者，必指批其不准之故，毋使再来翻渎，不可粗心浮气，略观大意，以不得混渎一语，批出了事；其准者，则必亲问，不可听其讲和。问则必速，不可稽迟拖累；审明则必断结，不可含胡逐出候示，又起探听打点之弊。若于投词之日，使原告、证佐同时到案，当堂取证佐确供，倘诘出党恶诬证之弊，不待被告到案证明，先惩其诳证扛帮之罪。其有情节可审者，则限日投审。原告情虚，固必加罪三等，而证佐则尤必加重。不过一二月间，扛帮积弊、无情诬讼，即可去其七八矣。

投词之日，先问原告、证佐，是亦审状之一策，但亦防其有扛帮赴控之弊。倘原告无力邀约众证，必致有屈不能赴告，证佐肯来，未必肯供实情。莫如凡有告状，当堂收词，就原词驳诘。无可登答，轻则逐出不收，重则量惩。所告似有理，而一时不能查案，则暂收候批。凡雇人代告者，则不敢来矣。州县告状，虽不拘于告期，势须随告随收。接状行，即须抽闲一审，亦以免告期拥挤守候也。予历任府道司院，皆如此行。有临时散去不敢投状者，出入拦舆控喊，皆不准收。自是告者渐少，皆用此法也。

诬命一事，直是父子兄弟间以死为利，暴尸灭法。揣其情节，与手刃无异，是必严诬告加三等之法，惩一警百，更榜示告谕。则亲族利死之心、流俗搬抢之恶风，亦可从此渐息。

尸亲诬告蒸检，原有反坐之律。验尸后押令掩埋，暴尸不埋，立可究处。藉命抄抢，久有明条，官肯速审执法，自可杜绝刁风。其要尤在尸场将验出某伤轻重，指令尸亲认明取供，以杜后来翻告。至于自尽命案，如无别故，罪止满杖，即当于尸场乘原被邻证齐集之时，讯取确供，明白晓谕，听候详结，不必将原被带署候审。于尸场耐一二刻之烦劳，便省许多探听拖累。案内干涉之人，俱令各回安业，有应得之罪，不过重杖，取保候示可也。最可恨者，尸场嫌其臭恶，不肯近尸亲验，犯人与尸亲争伤，置若罔闻，止执笔为仵作誊录。一经掩棺，疑似之伤，将来尸亲指告，或上司驳诘，凭何登覆耶？常有自尽命案，原、被及案内有名之人，往返拖累，至于破家者，皆由州县验尸之后，急急旋署之故。为民牧者，不可不知也。

吕叔简《刑戒》一书，详载《从政遗规》。是从铁床火坑边，行清凉之剂。盖痛酷吏深文峻法，以毒无辜，故以此致戒。非谓巨恶元凶，竟可宽纵也。但当推明律文，权其重轻，用刑时不可以犯法为怒，不必以得情为喜。盖怒则以为彼罪当受，绝无矜怜；喜则谓我见甚明，惟知痛快。常存此心以调伏之，不言造福，实所以尽心也。

夹棍一物，原有不得不用之时，不过欲取确供耳。初审狡展，正不妨屡呼要夹，而其难其慎，不肯即夹。三木之下，动关人命，堂上一声催刑，众役奋力，受之者魂飞魄散，气蔽血壅，即有供吐，昏迷之中，随口强应，亦未确凿。平日于行刑之人，明白指示，如不得已，必须用夹，不得遽收。先就情理反覆穷诘，此时问者之狼狈著急，较受刑之人为更甚。如不从实供吐，催令收刑，但一收止二三分。又就案情反覆诘问，有证据者，质之证据，使其计重语塞，自必供吐。此时官府审问，本犯呼号，行杖者暗暗松放。再有狡展，仍如初置刑内再收，亦不过二三分。一收一放，痛则有之，伤人则不能也。且其神魂清白，语言不至混乱，此时供吐，方为确切，可以定谳。俗称夹棍为大刑，示不可轻用，更不可错用也。然不独大刑为然，即行杖亦不可忽。竹板示警，罪当杖者，亦视其人气体壮健，足以当之而无伤性命者，然后如法杖责。凡行杖时，官暂停阅审卷，亦不可别有问答，惟注目凝神，以观受杖之人，一则视其人能受与否，倘不能受，量减数杖，杖虽减而法已尽矣；一则防行杖者有任意重责要害、毒打一处之弊。如专用板头、专打腿湾。余历任二十年，从未因杖责而损伤一人者，率是道也。

夹棍尺寸，原有定式，不可改短。杖用竹篦，削平棱节。夹棍、桚指，均不得过两时，敲杖不得过三十。用时切当留神。

牢狱之苦，杂秽疫痢，暑月为最。常遣人洒扫囹圄，洗涤枷杻，不时调取监簿，稽查囚数，以自察其治状。务使眼前火坑，化作逍遥世界。此只在当官者念头动、舌头动、笔头动，一霎时之间耳。

有外结之事而暂寄监者，有羁候待质而犯证已到，未即质审者，有案已奉文归结，或有应追之赃不即发落者，州县冗忙，每易忘忽；刑胥苟无所得，岂肯为之禀请省释？必须州县每日调取监簿，进内衙查阅，以便随时结释。至于狱官，每日查监，不过点名了事，原委未明，心念不切，岂能禀堂催结？州县更须隔三两日，抽闲出其不意，亲到监中查点，以防其有凌虐之弊；更验其墙宇，以防其有越狱之事。地方官总须把这监内人犯，往来于胸臆中，自不至于滥禁淹禁也。予历任抚司，地位悬隔，不能亲自查监，曾酌定册式，令州县将某犯事由、到监月日、何日审理、应否拟罪、何时题奉部文，及何衙门批令收禁，逐名填册具报，以备不时专员持册到监查点。其时州县有因造此册而查审省释者，院中就册查核，而行提归结者亦不少。较之委员查监，似更迅速。实在其监犯多，而州县不可信者，出其不意，不拘文武员弁，持册到监查点，多少不符者，按名查究，州县无不悚惕检点，是亦清理监狱之一法也。功令最严越狱，凡禁卒非刑凌虐，率以防其越狱，斧禀本官。殊不知墙屋高坚，门户扃锁，囚犯焉能飞越？岂可以非刑为防闲？高忠宪公云：狱囚日间不妨宽松，夜间更当严禁。狱门不得容人出入，亦禁防重囚之一法。

盗贼未起，防守为要；盗贼既起，擒捕为要。昔李崇刺兖州，令村建一楼，楼悬一鼓，诸村闻楼鼓声，各守要路，遇盗辄擒。李肃为宰，不必建楼，比户置鼓，盗发辄击，远近皆应，盗遂敛迹。吾以为建楼置鼓，犹有所费，止须家置一梆，或竹或木，一处起梆，各处四应。有被窃而不传梆者，罪坐失主；一家梆起，而四邻不应，及应而并不出身协拏者，查明责究。亦何盗贼足虑乎？

夜防盗贼，人人皆有此心。敲梆呼救，闻梆接应，贼虽众，未有不警逸者。乡村防盗之法，莫捷于此。

州县亲民之官，非特贪酷足为民害。即拘谨之流，未尝不洁清自好，而暗昧不明，优柔不断，识不足以剔弊，力不足以惩奸，彼虽不贪，有代之而吸民膏者；彼虽不酷，有代之而戕民命者。其与贪酷害民无异。且百为丛脞，诸务废弛，或反不若贪酷者流，犹能理烦而治剧。所谓廉而无能，不若贪而有干，古之人诚有慨乎其言之也。

非取贪酷也。清官不能理事，民之受害亦不少。

为政说宽说严，皆迹也，莫如切实讲理。理者，人心自有之天也。发一言、施一事，以我心之天，感乎乎人心共有之天。非言人所不能言，实言人所必欲言也；非行人所不能行，实行人所必欲行也。宽之可为杜母，严之可为召父，宽严之迹悉化，以此大畏民志。所谓不赏而劝、不怒而威，此道得也。何宽严之足云？

古人谓太上化民以德，其次莫如猛。是说也，非谓猛愈于宽。猛以济宽，适所以成其宽也。缘民愚无知，彼见上之宽则玩心生，后又从而刑之，则怨毒起矣。为民上者，视事之初，即严加整饬，吏役士民，苟有过犯，毫不假借，见之明，行之果，人心震动恪恭，各怀一不敢慢易、不敢欺蔽之心，如此则呼应既灵，法在难犯。而处心积虑，却时时欲与民休息，事事为愚顽鉴原，准情度理，足以快人听闻。即尽法处之，身受者不敢怨，观听者靡不服。畏威怀德，一时并到。若其始不振，后即整顿，徒招怨耳。

外虽严而内则宽，始虽严而终则宽。亲民之官，究心于此，庶得宽猛相济之道。

《学仕遗规补》卷三终。《仕学一贯录钞》终。

学仕遗规补卷四

策略汇抄

谨按：制科取士，首二场试四书经义，三场专试策问。盖以策者自经史著述、兵农礼乐、刑政典制，及切要时务，皆在所策之内。故四书经义只三、四艺，而策则有五，正足征士子学识经济，较书义更为详备也。只因法久弊生，诸生揣摩习熟，或剿袭陈言，或填砌故实，或就问语敷衍，玩其文，似乎出经入史、涵古茹今，大率强记名目，漫无考据，直钞例义，鲜有心得。按之胸中，仍然固陋；措之于用，与文策所对迥不相符。历科所取，虽不乏有体有用之儒，而空疏无用者，几于十人而九。获售者不过如此，未售者遂不复致力。讲求五策之试，几成虚设矣。窃惟圣门垂训，不知言无以知人。有体有用之儒，仍不外于文策中分别而拔识之。是在持衡者发策时，毋论经史时务，屏其浮泛、指其疑难，以观其所见之是非异同，所得之浅深优劣，俾讲求经济之士，有以自见；空疏剿袭者，不能以伪乱真。入彀者决非无用之人，不止于拔十得五也。今就先儒文集及近今条议，汇为《策略》，以示大概。切望有志者好学而深思，触类而引伸之也。

真德秀

（字景元，履贯见前）

先圣言：君子和而不同。以其叶心共济，非以其阿意相从也。今登延众彦，将追元祐之风，而群贤持论，颇患不一。兵议既兴，有以先发制人为说者，有以量时度力为言者，彼是此非，莫能相一。臣顾以为喜者，盖同异之间，实至当之论所由出也。朝廷之上，不以同异为好恶；缙绅之列，或以同异为爱憎，臣则忧之。夫主于先发制人者，为国也；主于量时度力者，亦为国也。意见不同，同于为国，平心商榷，惟是之从，奚必以异己相嫉乎？元祐中禀禀向治，而群贤自为矛盾，小人得以乘之，稔成绍圣之祸。今虽未至于斯，可不豫防其渐？愿群臣各尽忠益，事求适当，不必苟同，见有异同，毋相疑忌。成众贤和衷之美，取同心报国之功。

是君子，虽不同，不害其为和；是小人，虽同，终归不和。圣言曲尽君子、小人情状，实关千古政治得失。真公所云同异之间，至当之论所由出，尤至言也。

贤才满朝，而治效不立；议论盈廷，而弊事不修。忧国者为之叹惜。岂贤者非贤，而众议举不足采耶？窃谓人材有小大，善用者取长略短，皆足有济；议论有同异，善听者去非从是，皆足有补。大臣日加延访，使敷陈所蕴，而考察其行，能条举众弊，而分委以经画，课其效之成否，随以之黜陟。如此，则可用之人出矣。汉昭帝时，吏民上书言便宜有异，辄下杜延年平处复奏。神宗诏中外上言得失，委司马光、张方平详定选择，哲庙嗣位，臣民皆上封事，亦令光与执政看详。然群言繁多，无所抉择，命近臣掇取要语，各从其类，缮录成帙，以备采择，苟当于理，无不施行，如此则可用之言见矣。用人听言，各有其实，何治之不立，而弊之不修耶？若悠悠玩愒，以虚誉用人，无以核其能否；以虚文听言，无以订其是非。恐弊事日滋，治效愈邈矣。人材无巨细，皆有益于世用。故常孜孜以求于下，而不敢俟人之求。一道数千里，官僚数百人，其材与否，不能尽知。然考于见闻，试以职事，亦间得其一二。苟荐员之当及者，岂惟不俟其求？盖有未尝识面而举之矣。今蒙召擢，行且去官，采诸公言，犹有当举而未及者。用敢随其所长，形之论荐，以备采录。其中所长必有可取，大臣更加询察，或特加旌擢，或籍记中书，其中必有奋发，为清时之用者也。

荐贤而不俟人求，临去而追忆论荐，更求大臣询访，择其长而用之，此中必可得人。非如世俗官场，以荐举为沽名邀誉也。

国家深惟民食之重，朱子请颁社仓法于天下，自是数十年间，凡置仓之地，虽遇凶岁，人无菜色、里无嚣声，臣少时实亲睹其利。岁久法坏，亲见饥穷之民，惟乡落最甚，而致粟又为最艰，劳费不啻数倍。因慨然深念，使社仓之法推行不废，在在皆有藏粟，以之振民，犹取之怀也，其利岂不溥哉？近岁士大夫，以其蠹弊多端，往往归尤于法，欲举而废之。抑不思古今之法，岂能久而无弊？亦在维持整饬之尔。即以常平义仓，侵渔移易，其害不一，然卒不可废者，以其害不能掩利故也。何独社仓必欲举而废之哉？

社仓至今日，虽不能无弊，毕竟弊少利多。弊犹可杜，利则无穷，未可因噎废食也。真公早已见及矣。

天下有幸免之吏，则必有不幸之民。夫吏之不良，法之所宜黜也。宜黜而以幸免，则凡不良之吏，知罚不及已，将安意肆行而无所忌，欲民之不受弊得乎？版籍混淆，贫富易位，奉文推排。邑令得人，升降适宜，民赖其利。邑令志不在民，一切付之乡保吏胥之手，飞走卖弄，听其自为，需求如志，则以上等之户，降而为下等；贿赂不至，则以百金之产，增而为千金。牒诉纷然，一不受理，遂使冤愤不平之气，无所发泄，同时并作，不能弹压解散，一邑嚣然，几至生变。直至守臣下县，毁不公之籍，人情始定，争斗始息。皆由不良之吏得以幸免故耳。

察吏所以安民，纵贪必至滋乱，言之极其恳切。

军政修饬，全在平时。若统戍得人，常有教阅训练之勤，无掊尅朘削之害，原不须州郡节制。其如廉介公勤之将，未易多得，殿司远在行都，帅宪亦相去数百里。近而可以考察者，莫如州郡，又以原无统属，不敢过问。则军政废坏，将有不可胜言者。是以数十年来，士卒不如向时之精锐；舟船器械，不如向时之整备。正以戍将多非其人，又无从旁督察之者，遂得以肆其贪饕掊尅之私，士卒无所告诉。故为一戍将之私计，则以受节制于本州为非便；为一军数千人之公计，则以听节制于本州为至便。在戍将之公廉无私者，亦喜其本州节制，呼应灵通也。

置军于州郡，事力寡弱，若受本州节制，则用度之窘缺，可以补充；出师之粮饷、教阅之犒赏，可以仰给。其有劳效，可借本州保明；其有利病，可望本州申述。盖州郡与本军，合为一体，凡事相为援助，则在本军为力也易；若州郡、本军，各为一家，凡事不相左右，则在本军为力也难。如前岁追捕海寇，方其出军之时，本州给备粮饷，犒以酒肉，而又合民船以助其势、雇水手以助其用。曾有州郡老吏，私议本州从来只是移文督责，何须枉费官钱？盖其熟习见闻如此。今若仍前不相系属，自今或有缓急，虽听州郡调遣，而无节制之柄，必不肯资助。借使统戍得人，犹恐未能独办其事，况一有庸谬之人滥居其选，既无州郡督责，又无州郡应副，岂复肯尽心竭力，以收捕盗贼为己责乎？

驻军之地，必须文武官互相联络，抚绥弹压，平时可以省事息争，遇有军行，可以一体照料。故后世有兵民不可不分之势，而不可无分而不分之意。自宋迄今，不可易也。

方孝孺

（字希直，履贯见前）

为政之道，尽人事而后征天道。天道至微而难知，人事至著而易为。舍易为而求难知，则为不知；先其微而后其著，则为失序。尧舜禹益相告戒之辞，详矣。传道则曰执中，用人则曰九德，治民则曰六府三事。至论天道，则历象授时之外，未尝有片言焉。三圣贤于天道，岂有所未达哉？弃所宜为，而求之恍惚荒诞之域者，圣贤所不取也。宰相之职，上致君、下泽民，贤才列乎位，教化行乎时，风俗美于天下，伦理正而礼乐兴，中国尊而外藩服。有生之伦，各遂其性，而无乖戾斗争，则可为尽职矣。不必矻矻然探其所难知，以为夸美也。能尽其职，虽日月失明、寒暑不节，无害其为治；职有未尽，使天地位而万物育，亦何益于民乎？《汉史》称丙吉不问死伤，而诘牛喘，以为知大体，此非君子之言。民至相杀伤于都市之内，政教不振、民俗隳坏，其为变亦甚矣，岂非宰相所当忧乎？

舍此不问，而恐阴阳不和，何其迂且妄也。

问牛喘事，史书传为美谈，实无裨于治道。丙相之贤，原不关此，先儒盖屡言之，此论更为警切。

自先王养士之制亡，而天下无全才之士，学术各随世之所尚而变。观乎世之所尚，而士可知也。西汉尚经术，故士多通经达理；东汉尚风节，故士多能自重，而不役志于利禄；唐尚谏诤，故多抗直之士。惟晋祖元虚，而尚清谈，士生其时，能以恬淡寡欲治身，而以简朴不烦镇俗，夷然有等贵贱、齐死生之意。王导以此兴江左，谢安以此胜符秦。庾冰王彪之之流，皆以此见重于世。士之用学术，犹工人之用器，器之用虽不同，然利者愈于钝，有者愈于无，挟其所闻知以应当世之事，其不合者鲜矣。方未用时，计画规度天下之得失利害，素定于心，及居乎位，则举而施之，如出物于怀，取金帛于藏。而陈之中庭，快乎其无难，沛乎其不穷矣，宜其无不当也。若诸葛孔明、范仲淹，身在布衣，已有宰辅之志，人亦以其志望之，及其得志，果不失人之所望，是岂待言语而见哉？以言语自表异者，类多夸诞之士。若殷浩者，夸诞之尤也。

圣人治天下，立法严而行法恕。严者，所以使民知其可畏而不犯；恕者，所以法行而人犹得以自全也。昔者读《酒诰》之书，尝疑武王欲杀群饮者为过甚。武王岂好杀之主哉？其为是言也，盖爱其民之深，而人不知也。示之以姑息，阱民于死地而后刑之，孰若先之以不可犯之禁，使民不陷于罪之为美乎？圣人之用心，不苟以悦民，使吾民阴受其惠，此仁之至也。

古之圣人，行仁义之政，虑不足以尽天下之变，于是推仁义而寓之于法，使吾之法行，而仁义亦阴行其中。故望吾之法者，知其可畏而不犯，用法而诛其民，其民信之，曰：是非好行法也，欲行仁义也。故尧舜之世有不诛，诛而海内服其公，以其立法善也。夫法之立，其意将以利民。法苟足以利民，虽成于异代、出于他人，守之可也；诚反先王之道，而不足以利民，虽作于吾心，勿守之可也。知其善而守之，能守法者也；知其不善而更之，亦能守法者也。所恶乎变法者，不知法之意，而以私意纷更之。出于己者以为是，出于古人者以为非。举天下好恶之公，皆弃而不用，而一准其私意之法，甚则时任其喜怒，而乱予夺之平，由是法不可行也。萧何、曹参，世所谓刀笔吏，其功业为君子耻称焉。然何之立法、参之善守法，后世莫及也。当秦之亡，其患不在于无法，而患乎法之过严；不患乎法废而不举，而患乎自乱其法。故萧何既损益一代之典，曹参继之，即泊然无所复为。参之才，何之所畏，非不能有为者也。特恐变更而或致于乱，不如固守之为万全尔。

沈约，齐之鬻国小人；袁粲，宋之忠义大臣也。粲拒萧道成而不纳，结诸将而谋诛之，劲气峻节，可比汉王陵、王允，有古豪杰风。视褚渊辈，直狐鼠耳。其计之失，在乎知人不审，以谋语渊，乃渊负粲而败，非粲负社稷也。使天未遽亡宋，斩道成而夷其党，于粲何有哉？其不能成功者，特以威权去己，道成之势已盛而然，非粲过也。约不明其本心，而文致细故以罪粲，谓粲不肯当事，门无杂宾，物情不接，故及于败，此何足罪粲乎？宋明帝以苛暴御下，不欲政出群臣，内外之臣有威望者，必翦除之。粲不敢招权以抗其君，故遗释势利，使其君不疑，竞进趋附之徒，却去而不与接。事君之义，宜如是也。约攘利鄙夫，不达君子之道，观其罪粲之言，其心可知矣。区区富贵，曾何足言？而求之者弃名节、损礼义，不顾躯命，而惟恐失之。如约之所得，不足以当一笑。甚至于鬻国弑君，以固其宠，而卒不免怅怅而亡，奚若守道以死之为愈乎？后之患失而贪得者，视粲与约，亦可以知所处矣。

论古有识，足见读史不徒记故实、填腹笥也。

学者之患，在乎慕古而薄今。今闻其出于古，则以为善，虽有未至，不察也；闻其出于今，则以为不善，虽有至者，不察也。此道之所以不明，而所学者非也。秦以下言治道者，莫如汉之贾谊、董仲舒、王吉，唐之魏徵、陆贽，宋之范仲淹、司马光，以比于三代圣贤匡世范民之政，其中不无可议。要之皆切于时务，足以救时而振俗者也。遵而行之，于世道不无裨益，未可以其非古，而忽为不足行也。

不论行之有益无益，惟慕古而薄今、是古而非今，皆道之不明，而学者之病也。推之凡物，以古则贵，以今则贱，愈古则愈贵，不问适用与否，皆敝习也。

高拱

（字肃卿，履贯见前）

天人之际，其理甚微，而谈者甚详。然在天有实理，在人有实事，而曲说不与焉。阴阳错行，乖和贞胜，郁而为沴，虽天不能以自主，此实理也；防其未生，救其既形，备饬虑周，务以人胜，此实事也。至谓天以某灾应某事，是诬天也；谓人以某事致某灾，是诬人也。皆求其理而不得，乃曲为之说者也。

古之言天者，曰天垂象，见吉凶而已，未始推所为也；言事天者，曰克谨天戒而已，未始著所招也。乃如庶征之说，详于洪范，其休征，曰肃时雨若，乂时旸若，哲时燠若，谋时寒若，圣时风若；其咎征，曰狂恒雨若，僭恒旸若，豫恒燠若，急恒寒若，蒙恒风若，言感通之靡忒也。若曰天人一理，即呼吸动静，皆有所关，而不可不谨云耳。君子以是求之，得其意焉可也。如以其辞而已，则貌何以为雨，言何以为旸，视何以为燠，听何以为寒，思何以为风？矧时雨必有时旸，是肃则不必乂也；时燠必有时寒，是哲则不必谋也；而恒旸必无恒雨，是有僭应则无狂应也；恒寒必无恒燠，是有急应则无豫应也。初岂若是胶固乎？其曰王省惟岁，卿士惟月，师尹惟日，言修弭之当豫也。若曰君臣一体，即大小不同，而莫不当谨云耳。君子亦以是求之，得其意焉可也。如以其辞而已，则王何分于岁，卿士何分于月，师尹何分于日？矧王省惟岁，则月在其中，卿士可无省也；卿士惟月，则日在其中，师尹可无省也。而积日为月，则师尹之省，亦卿士也；积月为岁，则卿士之省，亦王也。初岂若是局滞乎？

孔子之《春秋》也，书灾异，不书事应，以灾异之不可以事应言也，乃其理自如此。如必符之以箕范，则书大雨者，必求何事之狂？书大旱者，必求何事之僭？书无冰者，必求何事之豫？书陨霜杀菽者，必求何事之急？书六鹢退飞者，必求何事之蒙而可乎？论灾异者，必当以《春秋》为准。其意真，其辞直，确乎不易。而于《箕范》，则取其意，不以辞害焉可也。

书灾异不书事应，《春秋》之法，确不可易。故《洪范》之辞，不可泥也。

天有天之道，人有人之为。《易》之洊雷震而恐惧修省，乃君子之心，不容自已焉，犹孔子迅雷烈风而变也。《诗》之敬天怒渝，无敢戏豫驰驱，以为天且变焉。而顾泄泄谑谑，不以为意，将不于其变者逢乎？是故敬修而不敢怠也。此皆人事当然，不可不尽。尧之所谓儆予，汤之所以祷于桑林，固此意也。若夫灾之所以然，则天道运行，微乎微者，人可能测识者哉？

自斯义不明，乃有称乾封余烈，如公孙卿、公孙宏之流者；乃有旁摭曲证，牵附无当，如京房、翼奉之流者。必谓天为有意，是故陈规者，则求其意于此；而贡谀者，则求其意于彼。然皆不得其故，君子所不道也。

夫天之灾，犹人之有疾，必有其征。在天则见于象纬，在地则见于山川，在物则为鸟兽草木之妖，在人则为奸宄寇贼之戾。其气之方舛，可知其所底止。既难以窥而复之，迟速又难以度，可畏孰甚焉？于是修人事以胜之，庶乎有不为害。不然，乃亦不至于太甚，而可从容以需其复。苟遂不为之所，则将有不可救药者矣。是故谨疾者，必为之求医药、寡嗜欲、节饮食、慎起居，以固一身之元气；谨灾者，必为之修纪纲、审法令、进忠实、黜谗邪、省刑罚、薄税敛、蠲逋负、广储蓄、祛烦苛、收携贰、除盗贼、慎边防，以固国家之元气。凡皆尽其在我者，以俟之而已。迨其气之既复，陂者平、否者泰，而吾亦无所损失败坏于其间，则以有备无患，理之固然者耳。犹之寒暑者，天也，而吾为之裘、为之葛，裘葛诚具，则寒暑不侵焉，备在吾也，非曰吾有裘葛，而天遂不吾寒暑也；然而寒暑有时迁也，犹之风雨者，天也，而吾为之室、为之盖，室盖诚具，则风雨不侵焉，备在吾也，非曰吾有室盖，而天遂不吾风雨也。然而风雨有时止也，善论治者，不计灾与不灾，但视备与不备。如其备，不灾尤善，灾犹可无恐也；如其弗备，不灾犹未可，其如有灾何哉？

是故圣人之事天也，纯乎敬而已，非因无灾而弛，有灾而始致也，惟其所太过不及者，则为之财成辅相焉；其于民也，纯乎仁而已，非因无灾而辍，有灾而始加也，惟其所憾于天地者，则为之补助焉。然而人事尽，天且赖之，固不能以终违也。兹所谓实者也，达乎是，则所谓天聪明，自我民聪明；天明威，自我民明威。达于上下者，可得其意焉。则所谓天作孽，犹可违；自作孽，不可逭。祸福无非自己求之者，可得其意焉。不然，而徒訨訨为议，迄无指归，则岂惟有盭于《春秋》之旨，亦非《洪范》之意所以示人者矣。

法者，天下所共守，而不容毫发易者也。自通变之说兴，而转移之计得，欲有所为，则游意于法之外，而得倚法以为奸；欲有所避，则匿情于法之内，而反借法以为解。爱之者，罪虽大而强为之辞；恶之者，罪虽微而深探其意。讵惟张汤轻重之心，实有州犁高下之手。是曰坏法之习。名节者，士君子所以自立，而不可一日坏者也。自苞苴之效彰，而廉隅之道丧。义之所在，则阳用其名，而阴违其实，甚则名与实兼违之；利之所在，则阴用其实，而阳违其名，甚则实与名兼用之。进身者，以贿为礼；鬻官者，以货准才。徒假卓茂顺情之辞，殊乖杨震畏知之旨。是曰黩货之习。平易可以近民，公宽可以得众，而乃曲求小节，务在深文。事有当然，故抑滞留难以为得；赋有定数，必剥民多羡以为能。罪不原其情，而以深入为公；过不察其实，而以多讦为直。是曰刻薄之习。同心始可为谋，协力斯能济务。而乃各为异同，互相彼此。事出于己，虽甚不善，而必要其成；事出于人，虽甚善，而每幸其败。如弗败也，犹将强躐其功；苟无成也，必且曲嫁其祸。是曰争妒之习。古者赏不逾时，冀得速劝；罚不逾时，冀得速惩。是故人心快而事功兴。今也一日之事，动滞数年；一人之事，动经数手。去无程限，来不责迟。苟有微嫌，遂成永避。常使熏莸同臭，功罪并途，漏网终逃，国有不伸之法，覆盆自苦，人怀不白之冤。是曰推委之习。人之百体，痾痛相关。手之为足，亦以为手；目之为耳，亦以为目。是故联属而成身。今也武则非文，文则非武。出诸科甲，则群向之，甚至以罪为功；非出诸科甲，则群抑之，甚至以功为罪。常使多助者昂，寡助者低。昂者志骄，每袭取而鲜实；低者气沮，多隳堕而恬污。是曰党比之习。作事贵乎谋始，远虑则无近忧。乃以因循为心，以卤莽为计，无事则不为远虑，聊徇故事，图侥幸于目前；有事则颠顿仓皇，不度可否，徒摭拾以塞责。名为救时，适增其扰；名为兴利，益重其害。是曰苟且之习。辞有要，则政有恒；议论多，则成功少。而乃彼之所是，此之所谓非也；甲之所否，乙之所谓可也。事方立而忽夺其成，谋未施而已泻其计。苍黄翻覆，丛杂纷纭，谈者各饰其私，而听者不胜其眩。是曰浮言之习。

兹八者之流弊，原因积渐而酿成，其患亦必积久而愈大。惟于舞文者无赦，以一法守；贪婪者无赦，以清污俗。崇忠厚，则刻薄者消；奖公直，则争妒者息；核课程，则推委者黜；公用舍，则党比者除；审功罪，则苟且无所容；核事实，则浮言无所受。譬诸人之一身，荣卫自足。苟亟除其大蠹，而徐调其元气，则不惟弱可使强，而调之既久，延长之道，固在斯矣。

八者之弊，语语切中。其救弊之法，亦切要不烦。毋视为官场泛论、纸上空谈也。

地方盗贼，多起衅于有司贪残，而养成于蒙蔽。及其势成，乃为招抚之说，苟且目前。我以抚款彼，彼亦以抚款我，东且抚，西且杀人，非有抚之实也。徒以金帛羊酒宴犒以宠之，百姓之苦如彼，而贼之荣利如此，斯不亦为贼劝乎？遍地皆贼，实由于此。必须将山洞海洋之贼，大加惩创，然后抚恤疮痍，休养生息，乃称平定。

地方多盗，而有司愈怯，所以剪除之者，非可以急遽为也。务修弭盗之实，而不可多弭盗之文，弭盗之实。在未生者，防之使不得生；已形者，制之使不得逞。是处有兵，可以随手而用。凡有动作一二，即捕获之，勿俟其多。又宽首赃未尽之法，使捕者有利可艳，而肯向前。其贼夥众大者，必密招贼中之人，宥其罪，许以擒获贼首，而遂有其财，且得永为良民。利之所在，其中必有自变者。正不必出榜文激之，而使愈为备也。多盗之区，民有被劫、被杀，而不以报官者，曰官不为理，徒益重寇怒也。故盗益炽，而民益受害，无所控诉，使有司以捕盗为务，有即殄灭，安得积聚为凶，势不可向乎？使肯以稽察为务，凡健侠不务生理，出而之他者，必令里甲报知，穷其所往而拘治之，又安得肆意于外，流毒邻封乎？上司亦以稽察为务，凡捕获强贼，审出何州县人，即问该州县官，此人无良，出而之他，何以不问？彼又何敢不稽察，而徒安于本境之无失事乎？各处有司，皆宜饬示于先、责成于后，各使本境之人不敢出，出则必有所稽察；外来之人不能存，存亦必有稽察。盗虽不能遽绝，亦必渐少矣。

此保甲所以为弭盗之古法也。即在近日行之，其效莫切于此。惟在行之得其要耳。

所谓不能正法者，非不能行法也。彼时亦有叛卒受戮者，而真正巨恶，莫敢谁何，徒取一二龌龊之流塞责。其委曲于叛卒，而迁就以图了事之意，非惟叛卒知之，天下人皆知之也。至于官司，则每加以激变之罪。盖叛卒难处，而官司易治，易治者之加严，正欲见难处之当宽。其委罪于官司，而遮饰以图了事之意，非惟官司知之，天下人皆知之也。此皆当时主计之臣暗懦规避，不肯为国任事，徒依违苟且于目前。而国法大坏，不可收拾，莫如先正叛乱之罪，而不必连及官司。若连及官司，即有轻重不伦，为叛卒者曰：吾辈虽有人抵罪，而知府亦已不利，吾之计已得矣。地方有司，何以行法？军卒有不利，有司之行法者，必将曰：吾只闭城呐喊，何愁有司之不得罪？是率天下而乱也，何以为朝廷之纪纲哉？即使知府诚有罪，亦不当于此并论，庶使天下皆知法在必申，不可一毫假借。不惟可以振一时之纪纲，而万世之纪纲，由此而振；不惟可以安一郡之人心，而天下之人心，由此以安也。

有司虽有启衅之咎，而叛卒业已生事。自须先治叛卒，不可先惩有司。使叛卒以此得计，益长刁风。有司有罪，随后另惩可也。

沿边牧民之官，有疆场之责，即以有才力者为之，犹惧不堪；优厚而作兴之，犹恐不振。乃官其地者，非杂流则迁谪，待之既薄，志意隳阻，又何望于展布？盖徒以地苦其人，而不曾顾人之苦其地也；徒以边方为远地，曾不思远地安，然后内地安也。国家用人，不当为官择地，只当为地择官。远方既系紧要之地，尤宜以贤者处之，惟以智力，不以资格。有能保惠困穷、俾皆乐业者，不必论其出身资格用之。比内地超迁，有捍患御敌者，以军功论，不次擢用；无益地方者，降之；观望推委误事者，轻则罢黜，重则军法治罪。既开功名之路于前，则不肯不尽其力；又有严罚于后，则不敢不尽其力。庶修职者多，边方有赖也。

用舍必循资格，岂为边地择人之意乎？

天下虽大，实则如人一身，必是血脉流通，顶踵皆至，然后可以为人。若使远方功罪之实，为在上者所明照；在上综核之意，为在远者所周知。谁敢不畏，敢不修职？万里之外，如在目前；治理之机，可运掌上。圣人能使中国为一人，用此道也。

史称汉相曰：高祖开基，萧曹为冠；孝宣中兴，魏丙有声。览其行事，酂侯萧何。以创，平阳曹参。以守，高平魏相。以严明，博阳丙吉。以广大，不共术而治。详其大要，不外于不肯有己而已。举惟利于国，不必其所善；法惟利于民，不必其所恶；宽严惟适于治，不必其同而无间。此四子所以忘私理国、安主庇民、各展吁谋，而济大业也。如操舟然，前者操而左，后者操而右，虽有劲舵利楫，不能涉寻港；如御马然，一人策之使前，一人策之使后，虽有良驷坚辕，不能致里舍。是故夔龙让而虞兴，周召欢而周盛，种蠡合而越霸，廉蔺睦而赵强。房杜姚宋，熙载于唐家；韩范富欧，襄理于宋室。共济之效，所从来也。

良药苦口利于病，忠言逆耳利于行。凡犯颜极谏者，决非漫无所见，不可遽以怒心待之。须少宁耐回转，以观其意之所在。一回转间，景象就别。始觉可怒，而终觉其可嘉者有矣。平时用此工夫，每有言至，即动此机，比其熟也，于听言何有？且此工夫，在平时用更好。盖未有言至，而先思其理当如此，则平心和气之时，见理更真。既能前定，则对景时，自不觉其言之忤矣。

位高而有听言纳谏之责者，不可不常作此想。

王守仁

（字伯安。浙江余姚人。明成化状元，官兵部尚书，总督两广，封新建伯，谥文成，崇祀庙庭）

国家太平无事，官有职掌，原不宜僭有陈说，以干出位之嫌。至于军情利害、事几得失，苟有所见，固刍荛所可进，卒伍所得言也。谨陈便宜八事，以备采择。

一曰蓄材以备急。今之武举，可以得骑射搏击之士，不足以收韬略统驭之才。公侯家虽有教读之设，不过虚应故事，实无裨益。诚使公侯之子，皆聚之一所，择文武兼济之才，如今之提学之职者一人以教育之，习之以书史骑射，授之以韬略谋猷。又于武学生内，岁升其超异者于此，使之相与磨礲砥砺，日稽月考，别其才否。比年而校试，三年而选举。兵部自尚书以下，其两侍郎，使之每岁更迭巡边；科道部属内，择其通变特达者二三人以从。使得周知道里之远近，关隘之要害，贼情之虚实，事势之缓急。一旦有急，所以遥度而往莅之者，不虑无其人矣。

二曰舍短以用长。人之才能有所长，必有所短；有所明，必有所蔽。人之常情亦必有所惩于前，而后有所警于后。吴起杀妻，忍人也，而称名将；陈平受金，贪夫也，而为谋臣。管仲被囚而建霸，孟明三北而成功。顾上之所以驾驭，而鼓动之者何如耳？故曰：用人之仁，去其贪；

用人之智，去其诈；用人之勇，去其怒。曩者守关将士，以骁勇强悍称者，多以过失罪名，摈弃于闲散之地。夫有过失罪名，其在平居无事，诚不可使处于人上；今值多事，其骁勇强悍，亦诚有足用也。且彼摈弃之久，必且悔艾前非，以思奋励。今诚委以数千之众，使得立功自赎，彼又素熟于兵事，加之以积愤之余，其与不习地利、志图保守者，功宜相远矣。古人有言，使功不如使过，是所谓使过也。

三曰简师以省费。善用兵者，取用于国，因粮于敌，犹且日费千金。今以中国而御外寇，非漕挽则无粟，非征输则无财，是固不可以言因粮于敌矣。然则今日之师，可以轻出乎？北地多寒，今炎暑渐炽，敌性不耐，我得其时，一也；敌恃弓矢，今大雨时行，筋胶解弛，二也；敌逐水草以为居，射生畜以为食，今已蜂屯两月，粮草殆尽，野无所猎，三也。以臣料之，官军甫至，彼迹遁矣。惟有简师一事，犹可以省虚费，而得实用。夫兵贵精不贵多，今于万人之内，取精健足用者三分之一，余皆归之京师。万人之声既扬矣，令密归京师，远关不知，是万人之威犹在也。而其实可以省无穷之费，岂不两便哉？况今官军一出，战则退后，功则争先，亦非守将之所喜。彼之请兵，徒以事之不济，则责有所分焉耳。诚于边塞之卒，以其所以养京军者而养之，以其所以赏京军者而赏之，旬日之间，数万之众，可立募于帐下，奚必自京而出哉？

四曰屯田以给食。兵以食为主，无食是无兵也。远徼转输，水陆千里，踣顿捐弃，十而致一。军官既不堪战阵，又使无事坐食，以益民困，是与敌为谋也。三关之戍，方以战守不暇耕农，诚使京军分屯其地，给种授器，待其秋成，使之各食其力，寇至，则授甲归屯，遥为声势，以相犄角；寇去，仍复其业，因以其暇，缮完敌所，拆毁边墙亭堡，以遏冲突。如此，虽未能尽给塞下之食，亦可以少息输馈矣。此诚持久俟时之道也。

五曰行法以振威。臣闻李光弼之代子仪也，张用济斩于辕门；狄青之至广南也，陈曙戮于帐下。是以皆能振疲散之卒，而摧方强之寇。今武臣之失机者，往往以计幸脱。朝丧师于东陲，暮调守于西鄙，罚无所加，兵因纵弛。不惟不置之罪，而复为曲全之地，彼亦何惮而致其死力哉？夫法之不行，自上犯之也。今总兵官之头目，动以一二百计，彼其诚以武勇而收录之也，则亦何不可之有？然而此辈非势家之子弟，即豪门之夤缘，皆以权力而强委之也。彼且需求刻剥，骚扰道路，仗势以夺功，无劳而冒赏，懈战士之心，兴边戎之怨，为总兵者，复资其权力，以相后先其委之也，敢以不受乎？其受之也，其肯不庇乎？苟戾于法，又敢斩之以殉乎？是将军之威，固已因此辈而索然矣，其又何以临师服众哉？惟愿手敕提督等官，发令之日，即以先行丧师者斩于辕门，以正军法。而所谓头目之属，悉皆禁令发回，毋使渎扰侵冒，以挠将权。则士卒奋励，军威振肃，克敌制胜，皆原于此。不然，虽有百万之众，徒以虚国劳民，而亦无所用之也。

六曰敷恩以激怒。师方失利，士气消沮。三关之戍，其死亡者，非其父兄子弟，则其宗族亲戚也。诚抚其疮痍，问其疾苦，恤其孤寡，振其空乏，其死者皆无怨尤，则生者自宜感动。然后简其强壮，宣以国恩，喻以寇仇，明以天伦，激以大义，悬赏以鼓其勇，暴恶以深其怒，痛心疾首，日夜淬砺，务与之俱杀父兄之仇，以报朝廷之德。则我之兵势日张，士气日奋，区区丑类，有不足破者矣。

七曰捐小以全大。兵法曰：将欲取之，必固与之。又曰：佯北勿从，饵兵勿食。敌势方张，我若按兵不动，彼必出锐以挑战，挑战不已，则必设诈以致师，或捐弃牛马而伪逃，或掩匿精悍以示弱，或诈溃而埋伏，或潜军而讲和，是皆诱我以利也。信而从之，则堕其计矣。然敌情虚实，事难卒辨，当其挑诱，畜而不应，未免小有剽掠之虞。一以为当救，一以为可邀，从之，则必陷于危亡之地；不从，则又惧于坐视之诛。此王师奔逐疲劳，损失威重，而丑类所以得志也。今若恣其操纵，许以便宜，其纵之也，不以其坐视；其捐之也，不以为失机。养威畜愤，惟欲责以大成，而小小挫失，皆置不问。则我师常逸，而兵威无损矣。

八曰严守以乘弊。古之善战者，先为不可胜，以待敌之可胜。盖中国工于自守，外寇长于野战。今我卒新破，彼势方剧，若复与之交战，是投其所长，而以胜予敌也。今宜婴城固守，远斥堠以防奸，勤间谍以谋敌，熟训练以用长，严号令以肃惰，而又频加犒享，使皆蓄力养锐。我足则彼日以匮，我盛则彼日以衰，我直则彼日以曲，我逸则彼日以劳，我坚则彼日以虚，我锐则彼日以钝。索情较计，必将疲罢奔逃。然后用奇设伏，悉师振旅，出其所不趋，趋其所不意，迎邀夹攻，首尾横击。所谓胜于万全，立于不败之地，而不失敌之上计也。

冯从吾

（字仲好，履贯见前）

儒者立言，所以明道也。有得于道，虽浅言之而常合；无得于道，虽深言之而常离。知此，而董扬王韩，优劣辨矣。仲舒时道术混淆，舒下帷发愤，潜心大业，其识已高，且进退容止，非礼不行，学士皆师尊之，自博士时已然，其行又何卓也。汉承秦后，仲尼之道蔑如，武帝袭文景业，一切制度，尚多阙略，舒对策推明孔氏，抑黜百家，立学校之官，郡举茂才孝廉，皆自舒始发之。此其议论凿凿，可见诸行，真足羽翼道术，裨益世教者。其著书立言，虽平易亡奇，要之与道合也。真西山谓西汉儒者，惟仲舒一人，余以为知言。扬雄制作允称深奥，而行事似不副之。如太元果元也，众人不好，于元何损？而汲汲于解难之作，比之天地未已也，而又比之典谟；比之雅颂未已也，而又比之箫韶。既曰雕虫之技，壮夫不为，而又不胜其夸张得意之态。深于养者，顾如是乎？屈原虽过于忠，而耿耿一念，诚可以愧世之人臣而怀二心者。何物子云：敢作反骚以驳之，雄之出处大节，君臣大义，岂待上剧秦美新颂，而后决白黑哉？反骚一篇，可反观矣。纵其言高出苍天，大含元气，与道术世教何补？雄也，不过词人之雄耳。其于道，尚可在离合间论哉。两汉以降，历魏晋六朝，而吾道益陵夷不可振，王仲淹起隋之末造，当众口哓哓中，慨然以著述为己任。其立言指事，一禀于仲尼。故曰通于夫子，受罔极之恩。即此一言，人品学术可知矣。或以太平十二策，姗通出处，不知开皇孰与新莽。若以雄而律通，则与惩羹吹齑何异？况献策不报，即翻然赋东征之歌，退而讲道河汾。其屡征不起，此其于出处间，岂不大有可观哉？明道称其极有格言，考亭称其循规蹈矩，诚谓其与道合耳。通之后，越百余年，而得韩愈氏。愈之文，天下宗之，而不知因文见道，盖亦有足多者。唐以诗赋取士，故学者不得不取材于诸子百家。而孔孟之传，不绝如线，愈独举尧舜以来之统，归之孔孟。此非有独得之见者，能之乎？佛氏之教，浸淫人心，愈上表陈言，虽蒙窜斥，其志不隳。其有功于吾道何如？许由、龙逢、伯夷，皆特立独行之士，皆可以维纲常而扶宇宙，愈作通解，惓惓于三师之教，其有功于世教又何如？愈之为文，岂颛颛刻画于词句间哉？惟上书及门，其出处之际尚有遗议，愈于吾道，盖合者多而离者少也，程子所以谓愈亦近世之豪杰也。噫！三子之为文也浅，而于道也合；雄之为文也深，而于道也离。此董扬王韩优劣之辨也。

朱子于王通虽有不足之词，其学术纯正，固与董韩同有得于孔孟之道者也；扬雄莽大夫，文章出处，悖道远矣。以明道定四子优劣，确不可易。

凌义渠

（字骏甫。浙江乌程人。明天启进士，官大理少卿，城陷，阖户自经。赠刑部尚书，谥忠清，本朝赐谥忠介）

士人久沿诪张为幻之风，宿习难醒，必明开条款，着为章程。如川行之有堤防，方足遏其横奔溃决之势；如车枢之有轨范，方足正其诡遇获禽之思。择其切要，列为八条，以俟申饬。

一曰崇经。孔子删述六经，垂训万世，及门之徒，皆身通六艺。汉承秦火之余，以明经取士，当时大儒若董仲舒、刘向、萧望之辈，皆兼通数经。继后虽分经取士，然未尝不贵博雅淹通也。盖天地间名理，毕具六经，大文章、大事业，俱莫能外。今士人本经业多卤莽，他经犹不寓目，朝夕诵读，惟是坊肆滥刻，何当施用？若能大其精神，研经味道，文采蕴藉，必有可观。从今场中试卷，必全场能博涉经书、融会旨趣者，亟收之；其浮华不根、疏浅无味者，勿录也。

二曰依传。夫传注为六经羽翼，当年大儒，若二程、朱子、蔡元定、胡安国、陈澔辈，皆精心理解、提要钩元，阐前圣之窾奥，惠后学以梯航。颁文学官，为程士法式，诸士体其成言，自足发挥妙义。何乃明弃师说，踏空求奇，昂曲径而背周行，忽型范而几跃冶？无怪一入仕途，辄多不轨不物。自今制义，必准传注，其明为背谬者，概勿收录。

三曰切题。有题乃有制义。近日士人，全无体认，漫衍浮夸，掩卷读之，不知何作。夫无仪的而妄射，虽中丝毫不为巧；无根底而敷华，即炫众目总为妖。服官而不顾职业，营私而不顾身名，此生心害政之左验也。自今试卷，必须切题阐发。有全不相蒙者，虽工弗录。

四曰当体。《书》曰词尚体要。制义有体，犹身有五官，虽贵神俊，而位置不可颠越。近日士子藐视矩矱，恣意猖狂，则颠倒甚也。限字有格，而或泛滥浮淫，冗至千余，则骈枝甚也；或题中虚字，不过助语，而牵缠不已，则支离甚也；又案牍俚言，漫入圣贤精语，则猥鄙甚也；至割裂扳扯，恢张高大，非其文义，则荒唐甚矣。凡皆体要不存，逾闲荡检之先证也。自今取士，须准先辈法程，违者不得混收。

五曰达词。孔子曰：辞进而已矣。言贵达意也。《易》曰：风行水上涣。天下至文，贵自然也。沈约亦云：文有三易。句易读，字易解，使事易知。近日有一种不可解、不可读文字，实多晦涩不通，而好僻者喜之。试观唐虞三代，及汉唐宋诸大家，曾有此否？即殷盘周诰，间近屈聱，说者犹谓由于伏生年老之讹。况其后新莽援之作大诰以欺世，夫新莽之心术不可学，新莽之文，曷可学乎？自今为文，惟取达意为上。其晦涩不可方物者，必斥不录。

六曰读史。夫名理具在六经，而行实载诸列史。苟能广推博览，考古知今，则事变纠纷，自能洞观其要，故武侯云才须学也。士人但知塾师铅椠，自甘蔽塞聪明。即历代史书，或难遍观尽识，而《通鉴纲目》，何可不寓目经心？从今试卷，须遍阅二三场。必其洞晰古今、博雅成章者，方准收录。若舛错虚浮者，纵首场可观，必勿许录。

七曰革伪。夫书有真伪，旨趣自别，有识者何难鉴裁？自经书列史外，诸子百家，其可供文人荟撮者尽多。近有一种伪书，浅俗猥庸，读如嚼蜡，所载帝王周孔之言，不根经传。无识之人，津津称引之，凡以饰诈惊愚，诬民惑众。其于真文章、大文章，反蔑如也。此诈伪得售之象，非盛世所宜有。自今士子，不妨博极群书，而窜窃谬伪者必斥。

八曰识务。语云识时务者，在乎俊杰。国家以文章取士，正欲于毛颖间觇其经济。迩来士子，全副精神，只寄首场；至于后场，不过临场辏砌。一切世务，原无讲究，主司鲜能留意真才。前场取中，始觅后场；前场偶落，后场即有贾董真才，何由物色？士之骛浮华而暗实用，则始进之路然也。自今取士，参酌后场，其有练习彝典，通晓时务如天文地理、兵农礼乐、屯盐鼓铸、律令河渠之类，能举大议而中机宜者，即前场不中，亦亟收之。若虚谬无当，前场可观，亦弗录也。

文事必兼武备。斯时犹为三年之艾，诸士中有能演习武书及《百将传》，而能发挥中窾者，犹当急收之。远可备中枢节钺之选，近可资郡邑保障之材，在于遴择者留之意云尔。

刁蒙吉曰：每言举业一途，绝无裨于天下国家。若以此为功令，着实举行，则文章事业合而为一。前辈诸名公，历历可数也；后人袭取妆点，与身心了无干涉，何怪乎当官覆餗也？凌公之言，当为后世制科法程，不特一时名疏也。

近世告密之门渐启。藩国悍宗，奏里闾小故，叫阍声冤。乃至仆竖侮家长、下吏箝小官、市侩持缙绅，此《春秋》所谓六逆也。天下所以治，恃上下之分。防维决裂，无复界限，国家安所藉以提挈万灵，役使群动哉？

告密刁风，近于纵逆。上下之防，不可少也。

王心敬

（字尔缉，号丰川，履贯见前）

请辟直言之路。自昔帝尧清问下民，帝舜明目达聪；箕子为武王陈范，则曰谋及庶民；雅诗载启王心，则曰询于刍荛。盖凡百尔群臣，皆有上赞君德之谊。然如卑官下位、庠士庶民，一则不知忌讳，一则生于草野，其性质直，而于地方隐患，固有官吏不及知，而彼先知之者。如汉帝之宜为义帝发丧，此良平之不能知也，而新城三老，独能先倡于帝前；戾太子之见冤江充，当时汉廷大臣，曾无人敢言，而壶关三老，独能见帝诉情。其他如王氏之将为汉祸，独发于梅福之公车陈奏；唐代之种种隐祸，犹输于郇模三十六字之献。此皆前事明鉴。今若特开卑官下位、庠士庶民得以陈言之路，而重赏其言人所不知言、不敢言之功，杜其报复恩怨、陷官揭仇之弊，未必不收直言谠论之益，可为曲突徙薪之谋者也。苗疆事宜，更须询之黔中寓近苗地之绅衿及民庶、客商约保诸人，并其地之文武衙门兵快，与前曾往来苗地之民人。用厚赀重赏，买作间谍，侦探贼路之远近险平何如，此贼之狡桀悍勇为谁。可谕之顺者，令其归顺；能为大兵作乡导羽翼者，招之效力输诚，立加逾格之奖赏。是即今日剿逆苗、平黔祸之一策也。

请课言路之实效。历年京钞所传章奏，往往摘细节末事为言者。今或择三法司严正不挠者，掌各班论奏，而定其是非功过。其有知要得体，能言敢谏，与夫识能发积来之蠹弊，言能陈向来待更之条端，则计功录绩，俟到一考，按劳转迁。庶几收言路之实，益得直臣之隐功。请行久任之超迁。人才各有长短，职有称与不称。唐虞五臣，终身一职，职皆尽分。盖职以久而后精，分以专而始成也。至如汉代，或长子孙、或延累世，故中间少转迁之吏弊，多久任之实勋。人心少诈，吏治不欺。而胥吏杜增减簿书之蠹，小民省迎新送故之费，此中所全不少。纵不能如唐虞之终身一官，两汉之吏长子孙，若三年考绩，明则晋职久任，以俟成功；幽则一年教饬，再年降级，三年然后黜削及焉。如三年陟明，六年奏治，官仍旧地，秩则实升。迨历任六年、九年，即以升级晋阶之实品，立晋显班。则官无袭取之功名，民收渐摩之实福。国亦丕享，久道化成沦肌浃髓之化理矣。

请定词林之课程。翰苑之迁转，自昔翰苑为储相之地，今日虽不尽然，要之自是清华之选，将来多处卿贰之班。乃翰林馆课，只在诗赋词章之学，又或只于朝内迁职晋阶。气质高朗者，积学善问，未尝不通于国事民情。要之所习者诗赋词章，而责之以经世实务，未免有学非所用之弊。自今或宜词馆定课，上自六经孔孟之道德，下至古今治理之经猷，按节实学，务明底里，期于有裨世用。如制作诗文，则务以兼通古人；雅颂诏诰体裁，力宗典雅，而不流于纤巧靡丽。庶几学文章之日，即学道德经济之日。文章果已成家，则必外历府道州厅之任，使知民情政事；内经科道言责之任，使知赞治匡君。迨历试多宜，即将来取之议政之地，庶几可当国家大任。

请重国子监之教养。京师首善之地，翰林关于道术人才，其次则聚名臣勋旧子弟及贡监俊秀，归于国学。其关于道术人才，亦至重也。今于司监大员，慎择名臣课士，法程严设，条规可谓详矣。然其所以课之者，仍不离通套时文，而无关于道德经济渊源。其所以选造，亦止于积资累考，而无与于成德达材，徒为士子出身一途耳。惟于其课试，务令迪以成德达材实义，一如教养翰林之式，人必慎择，法必切实。庶几厚养良诲之下，当有实才挺出，以供国家之用。且可以京师首善之良法，作四海学校师儒之仪型。国学之重，媲美于古，式焕于今矣。

请慎择侍卫之选。《周书·冏命》篇曰：侍御仆从，罔非正人。以旦夕丞弼我后，出入起居，罔敢不钦。则知三代盛时，不但公孤卿尹择人必慎，即左右侍从，亦莫不慎择正人也。汉犹近古，故袁盎、东方朔、司马相如、孔安国辈，皆以文章隽颖，执戟为郎，左右天子。而如却慎夫人之席，争上林苑之广，与谏驰坂之危隘，皆与一时诤臣同著忠直，载在史策。今稽古定制，选用侍卫，兼参周汉之制，自文武大臣子弟外，如文武科目贡监中，择取端方秀异、俊伟倜傥之士，俾之随侍起居，出入临幸，执戟以从。深宫晏处，令其直班宫门，以严宿卫。盖法驾出入，随时随处，须人侍卫。与其从以便佞不学之人，何如从以明理知学之士？既资使令，兼广丞弼乎。自临朝御政，则有大臣，经筵则有讲官，而周旋左右，亦皆通达德义、娴习礼教之士。庶左右前后，罔非正人，随时物色，此中亦可储蓄将相人材。

请培植满汉之人才。国家统一，四海中外一家。而满洲汉军，系从龙之彦。皇亲勋胄，靡官不有。臣平日读书穷理，不揣拘迂，详究教养之法。夫人性皆善，义理无穷，非学不知，非问不明。况夫致君泽民之道，练兵御寇之方，俱载经籍，备于先觉。虽生知安行，亦必学古从师。《商书》曰：学于古训乃有获，又曰：好问则裕。凡以言欲知欲能，必好古而学，尊师而问也。是惟少壮所学，一准经时济世之旨，务求知明行当之规。先讲君臣父子之伦常，次明立朝莅兵之规矩，书亦不容泛骛博涉。但前半日令于四子一书，通文会义，务期实践之身心。通鉴节略，挈要提纲，务令有资于鉴戒。五经则先通理，七书则熟讲孙吴。此外如名臣奏议中可诵之文，精择百篇，令之次第诵讲，以明陈奏文移之规。余如明理经世之书，则听其自读，不在功令限读之内。后半日则令之习弓马技艺、满文清语，习力习劳。年逾二十，则视其明人情、达治务、通于战阵、娴于驰驱者，举为上选。即相其才品，试之文武镇属之内，老练其才。迨二十五六岁后，视其才略果可任用，即令履职任事；其不能者，但得身躯壮健，便令披甲当兵，自挣官职；若更连甲亦不可披，则督令习于农商，谋养生之业。如此，则凡满洲汉军，高下智愚，无不各得其分，而人无弃材，风俗日盛矣。此中全在精择良师，勤行考察。有功者，立加奖赏；诞慢纵肆者，谴罚不贷。不以贵势而挠其法，不以时久而怠其行。且满汉旗分贵贱，文武各收观成之效，愈足为汉人文武士庶作之仪型。今制，满洲汉军子弟，习文者，同文生以时文进身，潜心课业；习武者，从武科出身，记诵策论，学习骑射技勇。有一般才能，即有一途出身。至若弹琴下棋、征歌写画，皆为末技，岂可以此误子弟于虚文，弱子弟之筋骨？况满洲汉军之出于望族，资质聪敏、身材倜傥者，文陟卿贰、武陟提镇，关于治理人材者甚重，又岂可导之入虚文浮华之路乎？《易》曰：通其变，使民不倦。神而明之，使民宜之，如教养满洲汉军之法，正不可不变通神明者也。

丰川先生留心当时要务，不拘泥于古法空谈，诸条皆时务之最切者，所宜讲究也。

魏禧

（字冰叔，履贯见前）

明兴，三途并用，不废吏员。况钟蔚能陈信之徒，厥有成效。若汉以掾吏立功名，起为公卿，则不可胜数矣。今之议者，进吏员，则曰明法练事，贤于书生；黜吏员，则曰无诗书礼义以养其心，而专事舞文巧法，以桀黠得官，几何不害百姓也。识者以为汉吏率用士人，以诗书礼义之徒，兼明法练事之学，故为公卿立功名，无足异者。今宜仿古，使孝廉、明经、茂才，皆得补六部督抚、郡县之吏，优其礼文，开以仕路，则大小吏莫不重廉耻、惜功名，不肯因缘为奸，是岂独收他日吏员之用？九卿督抚守令，亦藉以寡过矣。

曹参饮酒不治事，后人谓是因时当大用，确宜如此。此则大不然，吕后专恣，惠帝忧悸淫乐不听政，岂一无所事事之日？且汉之治平，曷过文帝，贾谊犹陈痛哭流涕、长太息者九事，后世莫不叹为治安良策。即欲与民休息，然如众建诸侯、兴礼教、救坏俗诸事，何莫非参之时所当行、可行者？盖其故，参已自言之矣，曰臣孰与萧何？夫谊之策，虽何有所不及，参不能及何，又安能以谊之设施责参乎？后人赞参妙用，遂若此时真无一事可增益者。是参能自知，而后之誉参者，反不知参也。故曰参即守旧，亦当勤于其职，遂可饮酒不治事乎？曰读书不可以辞害义，参当时天下无事，委任得人，综其大纲，故多闲暇。饮酒时多，治事时少耳。史欲极言其清静之功，以救纷更之弊，故不觉言过其实也。若日夜酣饮，一毫不事，则当时所歌其守而勿失者，何所守耶？画一之法，旷废多矣，又安能不失耶？夫子称舜无为而治，《传》称子贱鸣琴而治，然则舜但默然端坐，而子贱在单父，只一味弹琴耶？德宗任陆贽不专，间以小人，胡寅谓不用李巽判度支，而用裴延龄时，贽当奉身以退。尹起莘谓贽与贾耽、赵憬、卢迈，同为相时当去，何待贬逐？其说似矣。贽以君国为己任，天下恃以安危。所欲匡济者，原非一人一事。而德宗于贽，亦非不信不任。若一人一事之故，不合辄去，必至小人盈朝、庶政尽舛。于洁身之义得矣，如君国何？吾谓贽之去，当在极论延龄，而上待延龄益厚之时。何则？上下之形，已成水火，尚望言听计从哉？此而不去，坐待贬逐耳。

闵木贞

（安徽歙县人，氏号未详）

魏叔子常以史鉴之可疑难处之事课业生徒，积为《杂问》一卷。余以为造士之法，此其一端也。盖事不师古，不足用今。然不能于古人之可疑者推究而发挥之，则其是非与所以成败之故，隐约而不明、游移而不确，他日措之事业，必不能尽其用。明初，乡会试四书疑一道，犹得古者考言之意。策问之体，可施于四书，而况史鉴之事乎？士不尚实学，虽日袭诚意正心之言，何补于治乱？迨后试策所问对，与帖括无异，欲求真才，岂易得哉？

陆陇其

(字稼书，履贯见前)

《虞书》曰：敷纳以言。又曰：敷奏以言。此即对策之始，但其时有策之实，无策之名。至汉晁错、公孙宏、董仲舒之徒，以策显于时世，遂谓对策始于汉，其实非也。策之体，与奏疏相为表里。自其立朝之时，因事上献者，则谓之疏；自其进身之始，承问敷对者，则谓之策。就汉言之，如贾山之陈至言，贾谊之论治安，此疏也，即策也；若晁错、公孙宏、董仲舒所对，此策也，即疏也。对策之制，诚古今不可易。此直上法唐虞，非特为汉唐所为而已。

欲收对策之益，而不去其弊，则将群而为剽窃、为空疏、为杂霸、为迂阔，此其弊也。盖士之所以为剽窃者，以剽窃之售也；剽窃之所以售者，以其似于淹博也。夫剽窃之与淹博，易明也。淹博之文，出入今古，而不嫌其烦；究极天人，而不嫌其奥；巨细毕陈，精粗悉备，而不嫌其杂。剽窃者，窃其貌，不能窃其神；饰于此，不能不露于彼。迥然不侔也。诚有以辨之而去取之，则淹博者出矣；淹博者出，则剽窃者退矣。士之所以为空疏者，以空疏之售也；空疏之所以售者，以其似于清通也。夫空疏之与清通，易明也。清通之文，浅言之而自深，质言之而自文，粗言之而自精；空疏者，举其一不知其二，见其偏不知其全。迥然不侔也。诚有以辨之而去取之，则清通者出矣；清通者出，则空疏者退矣。士之所以为杂霸、为迂阔者，以杂霸迂阔之售也；杂霸迂阔之所以售者，以其似通达、似正直也。夫杂霸之非通达，迂阔之非正直，易明也。通达之言，必依仁义，而杂霸则刻核而已；正直之论，必切时宜，而迂阔则尘腐而已。迥然不侔也。诚有以辨之而去取之，则通达正直者出，而杂霸迂阔者退矣。

夫士之抱所学以进献于上者，非徒贵明其理，又贵养其气。气不壮，则虽有积学鸿儒，退缩而不敢自陈，上又何自而收其益乎？必使之无所疑畏，士气壮而言尽，不至为无用之虚名。愚观今天下之士，犹不能无所讳忌，对策之际，往往务合上意。上之所是，策亦是之；上之所非，策亦非之。要以得第而止，而主试亦兢兢磨勘是惧，一有所触，不敢复登。如此则气何由得壮？而言何由得尽乎？故愚以为策学之弊，不惟患其剽窃也，患在有真实之见而不敢陈；不惟患其空疏也，患在有精详之识而不敢献；不惟患其杂霸迂阔也，患在有正大切直之言而不敢进。自兹以往，相习成风，苟合取容，何所不至？故愿大开言路，为取士之本。苟有益于国家，勿嫌其戆；苟有裨于民生，勿恶其直。虽有小疵，勿轻弃之，以养其敢言之气；虽有可疑，勿深督之，以养其能言之识。今日能直言得失于风檐寸晷之间，他日即能直言得失于堂陛森严之地。今日之策，即他日之奏疏。嘉谟嘉猷，皆于对策收其益矣。

礼也者，所以纳民于中者也；刑也者，所以纳民于礼者也。礼者天下之大范，刑者天下之大防。礼禁未然之前，刑禁已然之后。禁于已然者，人皆见其效，而以为不可废；禁于未然者，人或不见其效，而以为有可缓。于是礼轻而刑重，而为治者，徒思所以整齐乎天下，禁民于已然。不知所以范围于天下、禁民于未然，欲民之协于中也难矣。

夫礼不可斯须去者也。君臣斯须无礼，则凌悖之端生；父子斯须无礼，则孝慈之恩薄。故礼之渐渍于肌肤者，固必待于百年；而礼之范围于日用，则不可或缺于一日。今以一日不可缺之礼，而误以为百年待兴之礼，礼果若是其可缓乎？为治者，断然以刑礼为相辅，勿误听百年后兴之说，则民之协于中者，庶有日矣。

经术之已崇也，科目之已重也。颁于学宫者，莫非古造士之方；登于天府者，莫非古辟门之制。即今之法，兴今之贤，天下之贤，宜无不可兴矣。然贤者不必尽登，登者不必尽贤，禁钻营也，而钻营因之而愈甚；抑浮伪也，而浮伪因之而愈生。正谊明道者，众指为迂阔；寡廉鲜耻者，共赏其适时。上之课士者，屡易其法；下之奔竞者，亦屡易其术。由是观之，则天下之贤，非区区之法所能兴也。

制科则兼重也，事权则不相统也。有督臣以总摄之，有抚提以分辖之，有京察以核文吏，有戎政以核武弁，有不时之纠劾，以震慑文武之心。即今之法，用今之人，宜乎文皆亮采之佐，武尽干城之选矣。然在文吏，则推诿之意常多，担荷之力常少；在武弁，则身家之虑常重，宗社之计常轻。上之求之者以实，下之应之者以名。由是观之，则文武之臣，亦非区区之法所能用也。

逋欠之时蠲也，赈恤之时闻也，预征私派、火耗常例，悉禁也。即今之法，安今之民，天下之民，宜无不可安矣。然惠之出于上者，未必尽被于下；禁之立于上者，未必尽行于下。功令之所著，郡邑违之；郡邑之所行，猾胥挠之。上之设法以利民者，无不至；下之为弊以戕民者，亦无不至。由是观之，则天下之民，非区区之法所能安也。

三代以下，官于平日未尝教化其民，所尚者虚名耳；未尝安利其民，所急者赋税耳。幸而岁丰无事，则坦然四顾，以为盗息民安。一遇水旱灾荒，饥寒无知之民，蹶然而起，不可禁止。待其既起，然后设兵以御之，责官以诘之，剿以威之，抚以怀之，申保甲以防之，严缉捕以求之，惩积窝以绝之。此数者，非不可以靖萑苻、清潢池，然孰非吾民，不能使之安其生，及陷乎罪，然后从而区处之乎？故前史所载龚遂、虞诩、张纲、李崇之徒，其弭盗之功，非不啧啧人口，然愚尝鄙之，以为非盛世之事也。

所谓宽大之意，非有宽而无严，有缓而无急之谓也。

未尝无文告，而文告之所及，必行乎人情之所乐，而无行乎人情之所苦；未尝无禁令，而禁令之所加，必为人情所易行，而无为人情所难行；未尝无刑威，而刑威之所至，必使天下群以为当然，不使天下以为可不然。故有时宽以行之，而不失为宽大；有时猛以行之，而亦不失为宽大；有时缓以行之，而不失为宽大；有时急以行之，而亦不失为宽大。夫我之所行，有以顺天下之情，则天下之人，自无不从于我。可行之一二人者，亦可行之千万人；可行之一时者，亦可行之万世。不必有更张之迹，而自成画一之规。

善弭盗者，不于其终，于其始；不于其著，于其微。唐虞之诘奸宄，周官之严守望，固弭盗也；稷以播谷，契以明伦者，亦弭盗也；司徒教稼穑，酂长趋耕耨者，亦弭盗也；用力不过三日，起役无过一人者，亦弭盗也；不足有补，不给有助，其于恒赋，用其一、缓其二者，亦弭盗也；家有塾，党有庠，术有序，使其父与父言义，子与子言孝，少而习焉，其心安焉者，亦弭盗也。唐虞三代，所以化行俗美，外户不闭者，以其弭于未盗之先，有此具耳。

旧额存留，有一项即资一项之公务。存留尽复，则私派可禁，百姓可足。在主持国计者，惟知复一项，则费一项之金钱；不知裁一项，则多一项之掣肘。掣肘之害，层累而下，总皆小民受之。小民疲罢逃亡，其害仍自国家受之。

一切刑名钱谷，务持大纲，而止无益。烦文可省者省之，如钱粮册籍，厘毫丝忽之差，可以即行改正者，无庸驳诘；刑名案件，明白显易之事，可以即行完结者，无庸提解。多一番驳诘，则多一番需索；多一番提解，则多一番拖累。吏胥所深喜，而小民所深苦也。

后世条例日增，上未知所守，下未知所从。一法不效，辄更一法，法之变未有已也。则仿会典旧例，勒为全书，以昭一代之制，诚今日急务矣。然非折衷于人心之所安，则今之所谓画一者，未必非即异日变更之端。而求其简要者，适滋其繁丛也。夫欲折衷于人心之所安，则其心必至公，公则能尽合好恶之正，而不徇乎己私；其心必至虚，虚则能博访利病之源，而不执乎成见；其心必至慎，慎则能曲当乎事理，而不忽其细微。大小群工，各靖其心，以佐议于下，然后合古今之制而参之，酌新旧之例而定之，视前代法之善者何在，则从而法其善；其弊者何在，则从而革其弊。旧例可从，则不妨舍新而从旧；新例苟善，则不妨置旧而从新。宽严必得其中也，缓急必揆其当也，详略必审其宜也。见其利也而兴之，而兴利者或即为害之所伏，则无徒徇乎目前之利；见其弊也而去之，而去弊者或又为弊之所生，则无徒徇乎去弊之名。如是，则所因者，皆人心所欲因者也；所革者，皆人心所欲革者也。行之一时，而一时安焉；行之万世，而万世安焉。虽与周官相表里可矣，又何患条例之日增，而参差窒碍也哉？

朝廷屡下劝垦之令，而报垦者寥寥，非民之不愿垦也。北方地土瘠薄，又荒熟不常，近山之地，沙土参半，遇雨方可耕种，稍旱即成赤土；近水之区，水去则略有田形，水至则一片汪洋。一报开垦，转盼六年起科，司农按籍奏销，丝毫不得拖欠；有司执簿追比，时刻不可稽迟。所垦之地，已枯为石田、荡为波涛，而所报之粮，一定而不可动。始而包赔，继而逃亡，累有司之参罚，责里长之摊赔。所以小民视开垦为畏途，宁听其荒芜，而莫之顾也。且报垦之时，册籍有费，驳查有费。牛种工本之外，复拮据以应诛求。非中等以上之家，不能开垦，何怪乎报垦之寥寥哉？窃谓此等荒地，原与额内地土不同，与其稽查太严，使民畏而不敢耕，何若稍假有司以便宜，使得以熟补荒？如该管内有额外新垦之地复荒者，听有司查他处新垦地以补之，其荒粮即与除免，无赔累之苦、无驳查之烦，民不畏垦之累，自无不踊跃于垦矣；其已垦成熟者，或更请宽至十年起科，使得偿其牛种工本之费，然后责其上供，亦所以劝垦也。

近例报垦，既缓起科之期，免零星之科，民自争先报垦。惟届起科之年，官司勘其实在成熟者起科，不拘原报之数，庶报垦者更无后累也。

欲民之富，在于垦田；欲田之垦，在兴水利。北方土性燥烈，灌溉易涸，虽与南方不同，然使川泽流通，随便灌溉，犹愈于听其焦枯而莫之救也。窃观古人沟洫之制，至精至密。故孔子谓大禹尽力乎沟洫，而周礼遂人、匠人之职，备载其制。今一切置而不问，听其自盈自涸，一遇旱涝，束手无策，何怪乎民生日蹙也？但古人沟洫之制，随时修理，故不觉其烦费。今以久湮久塞之河道，一旦欲疏其壅而防其溃，工费浩繁，势难卒办。又当公私交困之时，州县钱粮，一丝一忽皆有款项，不敢擅动；民间十室九空，正供钱粮，尚难完办，安有余力以成此艰巨之事？若不量时势、不计赢绌，骤然兴举，其为扰害，必甚水旱。

朝廷悯恤灾荒，州县议蠲议赈，所费钱粮，不可胜数。与其蠲赈于既荒之后，何如讲求水利于未荒之前？宜通查所属州县水道，何处宜疏通，何处宜堤防，约长阔若干，工费若干，汇成畿辅水利全书，进呈御览。请司农度钱粮之赢诎，以次分年举行，永成万世之利，而不扰于民。以一时言之，虽不免于费；以久远言之，比之蠲赈，所省百倍。或鼓舞官吏绅衿，能开河道若干者，作何优叙、作何奖励，此亦一策也。

国家安，初附之人，与安久附之人异；安初附之人，而其众止于千百，与安初附之人，而其众至于亿万又异。何则？久附之人，止在有以奠其居；而初附之人，则在有以谋其生。初附之人而止于千百，可聚可散，而安之也易；初附之人而至于亿万，散之有不易散之势，聚之有不可聚之忧，而其安之也难。夫所附之人既众，则安之之法，不当执一术，惟善用其安之之术，而不致以我之安之者，反生彼之所不安；亦不至以彼之所安者，使其土著之不安。斯则绥辑之要也。

其绥辑之术，惟度其人、量其地、审其势，而无务为一切之法而已。则聚而为兵之说可用也。但聚之则当度其人之精锐与老弱，以其精锐资干城之用，勿以其老弱滋冗兵之累。且减绿旗之冗耗者，补以投诚之精锐者，有增兵之利，而无益饷之累，斯两得之道矣。抑散而为农之说可用也。但散之则当量其地之边与腹，而处之腹地之闲旷，如荆襄、川陕之境；勿处之沿海之边地，如闽广、两浙之境。使之知耕屯之可乐，勿复知有风帆之故习，斯永安之术矣。抑令归原籍之议可用也。但归其有可归者，勿归其无可归者。使生于闽者归闽，然有生闽而闽无可归者，勿强之使闽；生于粤者归粤，然有生粤而粤无可归者，勿强之使粤。斯善全之策矣。

士大夫之相遁于法也，始于心之不正，亦由于用之不足。《书》曰：凡厥正人，既富方谷。《管子》曰：衣食足而礼义生。大吏禄薄，不足以给其费，则思借法以自肥；小吏俸微，不能以养其家，则思千法以为奸。其罪可诛，其情可悯。人方戚戚不能保其生，何由坚其礼义廉耻之心？故法出而弊生，令下而诈起也。惟仿九经，以重禄为劝士之事，俾有以自给，而又禁其淫靡，定其车舆服饰之制，严其宫室饮食之节，勿使耗于无用。以士大夫皆无不足之忧，虽中才以下，罔不奉公守法，竭力效忠于上。庶德教可行，人心可正，而治化可成也。故先之以养，继之以教，动之以德，董之以法。四者缺一，而能治者，未之有也。

士人虽无恒产，应有恒心。然至于寒饿交迫、朝不谋夕，亦有难于自立者。纵不敢恣情纵贪，不能不刓方为圆。所以国家有养廉之典，先儒见士大夫，恒问生计足否也。

今日为宽严烦简之说者，皆未得其要。故见《周礼》之委曲繁重，则以为宜用烦；见太公之三月报政，则以为宜用简；见汉高三章之约，则以为宜用宽；见诸葛严峻之治，则以为宜用严。夫周公之治周诚烦，然其间岂无简者存乎？太公之治齐诚简，然其间岂无烦者存乎？汉高、孔明，诚一以严而一以宽，然宽者岂无用严之处，严者岂无用宽之处乎？盖宽严烦简者，为治之大体，因乎时者也；宽严并用，烦简互施者，为治之大要，随乎事者也。请得指其一二，而其他可以类推焉。今日之宜详者，莫大乎尊卑上下之差别；宜简者，莫要乎簿书文移之虚名；宜宽者，在钱粮之诖误，诏狱之株连；宜严者，在吏胥之舞法，守令之贪污。尊卑上下之辨，所以节淫侈、定民志也。今胥隶得与缙绅同服，商贾得与公卿齐饰，而法制不立，将何所底止乎？宜命礼臣酌其差等，不厌精详，务为定式。庶贵贱不逾，而朝廷之名器，足为重于天下，此以详为贵者也。簿书文移，上下所凭以为信者也。然上之施于下，下之申于上者，非必其尽行也，以应故事而已。而徒使奸豪得借以为资，而成其所欲，此可不思所以省之乎？宜务在必行，不为虚文，庶官吏得尽心于职业，亦以少损奸豪之虚伪，此以简为贵者也。钱粮之催征，不可宽矣，然分毫拖欠，而遭黜革；限期稍逾，而加谴谪。不已甚乎？诏狱之审录，有不得已矣，然以一事蔓延，而累及千百；以一人有罪，而祸及亲属。不已甚乎？此宜以宽为贵者也。吏胥之舞法，守令之贪污，既屡申饬矣，而舞法者自若，贪污者自若，岂非舞法贪污者未必尽发觉，发觉者未必尽加诛乎？此宜以严为贵者也。故愚尝论之曰：宽而详者为体，严而简者为用，此今日之中道也。致治之谟，无逾于此。

虞周之养士也，教之于未用之日，策之于既用之后。直宽刚简，使各协于中而止。战国承春秋之末，士尚奇谋，而以凌铄王侯为事，其气傲；西汉矫战国之弊，辱儒慢士，使天下之士，俯首而就功名，其气懦；东汉矫西京之弊，崇奖高尚，使天下之士，抗志而言名节，其气激；晋魏又矫东汉之弊，贱礼法而崇恬退，其气放。方其弊也，惟恐其矫之不速；及其矫之，而弊又甚于前。由是观之，则善士习者，与其矫之而愈远于正，何如养之使渐归于正也？与其矫之而愈至于杂，何如养之使渐底于纯也？学校者，士之所从出也，学校之所重在笃行，而无取乎浮文，则士必以节操为尚矣；铨选者，士之所由集也，铨选之所重在端方，而无取乎奔竞，则士必以卑污为耻矣。官师于正直忠厚之士，时有以爱惜而保全之，略其小过，取其大节。法令所加，要以抑其浮夸而止，而勿过为摧折。使士之方严者常进，依阿者常退，则士气日振，士风日古。而礼义廉耻，以劝惩维之有余矣。虽然，劝惩者可以维其外，未足维其内。天下之士，因劝惩而丕变，虽能自纳于礼义廉耻之中，而未必其心之所安也。则养之以劝惩，又不若养之以教化，端极于上而务崇正学，以风示天下。使士知中正之道不可一日而离，相与勉为忠厚，而耻为浮薄；勉为正直，而耻为苟容。则虽虞周之化，无以加兹矣。

抑其浮薄可也，阻其方正则不可。维之以劝惩，不可少也；养之以教化，更有益矣。

人才不患其壅滞也。天下之才无穷，而朝廷之官有限。以有限之官，给无穷之才，前后相守，历岁月而不能即登庸者，势也。是惟上之人有以鼓舞之，使已仕者乐于其职，而不见有升转之难；未仕者安于在下，而不觉其选授之迟。上之人徐择而用之，才愈多则官益得人，用之愈迟，则天下之才益磨厉，而有以效于上。故鼓舞之道得，则壅滞之端泯。善用才者，患无以鼓舞之，不患无以疏通之也。

国家选法，初授者，以考定先后为序；升迁者，以历俸多寡为序。一出于至公矣，乃出缺有限，选途日艰，宜执事鳃鳃以壅滞为虑，而欲求疏通之法，为鼓舞之道也。然愚以为今日之铨政，当以鼓舞为疏通，不必以疏通为鼓舞。鼓舞之道，莫若于循格之中，行破格之典，使中才不得越次而进，以守铨法之常；而英流间得超擢以登，以通铨法之变。天下之士，将争自磨厉，以求赴上之意，而不见有壅滞之形。窃以为凡今在籍候选之人，宜令所在督抚，每岁各以其职业考之，举其最者一人，上送吏部，使得越次而选；而郡县有司，亦令督抚岁举其最者一人，使得越次而升。越次而选者，一省不过岁一人，既无碍于选法之常，而英流之士，得以及锋而用；中才者，亦将勉自砥砺，而不至于委靡自弃。选授之期虽遥，而皆有旦夕可升之望，则不见其遥；升转之途虽难，而皆有旦夕可升之望，则不见其难。如此尚何壅滞之足虑哉？此所谓于循格之中，行破格之典，以鼓舞为疏通者也。

若夫就疏通言疏通，则又有其道矣。一曰入仕之途宜清也。夫仕路之壅者，以流品之太杂也。自科目而外，有任子，又有例监、有投诚、有府史杂流。此固朝廷所以广用人之途，不可偏废也，然其中岂无冒滥而当核者乎？宜严其例，使一才一艺，皆得踊跃于功名，而不至开侥幸之门。一曰考课之典宜严也。夫不肖者安于其位，则贤才不得上升。宜令督抚察所属，贪污者不时纠参。考课之时，不特一二等之擢者，不得滥施。即平常留任者，亦必奉身寡过，有吏习民安之便，而后使之久于其任。一曰辟召之法宜参用也。汉法，长官得自辟曹掾，一时文学才俊之士皆出其中。宜仿其制，令天下长官得辟有出身。士人为掾吏，既可息奸猾之风；而士之未就职者，亦得少展其才。此三者，皆今日疏通铨政之道也。

谈吏治者，舍钱谷刑名，而讲安民之术，迂矣；然置安民，而止求全乎钱谷刑名，恐民不得安。而所谓钱谷刑名，亦不可得而全也。善为吏者，求钱谷刑名于安民之中，不求钱谷刑名于安民之外。故其始也，见有民，不见有钱谷刑名；其继也，民治，而钱谷刑名无一之不治矣。然则课吏之法无他，亦惟以民之安不安，课其钱谷刑名而已。今钱粮稽迟者有罚，刑名失出者有罚，此亦欲其就安民之中，兼全乎钱谷刑名，非欲其舍安民而止求钱谷刑名也。奉行者不察，止顾钱谷，不问民力；止顾刑名，不哀民命。苟可以合考成之条，则朘民膏而不惜；苟可以免降谪之科，则致民枉而不悔。此甚非所以奉宣朝廷德意，而致天下于治平之域者也。

夫治必随时而变，法必因弊而革。向者明季之吏治，弊在徇名而忘实，为吏者借安民之名，而置钱谷刑名于不道。究之钱谷日耗，刑名日弛，而民愈不得安。国家立法，不得不重钱谷刑名，所以求安民之实效，而无溺乎安民之虚名也。今之吏治，弊在徇末而忘本，为吏者以钱谷刑名之故，而日困其民。究之民困于钱谷，而钱谷愈不可治；民困于刑名，而刑名愈不可治。故今之立法，又不得不重在安民。重在安民者，所以正钱谷刑名之源，而无徇乎钱谷刑名之流也。则所以稽吏治能否，而合于古之所谓察吏者，其法有二。一曰于钱谷刑名之中，课其安民之效。夫钱谷催征固急矣，然必催征有法，而不至以催征病民者，方为钱谷之最；刑名问拟固急矣，然必问拟平允，而不至以问拟病民者，方为刑名之最。此则就钱谷刑名为安民者也。一曰于钱谷刑名之外，课其安民之效。夫钱谷固不可缓，而钱谷而外，如劝农课桑诸务，独不可举而行之乎？刑名固不可轻，而刑名而外，如读法宪老诸务，独不可举而施之乎？此则舍钱谷刑名为安民者也。夫如是，将民安而钱谷日足而无亏，民安而刑名日简而不滥。总在察吏安民者，一举而振之耳。

反复推论，总见得钱谷刑名，无非为安民起见。安民正钱谷刑名之实政，得则均得，不愧循吏矣。

明代靖难之事，无异建成、元吉之事。君子不以贞观之治，而轻恕于太宗；则亦不能以永乐之治，而曲讳于成祖。虽瑕，瑜不掩可也。曹石之事，无异五王之事。然五王以行权而再造夫唐室，曹石以行权而启衅于明时，虽谓之无功有过可也。以兴献为异于濮园可也，而入庙称宗则已过；以国本而阻其并封可也，而语侵宫禁则已诬。三案之兴，主之者未必皆小人，而不觉其为小人所附会；东林之起，主之者实皆为君子，而其始也，不免以君子而过激，其继也，不免以非君子而妄入。此亦纪纲之坏、风俗之衰，势激使然，而非尽诸臣一时一日之咎也。夫纪纲与议论，相为盛衰者也。纪纲盛则议论衰，议论盛则纪纲衰。其始以议论而绌纪纲，其继且以纪纲之屈，而无所庸其议论。得失之故，亦可鉴矣。若夫二正之宜亡而不亡者，辅理之得人也；神熹之宜覆而不覆者，祖宗之德泽尚未绝也。末季之正气衰靡者，追其本，则由于靖难；而考其弊，亦由于正学日衰、人心日漓，洙泗濂洛之说不信于天下，而浮文以夸于世者多也。

于对策中议论史事，畅所欲言，足征经史实学。〇稼书先生，说书讲义为学者宗仰。官止县令，卒于御史，未竟设施。或疑其长于讲学，而不长于论治。今阅其乡会试文策及论述，居今师古、援古证今，无非经史精液，不事藻采，总归平实。其令灵寿、嘉定，牧民政绩、御史风裁，至今卓乎可传，犹是策文中所已言。毋谓策文不可见实学，举业不可得真材也。

熊伯龙

（字次侯。湖广汉阳人。顺治己丑榜眼，官至内阁学士）

治天下而不察郡县之吏，求其致太平，难矣。置御史监诸郡，自秦始。然吏治近古，莫如汉。既设部刺史以六条问事，刺史居部九载，称时者，举为守相。其初固以下大夫临二千石，中间或谓轻重不相准，更为州牧。卒从朱博之议，以为秩卑加赏，咸乐功劝进，而置刺史如故。及八使分巡，刺中有罪，亦得奏闻，权更重矣。明之各省按察，比古刺史而秩过之，其举劾专达，终不敢望御史。而御史考满，则或参于藩臬，或出为太守，盖犹然举为守相之遗意焉。古之以遣使为下策者，惟苏文忠言最痛，盖有激于当时四十余辈兴利之使，而非今之察吏比也。

官方淆杂，由来者渐。每会①古人无失名誉之言，问遗洛中之事，窃叹为吏之难也。意者吏信纪纲，察吏者信诛赏，则虽仍是官、仍是人，而未尝不效。而不然者，人心风俗如故，胥吏格例如故，而堂上易一大吏，遂大异于前者之为矣。

自古明圣，未有废刑而治者。肉刑始于蚩尤，历数代圣人，因之不能废，至汉乃除。有虞氏画衣冠、异章服以为戮，而民不犯；诸葛武侯以蜀刑不肃为戒，而欲威之以法。宽严之异，时势使然也。一律令也。叔向引古之议事以制，则以铸书讥侨；郑子产。郑昌惧后之政衰听怠，则以删定启汉。一赎金也。唐虞好生，而施之鞭扑何其慎；穆王耄悔，而并及五刑何其宽。一赦宥也。肆赦着于典文，不以为惠奸而贼良；委辔喻于管子，则忧其小利而大害。

① 原文为“会”，疑为“念”之误。

是盖古今异宜，而轻重殊势，不可以一定论也。

路温舒之上书缓刑也，惟于治狱之吏，叹息痛恨者三焉。无亦有定者法，无定者人。峻深故之诛，厚雪冤之赏，则五刑虽设而不用。晋刘颂有云：君臣之分，各有所司。主者守文，大臣释滞；人主权断，是又言职有不同，而权自上操者也。

马世俊

（字章民。江南溧阳人。顺治辛丑状元，官翰林修撰）

古来全盛之时，不可以数遇。往往弊之所伏，即伏于其盛。贾谊之策、陆贽之议、苏轼之对，皆能举一代之治，而断其何以治、何以乱，何以治而不乱，何以乱而复治。盖一代之治，必有一代之才以应之也。

古者人才既用，而尝有未用者存于既用之外。故《尚书》曰：有三宅，有三俊。而《诗》曰：赳赳武夫，公侯干城。今天下岩野川泽之中，其隐然备公辅之器者谁耶？泛然而取之，泛然而应之，又泛然而任之。取之者，不知其何以取；应之者，不知其何以应；任之者，不知其何以任。欲兵则兵，欲刑则刑，欲钱谷则钱谷。古之圣人，一人止任一事者，今则以庸人兼之而有余；古之圣人，终身不易其官者，今则一旦应之而亦无不足。是亦理之所难信也。

尝见败坏风俗之事，多自卿大夫开之，而后愚民从而效之。靖俗之谋，所宜亟讲。如巫风淫风，有一于身，家必败。士大夫多为淫靡无益之事，煽惑愚民，而后歌儿舞女之装、宝马画船之饰、探丸跳剑之侠、刺猴刻楮之巧，靡所不至。甚且富者必有术以求其贵，贵者必有术以求其富。圣人驭富驭贵之权，皆无所施，习为固然，而欲风俗朴厚、教化兴起，不可得也。

处今日而欲如古者遂人治兵之法，鄰长旗鼓之节，藏兵于民，则诚迂。然必使兵与民习、民与兵习，有事兵勇于斗，民亦有自护其田畴庐井之心，此不战而自胜也。今则兵之所轻者民，民之所畏者兵，一旦有事，则民自为民、兵自为兵。天下未有民自为民、兵自为兵，而能久安长治者也。宋艺祖留意赏罚，平蜀之役，赏曹彬而罚全斌。夫亦赏其与民相安，罚其与民相扰者而已矣。行间之功罪，以此定之可也。

国家治本，不外纪纲法度。司马相如曰：风轨简易易遵也，湛恩庞鸿易丰也，垂统理顺易则也，宪度著明易继也。尝取历代之典章而考之，其可得而损益者，不过质文异其尚，隆杀异其制，宽猛竞絿异其用耳。其纪纲法度，不可得而损益也。纪纲法度治，则吏治以肃，民俗以淳，文德于焉诞敷，武功于焉赫濯，创之有其基，而守之亦有其渐；纪纲法度乱，则吏治以乖，民俗以坏，文德伤于优游，武功失于争竞。创不可以宪后，而守亦不可以承前。故曰纪纲法度者，不可得而损益也。

缪彤

（字念斋。江苏吴县人。康熙丁未状元，官翰林侍讲）

百姓之苦，苦于有司之剥削也；下吏之苦，苦于大吏之诛求也。大吏之取于小吏，必饰其名曰公费，不知藏之私橐之中者，为公乎？为私乎？有司之取于百姓者，饰其名曰乐输，不知得之敲扑之下者，为乐乎？为怨乎？臣恐虽文致其辞，而终无以掩人之耳目也。于是一田之入，而有两田之出，使吾民曾不得卖丝而粜谷焉；一定之税，而有无定之征，使吾民曾不得聚庐而托处焉；耒耜方思东作，而输将不待西成，使吾民曾不得水耕而火耨焉。贪吏之弊，一至于此，民生安得不日困也？

惩贪之法，不可不严。然惩其吏之小者，不若惩其吏之大者。夫大吏之贪，不止赋敛无度已也。其位愈尊，其害愈大；其害愈大，而人愈不敢言。即有不畏强御之臣出，力而排之，不过举其大概，而不能悉其实也。莫如访其贪之最者而惩之，彼贪冒无耻，止为家室妻子计耳。以今日居官之所得，为后日平居之所乐，何惮而不为之？惟行汉世惩贪之法、宋人禁锢贪吏之制，彼又何利而为此耶？此非过于刻核也。盖除吏之蠹也，去民之害也，杀一二人而天下皆生也，是天下之至仁也。仁以择吏，则澄清吏治，而可以致廉洁之风者此也。

韩菼

（号慕庐。江苏长洲人。康熙癸丑会状，

官至礼部侍郎，赠尚书，谥文懿）

近世刑狱之弊，多在驳察苛于前，而参奏随其后也。古之治狱者，盖使之议论轻重，慎测浅深，宽然得尽其心焉。今自臬司上谳，毋论或重或轻，必以驳察为例。有司苦于其上之苛刻缴绕也，乃逆窥意指之所向，而文致罪人之辞，以求一当。究之出于罪人之供者，实非出诸其人之口者也，而上下文移，公名为妥招。夫招而曰妥，是徒幸免驳察，而不顾生民之命者矣。宜少宽假臬司之参驳，而第慎择其人，以寄一方之民命，则庶乎其可也。

夫常平之设，多属虚文；赈济之恩，奉行不实。今日欲行古者遗人委积之法则迂，频下赈济之令，亦难为继。仿古者平籴之制，又恐有结籴、俵籴、括籴之弊。若一恃于常平，则出纳敛散之不时、蓄积之不实，亦既见之矣。今日惟社仓之法，犹可行也。诚各委一方之守令，俾请其乡之耆宿有才德者，劝民量输其粟，而时敛之，而时出之，少加其息，以偿腐耗。其行之也，以鄙鄙，而不以县；其主之也，以乡人士君子，而不以官；其劝之也，以忠厚恻怛，而不以督责苛急于以御凶荒也。其庶几乎？

朱子有言，世有二弊。有法弊，有时弊。法弊可救之以法，时弊必变之以心。今百僚师师，庶事具举。然或畏罪之念重，则踊跃之意轻；功名之虑深，则忠爱之谊薄；推委瞻徇之情多，则公忠任事之气少。是宜推忠信以结之，宽文法以优之，破资格以异之，丰禄饩以劝之。崇尚圣贤之实学，以砥其礼义廉耻之防；试以当世要务，以观其经理才干之实。渐摩陶冶，淬厉鼓舞，自可致得人之庆矣。

万松龄

（字星钟。江南宜兴人。乾隆丙辰举博学鸿词，官翰林编修）

自古名臣之进说于君者，其大指所在，要惟欲其君涵养德性，以为出治之本。详平政体，以为致治之方而已。三代而降，急于言事功，而缓于言性道。此孔子所以小管仲之器，而荀孟不得并称也。

管子之言三本，曰德当位，功当禄，能当官，犹有古官人之意焉。而其言六务，必以节用为先，亦不谬于食时用礼之指。荀子之言三具，仁义是矣，而必继之以威，是假仁义之说以行其督责，固王者所深恶也。而曰欲王则王，吾不信已。至其所谓四齐，一因任乎法，而望民愿俗美，讵可得哉？

孟氏既没，董仲舒三策，为能独见其大。而其立说，谓王者所为，宜求其端于天；王者举天以从事，亦宜任德教而不任刑。其言粹然，一本于王道，而矫战国功利之习。故后世醇儒，必以江都为称首。

晁错本学申商刑名，故其上书，以知术数为先。及选贤良，所对三策，以五帝、三王、五霸并论。而其意指所向，惟欲以霸术辅其君。此则董子之所羞称也。

严安、徐乐，皆上书言世务，乐意在修德。瓦解土崩之喻，足为千古炯戒。安意在救弊，而制度以防淫，使贫富不相耀，以和其心，犹有一道德、同风俗之意焉。

崔实所著《政论》，指切时要，而仲长统称之。荀悦作《申鉴》五篇，有曰：道之本，仁义而已。五典以经之，群籍以纬之。又曰：为政先屏四患，乃崇五政。皆浅学所弗能道，诚有足采者焉。

伊川有言曰：当世之务，所尤先者三，立志也，责任也，求贤也。而三者之中，复以立志为本。紫阳封事有曰：天下之大本，心也。其说虽平易无奇，而皋夔稷契之臣、伊莱周召之相，所以致君于尧舜禹汤文武者，举不越此。惟董江都正心以正朝廷之一言，深有合焉。此程朱所以直接孔孟之传也，彼管荀者，霸佐才耳，何足语于此哉？欧阳子云：三代而上，礼乐政治合于一。知礼乐之外无政治，亦可知德性之外无事功矣。

《学仕遗规补》卷四终。《策略汇抄》终。

跋[1]

桂林陈文恭公，吾乡先正也。扬历中外，勋业炳如，而学问一本于圣贤修齐平治之理。故其见诸著述，皆切实躬行，可措之天下而裕如者。尝著四种《遗规》，所以为教家化俗、居官临民之法，尽人而可行者也。最后著《学仕遗规》及《补编》凡八卷，则公晚年采辑儒先格言绪论，间参以己说，以明学、仕相资之义，即孔子仕优则学、学优则仕之旨。而古人所谓求志达道者，无不由是焉。可以推广四种《遗规》所未尽而体用兼该矣。楠旧从公家求得藏本，数十年来读书入仕，奉以周旋，期于身体力行，无背于公之训。兹官于闽，知公曾抚闽，前刊四种，闽藏书家尚有之。是书后出，闽无藏本，因属同人校订，付工重刊，尤愿官斯土者及闽之人士有所取法，无愧于学与仕焉。是则余推广是书之意，而无背于公之训也夫。

同治七年冬十一月，后学邓廷楠谨跋。

乌程宋培初鹤访，福州孟际元陬辰同校订。

---

① 标题为整理者所加。